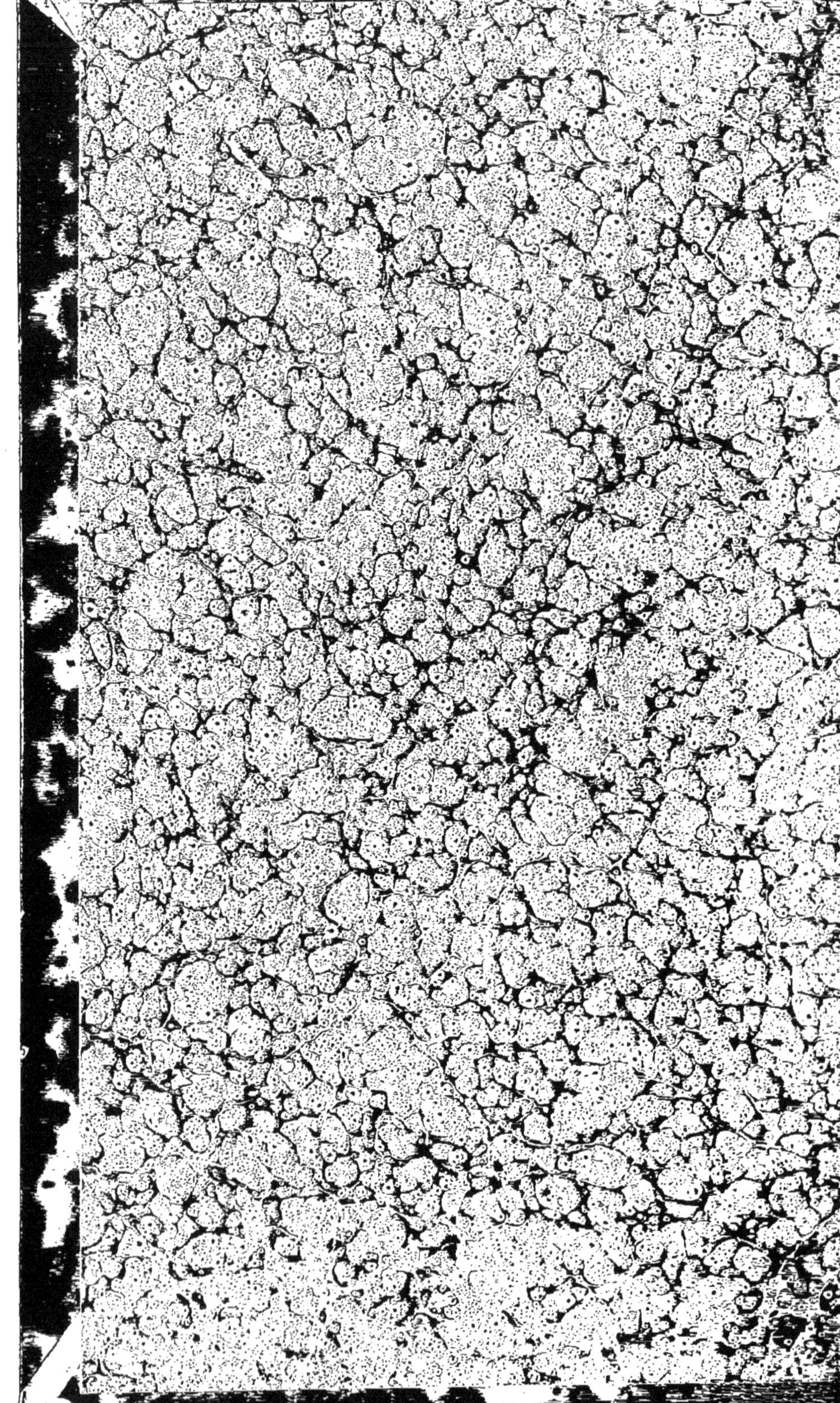

TRAITÉ COMPLET

D'HISTOIRE NATURELLE.

Le Traité Complet d'Histoire Naturelle se compose de TREIZE volumes.

CHAQUE VOLUME EST ACCOMPAGNÉ DE PLANCHES.

Tome 1. Histoire des Sciences Naturelles.

Tome 2. Physiologie comparée.

— 3. Mammifères.

— 4. Oiseaux.

— 5. Reptiles; Poissons.

— 6. Mollusques; Zoophytes.

— 7. Annél.; Crustac.; Arach.

Tome 8. Insectes (1re partie).

— 9. Insectes (2e partie).

— 10. Physiologie végétale.

— 11. Botanique.

— 12. Minéralogie.

— 13. Géologie.

PARIS. — Typographie de Firmin Didot Frères, rue Jacob, 56.

TRAITÉ COMPLET

D'HISTOIRE NATURELLE

PAR

ACHILLE COMTE,

PROFESSEUR D'HISTOIRE NATURELLE A L'ACADÉMIE DE PARIS,

CHEF DU BUREAU DES COMPAGNIES SAVANTES, AU MINISTÈRE DE L'INSTRUCTION PUBLIQUE,
MEMBRE DES SOCIÉTÉS PHILOTECHNIQUE, ETHNOLOGIQUE, D'HISTOIRE NATURELLE DE FRANCE,
D'INSTRUCTION ÉLÉMENTAIRE, DES MÉTHODES D'ENSEIGNEMENT ; CORRESPONDANT
DE L'INSTITUT NATIONAL DES ÉTATS-UNIS, ETC.

TOME II.

Organisation et Physiologie Comparée des Animaux.

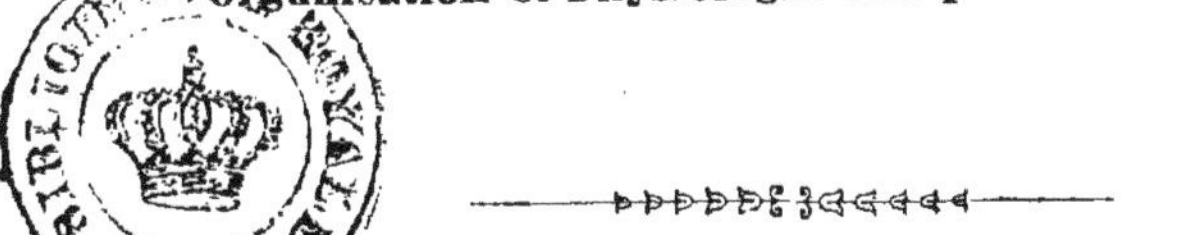

PARIS,

LIBRAIRIE DE FIRMIN DIDOT FRÈRES,
IMPRIMEURS DE L'INSTITUT,
RUE JACOB, 56.

1844.

CONSIDÉRATIONS GÉNÉRALES

SUR LES

ÊTRES DE LA NATURE.

I.

Deux classes d'êtres se partagent le vaste domaine de la nature : les uns, *inorganiques*, ne jouissant que des propriétés communes à la matière ; les autres, *organisés* et *vivants*, obéissant à des lois particulières, et pouvant résister, pendant un temps déterminé, aux lois générales qui régissent l'univers.

C'était une division bien ancienne, et qui, si nous en jugions seulement par nos premières impressions, nous paraîtrait d'une solidité inébranlable, que le partage de tous les êtres en trois *règnes* : le *minéral*, le *végétal*, et l'*animal*. Les minéraux, privés de vie, augmentent en volume par la superposition de nouvelles molécules. Les végétaux vivent, croissent, se propagent, et meurent. Les animaux unissent à ces propriétés des végétaux le sentiment de leur existence. Sans doute cette manière d'envisager les œuvres de la création a quelque chose de simple et d'imposant ; mais si nous y réfléchissons, nous verrons bientôt que nous ne pouvons en faire une application rigoureuse, parce que nous ignorons où commence et où cesse la sensibilité dans les êtres organisés.

Les modernes ont rejeté la division en trois *règnes;* ils admettent deux grandes classes, celle des êtres *organisés*, et celle des êtres *inorganiques*. Cette dernière classe embrasse toute la nature brute : les fluides, les gaz, les minéraux. Les molécules qui les composent sont soumises sans réserve aux lois de la chimie, de la physique et de la mécanique. L'autre classe renferme les végétaux et les animaux. Leurs molécules constituantes sont dans un perpétuel état de mobilité. Les parties organisées que forment ces molécules sont irritables, c'est-à-dire qu'elles sont susceptibles de se contracter par le contact de certains stimulants; propriété admirable, dont nous apercevons les effets les plus manifestes, mais dont la cause première, que nous désignons sous le nom vague de *force vitale,* nous est tout à fait inconnue. Doué de cette propriété, le corps organisé résiste aux causes extérieures qui tendent à le détruire; rejette les substances inutiles ou nuisibles; choisit celles qui conviennent le mieux à sa nature; les associe et les dispose suivant les lois de l'organisation; leur communique le mouvement dont ses molécules sont animées; accroît son volume; se développe, et reproduit enfin des êtres semblables à lui-même : car, à bien considérer les choses, la nutrition et la génération sont deux phases du même phénomène. C'est donc l'irritabilité qui distingue à nos yeux les animaux et les végétaux d'avec la matière brute. Quand l'irritabilité s'éteint, toute ligne de démarcation s'efface entre ces deux classes d'êtres.

C'est vers la fin du siècle dernier que l'on a substitué à l'ancienne répartition des corps naturels en trois *règnes*, leur division plus circonscrite en *corps inorganiques* et *êtres organisés*. La nature des premiers, qui sont les minéraux, consiste dans leur composition élémentaire; et c'est sur l'organisation qu'est fondée la nature des seconds, auxquels se rapportent les animaux et les végétaux. Disons encore que l'étude de l'organisation étant très-différente de celle de la composition élémentaire, l'histoire naturelle se partage nécessairement en deux sciences distinctes par leur objet, leurs principes, leur marche et leurs conséquences.

Il convient d'abord de bien fixer les idées sur la nature et le mode d'existence des corps organisés et de ceux qui ne le sont pas. On sait que ces derniers sont composés de molécules élémentaires qui, réunies plusieurs ensemble, forment des mixtes, dont l'aggrégation constitue le corps inorganique ou minéral. Sa nature consiste dans celle des éléments qui le composent, dans leur nombre, leurs proportions, leur degré d'union ou d'aggrégation. Le corps minéral, privé de vie, ne peut se reproduire sans se décomposer; et de ses débris, diversement unis, résultent de nouveaux corps, ou semblables, ou différents. Ces divers éléments n'ont pas entre eux le même degré d'affinité; chacun d'eux, mis en contact avec d'autres, s'attache plus particulièrement à celui pour lequel son affinité est plus grande, et abandonne celui dont l'affinité est moindre. De là cette réaction perpétuelle des minéraux entre eux ; réaction qui opère la destruction des uns pour déterminer la formation des autres, et qui produit ainsi la succession perpétuelle et le renouvellement des corps inorganiques.

La *minéralogie* et la *chimie* sont les sciences qui s'occupent spécialement de ces corps. La première en examine tous les caractères extérieurs : elle a su reconnaître des formes constantes propres aux divers genres d'aggrégation, et déterminer, d'après l'inspection de ces formes, la nature de chaque minéral. La *chimie* sépare ces aggrégations au moyen de l'analyse, et reconnaît ainsi avec certitude l'existence de leurs principes dans le corps analysé : elle porte cette connaissance au plus haut degré, lorsqu'elle forme par la synthèse et avec les mêmes éléments un nouveau corps pareil au précédent. La situation naturelle de ces corps sur le globe et leur disposition respective sont l'objet des recherches spéciales de la *géologie*, science vaste et brillante, qui étudie la structure de la terre, et qui, pour expliquer ses diverses révolutions, a présenté successivement plusieurs théories plus ou moins satisfaisantes. Nous devons nous borner ici à cet exposé sur la nature des minéraux et sur les sciences qui en traitent ; mais, pour mieux apprécier les différences qui distinguent les corps organisés des êtres inorganiques, nous allons les considérer parallèlement sous plusieurs points de vue : l'origine, la composition chimique, la structure, la forme, le développement et la fin.

ORIGINE.

Corps inorganiques.

Il n'y a pas de *naissance ;* le corps se forme quand une circonstance fortuite met en présence les atomes qui composent ses molécules, et qui ne sont réunis que par la loi seule de l'affinité.

Êtres organisés.

L'être organisé, quel qu'il soit, *naît ;* son mode de naissance varie, mais il est constant ; et l'individu n'existe qu'à la condition d'avoir appartenu à des parents, et de s'en être détaché sous la forme de graine, de germe, de bouture, d'œuf ou de petit vivant.

COMPOSITION CHIMIQUE.

La composition chimique des corps inorganiques est très-variée ; ce sont, pour la plupart, des combinaisons de plusieurs des cinquante-cinq éléments reconnus et admis par la chimie; combinaisons qui sont remarquables par leur fixité, ou leur résistance à la décomposition.

Les êtres organisés sont composés d'un très-petit nombre de ces éléments ; ceux qui se rencontrent le plus généralement dans leur constitution sont : l'oxygène, l'hydrogène, le carbone et l'azote. Les combinaisons dues à ces éléments ont peu de stabilité. L'azote prédomine dans les animaux ; le carbone, dans les végétaux.

STRUCTURE.

Les corps inorganiques n'ont qu'une structure moléculaire; cette structure est ordinairement la même dans toute la masse, en sorte que les plus petites parties, prises séparément, possèdent les propriétés du tout.

Les êtres organisés ont une structure textulaire ; les divers tissus qui les composent constituent par leurs combinaisons différents organes; c'est cette structure qui a valu à ces êtres le nom d'organisés.

FORME.

Ces corps n'ont ni forme fixe, ni forme arrêtée. La manière dont la matière s'accroît et l'indépendance absolue des parties qui la composent peuvent faire varier cette forme à l'infini.

Les êtres organisés marchent constamment, depuis leur origine, vers une forme déterminée, qui est le plus souvent arrondie; et qui est la même chez les individus de la même espèce, parce qu'elle résulte d'une combinaison d'organes qui est transmise par la reproduction.

DÉVELOPPEMENT.

Les corps inorganiques se développent par *juxtaposition*. Des molécules nouvelles viennent, par affinité ou par action mécanique, s'adosser à la masse déjà existante, et en amènent ainsi le grossissement. Ce sont des couches successivement déposées les unes au-dessus des autres qui constituent la masse totale.

L'être organisé se développe par *intussusception*. C'est en introduisant dans sa texture les molécules qu'il emprunte aux autres corps, qu'il arrive à opérer le déroulement de ses organes; à grandir, puis à réparer, par une assimilation continuelle, les pertes qui sont la conséquence de la vie.

FIN.

Les corps inorganiques peuvent se développer indéfiniment. Nulle limite n'est posée à leur accroissement et à leur durée. Une fois qu'ils ont été formés, ils continuent d'exister dans leur état actuel, jusqu'à ce qu'une cause de la même nature

Les êtres organisés sont condamnés à finir. La mort est pour eux une conséquence inévitable de la vie. Ils ne peuvent s'accroître et se maintenir sous une forme déterminée que pendant un certain temps, après lequel le mouvement nutritif se raque celle qui avait présidé à leur origine, produise des affinités nouvelles autour d'eux, et dissocie leurs éléments, pour les faire entrer dans des composés nouveaux.

lentit. Les organes perdent alors de leur élasticité ; et la mort vient mettre un terme à cette combinaison éphémère, qui n'a été qu'une lutte contre les lois physiques qui régissent la matière.

Il résulte de l'exposé de ces différences, que les corps bruts se forment par la force attractive des éléments ; que les êtres organisés doivent la vie à des êtres de leur espèce. Les premiers cessent d'exister quand les forces qui retenaient leurs molécules unies agissent sur ces molécules et les séparent ; les seconds meurent quand les organes nécessaires à la vie perdent leur irritabilité.

La nature des êtres organisés est donc très-différente de celle des corps inorganiques. Ils sont composés de solides et de fluides, qui exercent les uns sur les autres une action réciproque. Les solides sont formés d'abord de parties simples ou similaires, qui sont des fibres et des utricules, et qui, par leur réunion, constituent des parties organiques ou *organes* primitifs, tels que des membranes et du tissu cellulaire, dont la contexture produit des vaisseaux, des glandes et autres organes plus compliqués. C'est dans ces organes que circulent les fluides qui déposent dans chaque partie une portion de leurs principes, et qui servent ainsi au développement et à l'accroissement de ces mêmes parties.

C'est de l'ensemble de ces actions que résulte la vie,

qui est le caractère propre des êtres organisés : c'est cette existence organique ou cette organisation qui constitue la nature de ces corps. Ils ne sont pas, comme les minéraux, le résultat de la décomposition d'un autre corps qui n'est plus; mais ils doivent leur naissance à un être existant antérieurement, et qui a continué d'exister, au moins quelque temps après les avoir produits. Ces êtres nouveaux s'accroissent, comme nous l'avons déjà dit, non par une *juxtaposition* des principes à la manière des minéraux, mais par *intussusception* des sucs qu'ils tirent des autres corps mis à leur portée, et que l'action de la vie charrie dans leur intérieur, pour y renouveler les fluides et ajouter aux solides de nouvelles parties.

Ils éprouvent diverses vicissitudes depuis leur naissance et dans le cours de leur vie. Pendant les premiers temps, leur constitution est plus tendre, plus molle, parce que la proportion des fluides est plus considérable. Peu à peu celle des solides augmente; c'est ce qui forme l'accroissement. Cette proportion devient égale à une certaine époque, qui est celle de la station, ou l'état de maturité; c'est le temps où le corps organisé peut se reproduire, et former un être semblable à lui. A cette station succède le décroissement, qui est amené par la plus grande proportion des solides. Lorsque cette proportion devient excessive, les vaisseaux sont obstrués, les fibres se roidissent, les fonctions sont gênées, et leur interruption successive produit le dépérissement et la mort.

Ainsi donc, pour nous résumer, ce qui distingue les corps inorganiques des corps organisés, c'est 1° la manière d'être et de grandir; la juxtaposition, ou l'intus-susception; 2° la symétrie, ou l'absence de cette qualité; 3° la disposition intérieure de certains organes propres à la nutrition, ou l'absence de ces organes; enfin 4° l'absence ou la présence de la sensibilité.

Pour l'observateur qui voudra classer un corps naturel, quand il n'y aura rien de symétrique dans la disposition des parties; quand il n'y aura dans l'intérieur du corps observé, aucun vestige d'organes, pas d'instruments de nutrition, aucun signe de sensibilité; quand rien ne pourra exciter, ou débiliter, ou détruire, en les fractionnant, ces objets d'apparence anguleuse et rude; quand, au lieu de lignes courbes et de formes rondes, on verra paraître des arêtes informes, des blocs irréguliers et inégaux; quand le corps ne pourra se développer et grandir que par *juxtaposition*, c'est-à-dire en s'agrégeant par sa surface extérieure, et successivement, les particules qui sont homogènes aux siennes, à l'instar, par exemple, de la boule de neige qui, roulée, grossit en s'agglomérant; le corps observé sera dit *inorganique*, que ce soit un gaz, un minéral, ou un sel.

Toutes les fois, au contraire, qu'un corps sera disposé d'une manière symétrique, c'est-à-dire qu'il y aura entre les différentes parties de son être une harmonie, une correspondance de formes telles qu'en séparant le corps par une ligne médiane, on ait de chaque côté, à peu près, deux parties égales; toutes les fois que ce corps renfermera, dans sa texture, certains organes agissants et vivants, capables de servir à son existence et à son accroissement par un moyen quelconque de nutrition; toutes les fois que ce corps augmentera, grandira, se développera par *intussusception*, c'est-à-dire qu'il trouvera en lui-même, et à l'aide de certains sucs nutritifs empruntés aux corps extérieurs, la substance nécessaire à sa croissance, intime et identique aux différentes parties de son être; toutes les fois que ce corps opérera ses mouvements par lui-même et sans le concours d'une force étrangère; toutes les fois, en un mot, qu'il y aura vie et possibilité de l'entretenir ou de la suspendre, le corps sera réputé *organique*, que ce soit un animal ou une plante.

II.

Les végétaux et les animaux, ces deux grandes subdivisions des êtres organisés, ces deux grands *règnes*, comme les a nommés la science, devaient nécessairement, et par cela seul qu'ils portent ensemble le même titre de corps organiques, présenter de grandes analogies, des ressemblances singulières; mais, en même temps, ils ne pouvaient manquer d'avoir entre eux de grandes et de notables différences, et c'est pour cela qu'on les a divisés en deux classes parallèles et distinctes. C'est sur ces ressemblances et ces différences seules qu'on peut établir une classification. La question que nous allons étudier doit donc avoir pour but de présenter, d'une part, le détail des rapports qui font que, dans la division des sciences naturelles, les végétaux et les animaux ont été compris dans le même cadre; puis, d'une autre part, les dissemblances, les différences physiologiques profondes et marquées qui ont motivé la séparation de ces corps organisés en *règne animal* et en *règne végétal*, et leur étude en *zoologie* et *botanique*.

On a pu remarquer que la limite entre les corps inorganiques et les êtres organisés n'était pas très-difficile à trouver : que n'en est-il de même des caractères qui distinguent et séparent les animaux d'avec les plantes?

« Ces deux grandes classes, dit de Candolle, ou, « comme on a coutume de le dire, ces deux règnes (les

« animaux et les végétaux) ont entre eux des rapports si « intimes, qu'ils semblent formés sur un plan analogue; « les uns et les autres sont composés de parties, les unes « agissantes, les autres élaborées; les unes plus ou moins « solides, les autres généralement liquides : dans les deux « règnes on remarque, tant que la vie dure, une tendance « énergique pour résister à la putréfaction; dans les « deux règnes, on trouve des composés particuliers que « la synthèse chimique ne sait imiter : dans l'un et l'autre « règne, les matières qui doivent servir à la nutrition pas- « sent, avant d'en être susceptibles, par une série de « phénomènes analogues; dans tous les deux on distingue « des sécrétions et des excrétions variées : dans les deux « règnes, les lois de la reproduction offrent une similitude « frappante; dans tous deux, les individus nés d'un être « quelconque lui ressemblent dans toutes les parties es- « sentielles; et la réunion de tous ces individus, qu'on « peut supposer originairement sortis d'un seul être, cons- « titue une espèce. »

Toutefois, malgré cette confusion, qui naît de la nature même des choses, il n'est pas impossible d'exposer, ne fût-ce qu'approximativement, quelques nuances différentielles; elles ressortiront du tableau ci-contre, où sont mentionnés sur deux colonnes parallèles les principaux caractères des végétaux et des animaux.

TABLEAU COMPARATIF

des règnes animal et végétal.

ANIMAUX.	PLANTES.
Ils ont des organes, ou parties, qui, dans leur disposition particulière, remplissent chacune un emploi spécial, et dont l'ensemble agissant donne pour résultat l'existence du tout.	Elles ont des organes remplissant les mêmes fonctions.
Ils vivent, et la force vitale parait résulter chez eux de l'irritabilité de leurs parties, qui sont susceptibles de se contracter par le contact de certains stimulants.	L'irritabilité et la contraction paraissent d'une manière énergique dans les fleurs du vinetier, de la rue, d'un cactier; dans les feuilles et les rameaux de la sensitive, etc.
L'azote, le carbone, l'hydrogène, l'oxygène, des sels alcalins et des oxydes métalliques, forment la base des substances animales.	Il en est de même dans les plantes; seulement dans celles-ci le carbone domine, et l'azote ne se rencontre que très-rarement, excepté dans quelques produits que l'on appelle animalisés, tels que le *gluten*, etc.
Les animaux meurent; c'est-à-dire que les molécules qui étaient unies sous l'empire de la vitalité, pour constituer les différents organes, se désunissent, et ne tardent pas à se combiner, d'après les lois de l'affinité et de l'attraction.	La même chose arrive pour les plantes.
Les animaux résistent aux forces extérieures qui tendent à les détruire, et réparent leurs parties lésées par une blessure.	Les plantes résistent également, et cicatrisent leurs blessures.
Ils rejettent les substances inutiles ou nuisibles à leur nature, et s'approprient celles qu'ils peuvent s'assimiler; quand cette préférence n'est pas l'effet d'une impulsion instinctive, elle a pour cause une sorte d'affinité chimique qui préside à l'assimilation. Ce mouvement	Les plantes agissent absolument de la même manière; leurs tiges, principalement leurs racines, se détournent par un mouvement qui parait presque volontaire : les premières pour abandonner les ténèbres et aller chercher la lumière, les secondes pour abandonner un

continuel de composition et de décomposition est soustrait à l'empire de la volonté, et s'exerce par l'influence des *nerfs* de la *vie organique.*

sol sec et stérile, et aller chercher une terre humide plus nutritive. Les plantes absorbent les fluides qui leur conviennent, et rejettent au dehors les sécrétions inutiles ou nuisibles.

Les animaux ont des sexes.

Les plantes ont des sexes distincts.

On trouve quelques animaux hermaphrodites qui se fécondent et se reproduisent sans le secours d'un individu de leur espèce : exemple, la moule et beaucoup d'autres mollusques acéphales.

La plus grande partie des plantes est hermaphrodite.

Les hélices et autres coquillages sont androgynes, c'est-à-dire que, quoique pourvus chacun d'organes mâles et d'organes femelles, ils sont obligés de s'accoupler avec d'autres individus semblables, pour reproduire leur espèce.

Le mûrier et beaucoup d'autres plantes monoïques sont dans le même cas.

Presque tous les animaux n'ont qu'un sexe, et ont besoin d'un autre individu du sexe différent pour se reproduire.

Toutes les plantes dioïques sont dans ce cas

Généralement les animaux se fécondent par un rapprochement et contact qui amènent la vivification de l'ovule de la femelle par le suc prolifique du mâle.

A l'époque de la fécondation de quelques conferves, deux tubes, qui sont les organes sexuels de la plante, se rapprochent et s'accouplent par emboîtement l'un dans l'autre; le suc prolifique passe dans le tube, s'y coagule, et forme un globule qui, au bout d'un temps déterminé de gestation, sort en déchirant le sein de sa mère, pour former une nouvelle plante.

Le rapprochement, dans la plupart des oiseaux, consiste en un simple contact; l'effet de ce contact est la vivification de l'ovule, qui peut exister sans cette circonstance, mais qui ne peut être le siége du développement d'un petit animal.

Lorsque la parnassie ouvre sa corolle, les étamines sont éloignées du pistil; lors de la fécondation, une seule anthère s'approche du stigmate, le touche, le presse, le couvre de pollen, et se retire ensuite; quelques instants après, une autre prend sa place, et agit de même, et se retire à son tour; puis une troisième s'approche, une quatrième, et ainsi de suite, jusqu'à ce que toutes aient concouru à la fécondation.

Lorsque la femelle d'un triton (*salamandre aquatique*) est à l'époque de la reproduction, elle s'élève près de la surface des eaux, et nage avec une espèce d'inquiétude remarquable; le mâle vient nager autour d'elle, et verse dans les eaux une liqueur bleuâtre qui la féconde.

A une époque favorable, les pédoncules de la vallisnérie, roulés en spirale, se développent, et permettent à la fleur femelle de venir épanouir sa corolle à la surface des eaux; les fleurs mâles, naissant près des racines de la plante et n'ayant que des pédoncules fort courts, s'en séparent spontanément, montent à la surface des ondes, nagent autour de la fleur femelle, la fécondent, et sont entraînées par les courants.

Lorsque la plupart des poissons frayent, les femelles déposent leurs œufs sur le sable; les mâles laissent couler dans les lieux voisins leur liqueur fécondante, qui, entraînée par les eaux, féconde les œufs qu'elle rencontre.

Les individus mâles des plantes dioïques lâchent leur pollen dans les airs, et c'est le vent qui est chargé de les porter sur les ovaires des fleurs femelles, pour les féconder.

Beaucoup d'animaux sont vivipares, c'est-à-dire qu'ils font leurs petits vivants.

Quelques graminées, des lis, des aulx, au lieu de produire des graines, produisent de petites plantes toutes formées.

Quelques animaux, quoique pourvus d'organes reproducteurs, sont scissipares, c'est-à-dire qu'ils se reproduisent le plus ordinairement par boutures; tels sont les polypes, etc.

Un grand nombre de plantes agames sont dans le même cas; les lichens, qui ne fructifient jamais, sont ceux qui sont ordinairement les plus communs.

Beaucoup d'animaux sont ovipares, c'est-à-dire qu'ils se reproduisent par des œufs.

Une graine n'est rien autre chose qu'un œuf végétal.

Les animaux, lors de l'acte de la fécondation, donnent des signes plus ou moins énergiques de sensibilité.

Dans le moment de la fécondation de l'arum, la fleur acquiert une chaleur brûlante qui dure quelques minutes; pendant ce court intervalle, la petite colonne qui la surmonte devient noirâtre, de verte ou blanchâtre qu'elle était.

Quelques zoophytes se multiplient par de petits individus qui se forment comme des gemmes ou des tubercules autour de leur mère. Celle-ci les alimente de sa propre substance, jusqu'à ce qu'ils aient atteint un développement convenable; alors ils se détachent, et pourvoient seuls aux nécessités de l'animalité.

Beaucoup de plantes se multiplient de rejetons et de caïeux. Les conferves n'ont pas d'autre mode de reproduction que celui de ces polypes. La cardamine des prés, dans de certaines circonstances, se régénère par de petits gemmes tuberculeux qui croissent sur ses feuilles.

Les pucerons naissent fécondés pour plusieurs générations, et peuvent se reproduire longtemps sans rapprochement.

Les épinards produisent des graines fertiles sans fécondation.

On peut greffer deux polypes l'un sur l'autre, même d'espèces différentes, et ils ne font plus qu'un seul individu.

On sait comment on greffe les végétaux.

Si l'on arrache la patte d'une écrevisse, si l'on coupe celle d'une salamandre aquatique, si l'on tranche la tête d'une hélice, ces parties repoussent en plus ou moins de temps, suivant la saison, et les animaux se retrouvent bientôt après entiers et complets.

On sait que les branches d'un végétal se reproduisent quand elles ont été coupées.

La plus grande partie des zoophytes ne sont formés que d'une substance molle et gélatineuse, sans la plus légère apparence d'appareils digestifs, de vaisseaux propres à la circulation, de fluides, de muscles, de nerfs, ni d'un centre commun de sensibilité.

Tels sont les végétaux dont l'organisation nous paraît la plus simple, par exemple, les nostochs.

Tous les insectes, les reptiles, et même quelques mammifères, restent engourdis plus ou moins longtemps par le froid, sans donner le moindre signe de vie.

Les arbres, dans nos climats, cessent de végéter pendant l'hiver.

Tous les animaux changent plu-

Les arbres renouvellent plusieurs

sieurs fois de peau pendant le cours de leur vie, soit qu'elle tombe par grands fragments, comme dans les crustacés, les serpents, etc., soit qu'elle se détache d'une manière presque imperceptible, et sous la forme d'une poussière écailleuse, comme dans l'homme.

fois leur écorce pendant le cours de leur vie, soit par grands fragments : les liéges, bouleaux, platanes; soit par petites parcelles : les poiriers, les pommiers, etc.

Les animaux se nourrissent de fragments d'animaux et de végétaux, qui se décomposent dans leurs sacs digestifs, et leur fournissent des fluides qui se combinent avec leur propre substance, ainsi que de quelques substances minérales pures, par exemple, l'eau; ou combinées, les sels terreux, les oxydes métalliques, etc.

Les plantes se nourrissent des fluides résultant de la décomposition des animaux et des végétaux, et des substances minérales pures ou combinées, comme l'eau, les sels terreux, les oxydes métalliques, etc.

Dans les insectes, les fluides nourriciers traversent les parois d'un long tube intestinal, abreuvent les tissus organiques, et s'élaborent au contact de l'air, qui s'introduit par des stigmates ou pores respiratoires placés le long du corps, et qui circule dans toutes les parties de l'animal.

Dans les plantes, les fluides nourriciers ou la séve circule dans les longs tubes qui forment le végétal, en abreuve toutes les parties, et se porte dans les feuilles ou à la superficie des autres organes, où, se trouvant en contact avec l'air et la lumière, au moyen des pores dont un végétal est criblé, elle se combine et s'identifie avec la substance de la plante.

D'autres animaux, parmi les zoophytes, ne se nourrissent que par une absorption des fluides, qui s'opère par toute leur surface.

Beaucoup de plantes sont absolument dans le même cas, et se nourrissent plutôt par imbibition que par la succion de leurs radicules; exemple : les lichens épilithes, etc.

Les animaux respirent; si on les plonge quelque temps dans un gaz pur, excepté l'oxygène, ils périssent asphyxiés : ils respirent de l'oxygène, et expirent de l'acide carbonique.

Les plantes respirent; si on les plonge quelque temps dans un gaz pur, autre que l'acide carbonique ou l'oxygène, elles meurent asphyxiées : elles s'approprient le carbone, et expirent de l'oxygène.

Il ressort de la comparaison que nous venons de faire entre les végétaux et les animaux, que ces êtres sont étroitement unis par les caractères essentiels de leur organisation ; qu'il semble impossible de les distinguer par un trait prononcé qui appartienne exclusivement aux uns ou aux autres ; que les analogies de ces deux groupes d'êtres organisés se montrent surtout dans les espèces les moins parfaites ; que les différences deviennent plus tranchées à mesure qu'on s'éloigne de ce point de départ ; et qu'enfin le *règne végétal* et le *règne animal* forment, en quelque sorte, deux chaînes ascendantes qui partent l'une et l'autre d'un anneau commun, et s'écartent à mesure qu'elles s'élèvent.

Ainsi que nous l'avons vu, les derniers des animaux se rapprochent des végétaux par la manière dont ils croissent et dont ils se nourrissent ; mais la plus grande partie de ces êtres s'en distingue par des caractères que nous allons examiner.

La première question est de savoir si tous les êtres sensibles se meuvent ; car le mouvement n'est pas une conséquence nécessaire de la sensibilité. Il faut savoir encore si, parmi tous les êtres qui paraissent exercer une volonté, il n'y en a pas dont les mouvements soient le produit de forces qui nous sont inconnues, et dont l'action sur eux serait irrésistible. Nous venons de voir, en effet, que plusieurs plantes se meuvent presque de la même manière que les animaux ; et ces étranges contractions de leur substance n'ont d'autre cause que des phénomènes physiques de lumière, de chaleur ou d'électricité.

On a dit que les animaux montraient des désirs dans la recherche de leur nourriture, et du discernement dans le choix qu'ils en font; mais ne voit-on pas également les racines des plantes se diriger vers les points où la terre est plus abondante en sucs, et chercher, dans les rochers, des fentes au travers desquelles elles puissent pomper un peu de nourriture? Qui ne sait que leurs feuilles et leurs branches se dirigent, par un mécanisme encore inconnu, du côté où elles trouvent le plus d'air et de lumière; et que si l'on ploie une branche la tête en bas, ses feuilles vont jusqu'à tordre leurs pédicules pour se relever, et se retrouver dans la situation la plus favorable à l'exercice de leurs fonctions?

Remarquons encore que, sans avoir cessé de vivre, les animaux se trouvent souvent privés, pour un temps plus ou moins long, de l'exercice de leurs facultés : c'est ainsi que cela a lieu dans l'œuf, dans le sommeil, dans la léthargie des chrysalides et autres nymphes d'insectes, dans les léthargies maladives, etc.

Pour trouver une distinction absolue entre les animaux et les végétaux, il faut avoir recours à d'autres caractères que ceux qui ont besoin de la *vie* pour se révéler et être appréciés; on les trouvera dans la composition chimique qui est propre à chacun de ces deux ordres de corps, et dans les modifications particulières de leur organisation.

Comme corps organisés, les animaux et les végétaux ont un grand nombre de points absolument communs; tels sont : leur tissu aréolaire ou composé de mailles ; leur accroissement ou développement, produits par des parties étrangères qu'ils s'incorporent ; la respiration ou la demi-combustion qu'ils font des fluides nourriciers avant que ces fluides soient employés à leur développement. On doit encore citer la transpiration et les excrétions, ou la sortie continuelle des molécules qui ont fait partie du corps ; la mort naturelle, par un effet de la vie et par l'obstruction qu'amènent lentement dans les mailles du réseau les matières étrangères qui s'y accumulent ; leur faculté de produire, chacun dans son espèce, des êtres semblables à eux, et destinés à remplacer ceux que la mort a détruits ; enfin leur composition chimique, produit d'une foule de substances qui ne sont retenues dans une sorte de combinaison que par l'action de la vie, et qui tendent à se disperser et se dispersent en effet dès que cet état a cessé.

Sous ces divers rapports, on rencontre dans les végétaux et les animaux des modifications particulières qui tiennent à la présence ou à l'absence des fonctions du mouvement et de la sensibilité.

Le tissu des végétaux est très-simple, et les animaux les moins parfaits présentent seuls une disposition aussi élémentaire dans leur structure. Les diverses parties d'une même plante sont tellement similaires qu'elles peuvent toutes se changer les unes dans les autres : c'est ainsi qu'on voit, dans certaines fleurs doubles, les étamines se changer en pétales, et dans les boutures, les branches devenir des racines; chaque portion de plante peut même devenir une plante entière. Les animaux un peu élevés dans l'échelle ne présentent rien de pareil, et leurs diverses parties ont des formes, des tissus et des éléments différents.

Le caractère le plus distinctif entre les végétaux et les animaux se trouve dans la manière dont s'opère leur nutrition. Les plantes n'ont aucune grande cavité intérieure où puisse être déposée leur nourriture; elles l'absorbent par les pores de leurs surfaces, et surtout par leurs racines et par leurs feuilles. Les animaux en absorbent bien aussi une partie par leur surface; mais, destinés à changer de lieu, ils ne pouvaient avoir de racine, et se trouvaient par là privés d'une source de nourriture à la fois abondante et continue. Pour y suppléer, il était nécessaire qu'ils pussent prendre à la fois, et emporter partout avec eux, une quantité de matière alimentaire, pour en absorber ensuite à loisir les sucs utiles. Ce but est parfaitement rempli par l'existence de leur cavité intestinale, surface intérieure qui absorbe par ses pores les sucs des substances nutritives, comme la racine des plantes pompe ceux de la terre; ce qui a fait dire à Boërhaave que les animaux ont leurs racines en dedans d'eux-mêmes : *ventriculus sicut humus*. Comparaison ingénieuse, déjà trouvée par Hippocrate, qui l'a énoncée en ces termes dans le *Traité des humeurs : Quem admodum terra arboribus, ita animalibus ventriculus.*

Un examen rapide suffit pour montrer que, dans les végétaux, les principaux organes de la vie sont situés à l'extérieur, tandis que, dans la plupart des animaux, ils occupent des cavités creusées dans l'intérieur du corps. Cette première observation conduit bientôt à reconnaître l'influence de la locomotion, faculté dont les animaux jouissent en vertu d'une force intérieure, et qui manque aux végétaux. Par cela même, en effet, que les animaux peuvent changer de place, et qu'ils ne restent pas constamment dans le même milieu, leurs pores absorbants ne devaient pas s'ouvrir à la périphérie du corps; leurs aliments sont, intérieurement, dans un contact permanent avec les bouches des pores absorbants; en un mot, dans toute l'étendue du terme, ils *digèrent*.

La durée de la vie est différente chez les végétaux et chez les animaux. En général, les limites extrêmes de cette durée sont beaucoup plus étendues dans les végétaux, puisqu'on voit, d'une part, des champignons et des moisissures ne vivre que quelques heures, et, d'une autre part, le gigantesque baobab traverser l'immensité des siècles. La distance est bien moins grande, au contraire, entre l'éphémère, qui ne vit qu'un seul jour, à l'état parfait; et le cygne, qui ne dépasse guère cent cinquante ans.

Nous avons déjà vu que l'organisation est, en général, beaucoup plus simple dans les végétaux que dans les animaux; et cela devait être ainsi, puisqu'ils ont moins de fonctions à remplir. Chez ceux-ci, le mécanisme de la structure est compliqué, en raison de la multiplicité des actes à exercer : on y trouve une foule de cordes, de poulies, de leviers, d'instruments de physique et même de chimie, dont ceux-là sont privés. Aussi, tout animal auquel on retranche quelque partie en devient plus ou moins malade ; chaque jour, au contraire, le jardinier mutile des végétaux, et ils n'en vivent que mieux.

Dans les animaux, le but et l'usage des organes sont presque toujours déterminés d'avance, on ne peut les changer en entier ; tandis que, ainsi que nous l'avons déjà dit, il n'est, pour ainsi dire, aucune partie des végétaux dont on ne puisse modifier la destination.

L'analyse chimique montre, à son tour, de nombreuses différences entre ces deux classes d'êtres organisés. L'excès d'azote paraît le caractère propre de l'organisation des animaux ; le carbone domine dans celle des végétaux. Il en résulte que les principes des matières animales peuvent subir des combinaisons beaucoup plus promptes et plus faciles, et que par conséquent ils sont plus diffusibles.

On comprend, par là, pourquoi les substances animales se décomposent incomparablement plus vite que les matières végétales. On le comprendra bien mieux encore, si l'on se rappelle que dans les animaux il y a proportionnellement plus de liquides que dans les végétaux ; que chez les premiers la matière fluide est souvent accumulée, en masses plus ou moins considérables, dans des réservoirs ; tandis que chez les seconds elle est constamment divisée par molécules ou par filets très-fins, dans des cellules étroites ou dans des vaisseaux.

Ainsi donc les animaux, si différents d'ailleurs les uns des autres, se distinguent des végétaux par les deux caractères généraux suivants : 1° ils peuvent changer de lieu et se mouvoir volontairement, tandis que les autres sont attachés par des racines au sol sur lequel ils se sont élevés; 2° ils sont pourvus, pour l'accomplissement de leur nutrition, d'un sac intérieur dans lequel les aliments subissent une préparation spéciale, et où leurs principes assimilables sont absorbés par une foule de radicules. Les végétaux n'ont point ce sac intérieur; ils vont pomper dans les corps voisins les matériaux de leur nourriture, et cela à l'aide de racines extérieures.

Nous avons déjà fait remarquer qu'il existe entre ces deux classes d'êtres organisés des différences générales telles qu'on ne puisse jamais les confondre. Arrivé à un certain point, il est toutefois très-difficile d'établir entre les uns et les autres une ligne de démarcation bien tranchée; car ils semblent se réunir par les individus les plus éloignés. Dans l'échelle des êtres organisés, les derniers des animaux, en effet, paraissent identiques aux derniers des végétaux; et l'analogie des résultats a fait admettre une certaine ressemblance dans les causes. Les éponges et les coraux, implantés à la surface des rochers sous-marins, ne sauraient pas plus changer de place que le végétal le mieux caractérisé. Dans beaucoup de plantes, il existe des mouvements partiels qui, en apparence du moins, sont pareils à ceux des animaux. Les feuilles des sensitives, les pétioles du sainfoin de Barbarie, les folioles de la dionée attrape-mouche, celles de presque toutes les légumineuses, en exécutent même qui sont plus manifestes que ceux des gorgones et des coraux.

Si tous les végétaux ont leurs organes situés à la périphérie du corps, certains zoophytes paraissent absolument dans le même cas; et, chez eux, les particules nutritives semblent être introduites dans l'économie par des vaisseaux absorbants, situés sur la surface extérieure de l'individu.

Il est des animaux dont l'organisation paraît aussi simple que celle des végétaux les moins compliqués. Les éponges ne semblent formées que d'une espèce de pulpe muqueuse et homogène; les lithophytes, d'une matière calcaire; les cératophytes, d'une substance cornée : les polypes et les infusoires ne sont que des masses d'une gelée albumineuse, et l'on ne commence vraiment à apercevoir des organes distincts et des fibres musculaires que dans les orties de mer et les échinodermes.

Plusieurs animaux sont privés, en tout ou en partie, des organes des sens.

L'irritabilité existe dans les végétaux comme dans les animaux, car elle est l'effet du changement que produit un corps extérieur sur les organes; tous les jours on voit les plaies des arbres se cicatriser et leurs lèvres se rapprocher. Le soleil trop ardent rend les feuilles malades, de même que le feu grille la peau des animaux; la grêle meurtrit les fruits, etc. Des recherches tres-curieuses, poursuivies dans ces derniers temps par M. Gris, professeur de chimie au collége de Châtillon, établissent l'identité d'action des sels de fer sur la séve des végétaux et sur le sang des animaux. Je regrette de ne pouvoir que mentionner ici la découverte de M. Gris; mais le dédommagement ne se fera pas attendre, et je trouverai, en traitant la *botanique*, une occasion plus favorable de faire connaître les résultats importants obtenus, pour la guérison des maladies des plantes, par ce jeune professeur, aussi modeste que savant.

La circulation, la digestion et la respiration, désignées comme des fonctions spéciales aux animaux, ne peuvent, d'une manière absolue et pour tous les cas, servir à les faire reconnaître. Les végétaux n'ont-ils pas, en effet, une circulation tout aussi développée que certains animaux, tels que les zoophytes et d'autres parmi les articulés, qui n'ont ni cœur ni vaisseaux sanguins distincts? N'existe-t-il pas des éponges, des monades, des infusoires, dans lesquels les dissections les plus minutieuses n'ont encore pu faire découvrir des traces d'organes digestifs?

D'autres considérations établissent cependant des différences entre les végétaux et les animaux. Le nombre des espèces, par exemple, est loin de se ressembler dans les deux règnes.

Les espèces d'animaux sont beaucoup plus nombreuses que celles des plantes; il n'est presque pas de plante, en effet, qui n'ait quelque insecte particulier; quelques-unes même en ont un grand nombre. Beaucoup d'animaux dévorent indistinctement toutes sortes de plantes, et il en est encore un très-grand nombre qui ne se nourrissent que d'animaux; quelques-uns rongent jusqu'aux pierres, par exemple les pholades. Enfin la mer, qui n'a presque aucune plante, fourmille d'animaux de tout genre qui ne vivent qu'aux dépens les uns des autres.

Les limites extrêmes de la fécondité des animaux sont beaucoup plus variables que celles des plantes : celles-ci produisent toutes, chaque année, un nombre de semences souvent assez grand. Parmi les animaux, il en est qui ne font qu'un seul petit à la fois, et d'autres qui surpassent toutes les plantes par leur inconcevable fécondité : la perche pond trois cent mille œufs, l'esturgeon en a plus de quinze cent mille; d'autres poissons en ont plusieurs millions.

Le nombre des individus est en raison de la fécondité; il est aussi variable dans un règne que dans l'autre; il serait difficile de dire s'il y a plus de mousses que de harengs ou de moules. On doit aussi remarquer que si l'homme peut, au moyen de la chasse, diminuer considérablement les grandes espèces d'animaux nuisibles, il n'exerce pas une moindre puissance sur les végétaux, à l'aide de l'agriculture.

Il y a plus de différence de grandeur parmi les animaux que parmi les végétaux : un cèdre, un chêne et même un baobab ne sont pas supérieurs à une baleine par la masse, tandis qu'on voit des animaux microscopiques qui sont plusieurs milliers de fois plus petits que les plus petites plantes connues, telles que les moisissures et les byssus.

Il y a aussi plus de différence dans les formes. Si l'on excepte les champignons, toutes les plantes ont un port commun, un air de famille qui les fait aisément reconnaître. Il n'y a rien de tel dans les animaux : étant beaucoup plus compliqués, ils offraient plus d'éléments de combinaisons différentes, et la nature s'est jouée avec beaucoup plus de liberté dans les dispositions multiples et variées de leur structure.

Les plantes sont attachées à la surface du sol, soit du sol sec, soit du sol couvert d'eau; les plantes aquatiques sont même en petit nombre, en comparaison des autres. Il y a encore bien moins de plantes simplement nageantes à la surface; et on en compte à peine une ou deux absolument souterraines, car on ne peut nommer ainsi celles qui viennent dans les mines, et qui néanmoins sont toujours dans l'air.

Les animaux sont beaucoup moins restreints dans leur domicile : ils couvrent la surface de la terre, ils traversent les airs, ils peuplent les eaux; plusieurs s'enfoncent sous le sol, et partout ils portent la vie et le mouvement.

On ne saurait se faire une idée de la multitude d'êtres organisés qui ont, comme nous, la terre pour séjour ; qui, comme nous, y naissent, s'y développent et y meurent, après avoir donné l'existence à de nouveaux êtres de même nature qu'eux, et destinés à leur succéder dans la création. Les anciens naturalistes n'ont pas même soupçonné que l'on pût jamais découvrir autant d'individualités différentes ; et peut-être, dans les régions encore inexplorées du globe, y en a-t-il plus que nous ne le pensons nous-mêmes aujourd'hui. En tous cas, voici un aperçu approximatif de ce que l'on pourrait nommer les différentes castes de cette population immense :

M. de Candolle estime que le nombre des plantes terrestres est de 110,000 à 120,000 espèces différentes. Cette estimation est peut-être un peu forte ; et un botaniste anglais estime que ce nombre doit être réduit à 90,000 espèces, dont 80,000 de plantes phanérogames et 10,000 de plantes cryptogames : 43,000 espèces seraient encore inconnues. On peut donc adopter sans trop d'erreur, relativement à l'état actuel, le chiffre moyen de 100,000 espèces de végétaux.

Linné, d'après ses calculs et ses comparaisons, avait estimé que chaque espèce de plante phanérogame correspondait à quatre ou cinq espèces différentes d'insectes. Mais il est certain que cette proportion est beaucoup trop faible : il y a des pays septentrionaux, l'Angleterre, par exemple, où le nombre des espèces d'insectes est presque décuple de celui des espèces de plantes ; et l'on sait que les insectes sont infiniment plus nombreux dans les climats tropicaux que dans les climats tempérés. Aussi y a-t-il des naturalistes qui pensent que l'on peut hardiment porter à 5 ou 600,000 le nombre probable des espèces d'insectes qui habitent le globe.

Les mammifères peuvent être considérés, sauf bien peu d'exceptions, comme étant tous connus, et le nombre de leurs espèces est d'environ 800 ; les oiseaux ne sont certainement pas tous connus, mais on peut évaluer à 6,000 le nombre des espèces actuellement déterminées. Enfin, M. Cuvier porte aussi au chiffre de 6,000 le nombre des espèces de poissons étudiées jusqu'à présent ; et il y a un nombre immense de ces animaux qui demeureront longtemps dérobés aux investigations des naturalistes. Pour achever le total des espèces d'animaux vertébrés, il faudrait encore pouvoir mettre ici le nombre des espèces de reptiles, qui est très-considérable aussi : mettons-le en somme à 3,000.

Il faut maintenant parler des mollusques. Mais si leur nombre est appréciable lorsqu'on se borne aux espèces terrestres, il devient tout à fait inappréciable quand on veut tenir compte des espèces qui habitent la mer. Il faut songer que la mer est occupée par des êtres organisés, jusque dans des profondeurs où nos yeux n'apercevraient plus aucune lumière, et où règne, relativement aux habitants de la surface, une obscurité absolue. Il est possible que l'Océan, dans ses plus grandes profondeurs, soit désert; cela est même probable : mais la surface habitable du fond des mers reste toujours au moins le double de la surface des continents et des îles. Aux mollusques il faut encore joindre cette foule infinie de zoophytes, que Lamarck croyait ne pouvoir mieux comparer qu'à celle des insectes qui vivent dans l'air; et ces animaux parasites qui sont souvent au nombre de trois ou quatre pour chaque espèce qu'ils exploitent.

Parlons aussi de ces plantes marines que l'on ne connaît encore que si imparfaitement, et dont le nombre peut être comparable à celui des plantes terrestres; car la libéralité du Tout-Puissant ne s'étend pas moins dans les régions inaccessibles à l'homme que dans celles qui sont de son domaine.

Estimons, en résumé, que le nombre des espèces animales et végétales qui habitent les eaux est égal à celui des espèces qui sont organisées pour l'existence atmosphérique, et nous aurons un compte d'environ 2,000,000 d'espèces différentes pour le nombre total des espèces animales qui sont répandues sur la terre. Laissons maintenant descendre notre imagination au sein de ce monde microscopique qui est répandu de toutes parts dans le grand monde, que nous ne connaissons que d'hier et sur quelques points, qui est plus nombreux en individus, et qui est peut-être plus nombreux aussi en espèces, que le monde apparent dont nous venons de parler.

Quelle prodigalité infinie de créatures! dit un savant naturaliste. En supposant que toutes les espèces fussent réunies par couples en une seule collection, et que l'on voulût les examiner l'une après l'autre, on trouverait là une occupation plus longue qu'on ne l'imagine sans doute à première vue. En réduisant le nombre des espèces à deux millions, et en admettant que l'observateur demeurât continuellement appliqué à ce travail sans jouir de repos et pendant dix heures par jour, et qu'il ne fallût qu'une minute pour examiner chaque espèce mâle et femelle, lire ou prononcer leur nom, les considérer, et graver suffisamment leur figure dans sa mémoire; il faudrait environ vingt ans d'assiduité, disons toute la vie d'un homme, pour arriver à la fin de cette immense et fatigante revue. Notre esprit n'est même pas en état d'entrevoir la raison de l'existence de tant de races différentes : nous ne savons nous expliquer, outre le rôle de notre espèce, espèce immortelle et capable de seconder le Créateur, que le rôle des animaux utiles qui nous servent à vivre.

III.

Le tableau abrégé que nous avons tracé de l'organisation des végétaux et des animaux a montré suffisamment les différences qui distinguent les uns et les autres : nous avons maintenant à faire connaître d'une manière plus spéciale la structure élémentaire des animaux, les éléments qui la composent, les organes qui résultent de la réunion de ces éléments, et le jeu de toutes ces parties.

La base du corps animal est un tissu spongieux, dans lequel toutes les autres parties sont mêlées ou épanchées; on le nomme tissu cellulaire, parce qu'il est composé d'une multitude innombrable de petites cellules qui communiquent si exactement les unes avec les autres, qu'en soufflant dans un endroit de ce tissu on peut enfler tout le corps.

Ce tissu a la propriété de se contracter autant que les forces qui le distendent peuvent le lui permettre, et c'est par cette propriété qu'il tient dans des rapports constants les diverses parties du corps de l'animal.

Quand les mailles de ce tissu sont rapprochées, il forme des parties plus solides; on leur donne le nom de membranes lorsqu'elles sont étendues en longueur et en largeur, et de fibres lorsqu'elles ne le sont qu'en longueur seulement. Une membrane roulée en un canal cylindrique ou conique se nomme vaisseau. Dans beaucoup d'animaux, presque toutes les parties du corps ne sont formées que de vaisseaux entrelacés.

Un second élément du corps animal est la fibre irritable, charnue ou musculaire : sa forme est celle des filaments. La propriété de la fibre est de se raccourcir et de se mouvoir convulsivement, lorsqu'elle est touchée par quelque corps aigu ou par quelque liqueur âcre. C'est elle dont les faisceaux forment les muscles, qui sont les organes du mouvement volontaire. Elle entre aussi dans la constitution d'une multitude de membranes et de vaisseaux, dans lesquels elle produit diverses contractions nécessaires à l'exercice des fonctions qu'ils doivent remplir.

Enfin, le troisième et dernier élément solide est la substance médullaire. Elle ressemble à une bouillie homogène; au microscope, elle paraît composee de globules. Elle n'est ni contractile, comme le tissu cellulaire; ni irritable, comme la fibre musculaire; mais elle jouit de la propriété merveilleuse d'être le conducteur des sensations, et l'instrument par lequel la volonté réagit sur les organes des mouvements.

Ces trois éléments forment tout l'édifice solide du corps animal. Le tissu cellulaire, rempli de matières salines, forme les os; la fibre, liée en faisceaux par le tissu cellulaire, forme les muscles; des membranes enveloppent le corps et le divisent en cavités; l'intestin n'est qu'un grand vaisseau revêtu de fibres charnues; des vaisseaux plus petits et de divers ordres y prennent le fluide nourricier, le pompent au moyen des contractions qui se produisent dans leur texture, et portent dans chaque point du corps des molécules convenables, soit pour nourrir ce point, soit pour former de nouveaux fluides qui doivent être conduits ailleurs. Les glandes ne sont que des amas de ces vaisseaux, particulièrement destinés à la production de fluides nouveaux. Un faisceau médullaire, nommé cerveau et moelle épinière, envoie des filets de la même substance, nommés nerfs, qui animent toutes les autres parties.

C'est par l'action convenable et proportionnée de ces solides que sont maintenus en bon état les fluides, renfermés dans les cavités qu'ils forment, ou transmis au travers de leur substance.

Quand on pousse aussi loin que possible l'analyse des organes du corps des animaux, c'est-à-dire quand on les traite par les procédés de la chimie, on obtient, pour derniers résultats, les substances élémentaires suivantes : le carbone, l'hydrogène, l'oxygène, l'azote, le phtore, le phosphore, le soufre, le fer, le manganèse, le calcium, le sodium, le potassium, le silicium, le magnesium et le chlore. Ce sont là autant d'*éléments inorganiques* ou de principes constituants, indépendants du climat et du genre d'alimentation des individus dans l'organisation desquels on en démontre la présence. La matière des organes n'a donc rien de particulier ; on la retrouve dans les corps inorganiques, et c'est d'eux en effet qu'elle est venue. C'est beaucoup moins sa nature que son arrangement qui la distingue ; elle pénètre sans cesse, tant que dure la vie, dans un centre qui se l'approprie, et qui la rejette au bout de quelque temps ; sorte de mouvement de formation momentanée, pendant lequel la matière du corps animé change continuellement, tandis que la forme de celui-ci persiste. A la mort, elle tombe dans le repos ; mais l'arrangement de ses molécules, qui constitue l'*organisation*, reste le même, et c'est de cet arrangement, de cette *organisation* en repos, que s'occupe essentiellement l'*anatomie*.

Mais, avant d'arriver au dernier terme d'une analyse qui nous prouve que la composition chimique de l'animal est plus compliquée que celle du végétal, et consiste en éléments plus volatils, on reconnaît que les principes inorganiques, diversement combinés, deux à deux, trois à trois, quatre à quatre, donnent naissance à ce qu'on nomme les *éléments organiques ;* espèces de substances que, par des procédés fort simples, on peut extraire du corps des animaux. Ces éléments organiques sont la *gélatine*, l'*albumine*, la *fibrine*, la *matière grasse*, le *mucus*, et quelques autres principes moins généralement répandus, comme l'*urée*, l'*osmazome*, la *picrocholine*, le *picromel*, la *matière verte de la bile*, la *cholestérine*, la *zoo-hématine* ou principe colorant du sang, l'*eau*, la *leucine*, le *sucre*, la *résine*, les *phosphate* et *carbonate de chaux*, la *cétine*, l'*ambréine*, la *chantaridine*, le *caseum*, le *sucre de lait*, la *stéarine*, l'*oléine*, la *phocénine*, la *butyrine*, l'*hircine*, et une foule d'*acides* différents. Les uns sont plus ou moins oxygénés, et isolés des corps gras par leurs propriétés; les autres ne contiennent que peu d'oxygène, et se rapprochent des graisses; plusieurs enfin ne sont nullement oxygénés.

Nous ne parlerons ici, avec quelque détail, que des cinq éléments organiques principaux.

1° *De la gélatine.*

La *gélatine*, dont le nom est tiré du latin *gelu*, qui signifie *glace* ou *gelée*, est une matière inodore, insipide, incolore, plus lourde que l'eau, se dissolvant dans ce fluide à l'état chaud, et le rendant plus ou moins visqueux, pour former avec lui, par le refroidissement, ce qu'on appelle une *gelée animale*. Cette gelée, abandonnée à elle-même, s'aigrit fort vite, et ne tarde pas à passer à la décomposition putride.

Les acides favorisent la dissolution de la gélatine.

Le chlore, qu'on appelait naguère encore *acide muriatique oxygéné*, forme, avec son solutum, un précipité d'un blanc nacré. Les alcalis ne le troublent jamais; mais l'alcool et surtout le tannin le précipitent, ce que font aussi l'hydrochlorate d'iridium, celui de deutoxyde de mercure, le nitrate de mercure, le sulfate de platine et le persulfate de fer, parmi les sels, qui, en général, sont sans action sur lui. L'hématine, la noix de galle, et tous les astringents végétaux, y occasionnent un précipité insoluble, abondant, élastique, collant, imputrescible, et d'un blanc grisâtre.

L'acide sulfurique concentré a sur ce produit animal une action des plus remarquables, et qui détermine une série de phénomènes curieux, dont on doit la connaissance à M. Braconnot. En faisant macérer, durant vingt-quatre heures, une portion de gélatine dans deux parties d'acide sulfurique concentré; en soumettant ensuite le mélange à l'ébullition avec de l'eau qu'on a soin de remplacer à mesure qu'elle se volatilise, et en saturant enfin l'excès d'acide par de la craie, on obtient un liquide qui, filtré, évaporé et abandonné à lui-même, fournit des cristaux d'une saveur douce et sucrée, et un liquide sirupeux, incristallisable, dans lequel on trouve une matière sucrée cristallisable, une substance azotée, précipitable par la noix de galle, de l'ammoniaque et un principe particulier, blanc, pulvérulent, de la saveur du bouillon, soluble dans l'eau, qu'on appelle *leucine*, à cause de sa couleur.

La gélatine, qui semble se trouver presque pure dans les pièces cartilagineuses du squelette des poissons chondroptérygiens, dans la vessie natatoire de l'esturgeon, dans le bois du cerf et de l'élan, est obtenue généralement, après une lente ébullition dans l'eau, de la peau, des ligaments, des os, des tendons, des cartilages, des fibro-cartilages, des aponévroses, des membranes, même de la chair musculaire et des glandes, en un mot, de la plupart des tissus des animaux, et principalement de leurs parties blanches. Il est plus que probable, jusqu'à présent du moins, que cette matière n'existe point toute formée dans les tissus animaux dont on la retire, et qu'elle est le résultat d'un changement de composition que ces tissus éprouvent dans leurs éléments, par l'action de l'eau bouillante. D'après cela, elle ne serait donc pas un véritable principe immédiat des animaux ; son existence serait le produit, non pas de l'action de la vie, mais bien de l'action du calorique, comme est porté à le penser le savant chimiste Thénard, qui a démontré d'ailleurs, ainsi que son collègue Gay-Lussac, que la gélatine est composée de 27,207 d'oxygène, de 16,998 d'azote, de 47,881 de carbone, et de 7,914 d'hydrogène.

2° *De l'albumine.*

L'*albumine*, dont le nom dérive du latin *albumen*, qui signifie blanc d'œuf, est un fluide très-visqueux, diaphane, presque inodore, insipide, moussant par suite de son agitation dans l'eau, se concrétant par l'action du calorique, répandant, durant la cuisson, une odeur *sui generis* ; se coagulant sous l'influence de l'alcool ; susceptible, à la manière des bases salifiables, de s'unir avec tous les acides, et de former le plus souvent des combinaisons ternaires avec les dissolutions métalliques ; contenant enfin toujours du soufre et de la soude sous-carbonatée, qui lui donne la propriété de verdir la teinture de mauve et le sirop de violettes.

On trouve cette substance dans presque tous les fluides animaux, le chyle, la synovie, le serum du sang, etc. : elle fait la base du *blanc* de l'*œuf*, chez les oiseaux.

3° *De la fibrine.*

La *fibrine* est une matière blanche, solide, filamenteuse, molle, élastique, insipide, inodore, insoluble dans l'eau, dans l'alcool et dans l'éther; dissoluble, sans être décomposée, dans les acides végétaux étendus d'eau et dans les alcalis faibles; devenant dure et cassante par la dessiccation. Elle forme une très-grande partie du sang, et les muscles presque en totalité; on la rencontre aussi dans le chyle, et dans l'humeur versée par exhalation à la surface interne des membranes séreuses, surtout si celles-ci sont dans un état de phlogose ou d'inflammation.

MM. Gay-Lussac et Thénard l'ont trouvée composée de 53,360 de carbone, de 19,683 d'oxygène, de 7,021 d'hydrogène, et de 19,934 d'azote.

4° *De la matière grasse.*

Cette matière, véritable *huile* dans la plupart des cas, existe dans presque toutes les parties du corps des animaux, où elle varie pour ses propriétés physiques; tantôt liquide, tantôt solide; tantôt blanche et tantôt colorée, mais toujours onctueuse au toucher, inodore, d'une saveur douce et fade, insoluble dans l'eau, plus légère que ce fluide; elle entre en fusion, par l'action du calorique, à un degré assez bas de l'échelle thermométrique, a 15°+0, R., assez souvent, par exemple; et, en se décomposant, elle s'enflamme à une haute température; avec les alcalis, elle forme les savons, et se convertit en principe doux et en acides margarique et oléique.

M. Chevreul a démontré que toutes les graisses sont composées de deux matériaux immédiats, savoir : la *stéarine* et l'*élaïne*. Avant les travaux intéressants de ce laborieux chimiste, elles passaient elles-mêmes pour des principes immédiats; mais il est venu à bout d'en séparer les éléments à l'aide de l'alcool bouillant, ce qui l'a mis à même de connaître que la stéarine est fusible à 50° environ, et que l'élaïne est encore liquide à zéro.

5° *Du mucus.*

Le *mucus animal*, longtemps confondu avec la gélatine, examiné avec un soin tout particulier par les célèbres chimistes Fourcroy et Vauquelin, par Bostock, par Berzélius; très-analogue au mucilage végétal, mais contenant de plus que lui de l'azote, est un fluide visqueux, blanc, filant, transparent, inodore, insipide, soluble difficilement dans l'eau, insoluble dans l'alcool, moussant, par son agitation à l'air, dans le premier de ces liquides, ne se prenant pas en gelée, non susceptible de coagulation, mais facile à dessécher par la chaleur. Il est précipité par le chlore, par l'alcool et par l'acétate de plomb; mais il ne l'est ni par le tannin, ni par le deutochlorure de mercure. Les acides le dissolvent, et en général il coagule le lait. Il n'a ni acidité ni alcalinité sensibles aux réactifs colorés.

Après sa dessiccation, il est en lames demi-transparentes, cornées, fragiles, et ne représentant plus que les neuf dixièmes de son poids primitif; perte énorme, due à l'évaporation de l'eau qui entrait dans sa composition en grande quantité, ainsi qu'il résulte de l'analyse faite par le savant Berzélius, qui nous apprend d'ailleurs que le mucus, à l'état frais, est composé de :

Eau.	933,3;
Matière muqueuse.	53,3;
Hydrochlorate de potasse et de soude.	5,6;
Lactate de soude et matière animale. .	3,0;
Soude.	0,9;
Phosphate de soude et albumine. . . .	3.3;

On le trouve à la surface des membranes muqueuse, pituitaire, pharyngienne, buccale, œsophagienne, gastrique, intestinale, vésicale, urétrale, etc.; dans la synovie, dans l'urine, la bile, la salive, les larmes; dans l'épiderme, les cheveux, les ongles, les poils, la laine, la soie, les écailles des poissons et des reptiles, les cornes, les sabots des ruminants, etc.; il est, en un mot, un des matériaux les plus répandus dans les animaux, où il existe à l'état liquide et à l'état solide, mais presque toujours uni à des substances qui en modifient plus ou moins les propriétés. Il se distingue du fromage et de l'albumine, en ce que, lorsqu'il est à l'état solide, il se dissout très-bien dans les eaux acidulées, quoiqu'il soit insoluble dans l'eau.

Les éléments organiques, qui ne paraissent être que les modifications d'une seule et même substance, qui peuvent même souvent se convertir l'un dans l'autre par les moyens de l'art, diversement combinés entre eux et avec quelques-uns des corps élémentaires que j'ai nommés, comme le phosphore, le fer, le calcium, etc., donnent naissance aux fluides et aux solides qui constituent l'ensemble du corps.

Les premiers, dont l'étude se nomme, ainsi que nous l'avons dit, *hygrologie*, sont en très-grande quantité, et leur masse l'emporte de beaucoup sur celle des solides : néanmoins, la proportion des uns aux autres ne peut être déterminée exactement, parce qu'elle varie suivant une foule de circonstances. Ainsi, d'une part, certains fluides, comme l'huile, se séparent difficilement des solides; et, d'autre part, beaucoup de parties solides sont fluidifiables, et se confondent et se dissipent avec les liquides dans la dessiccation. Assez habituellement pourtant ceux-ci sont, avec les solides, dans le rapport de 9 ou de 6 à 1, ainsi que l'on peut s'en convaincre par la dessiccation d'un corps au four ou à l'étuve, ou par la momification. Par exemple, un cadavre frais qui pèse de 60 à 70 kilogrammes, n'en pèse plus que 7 à 8 quand il est exactement desséché, et les os eux-mêmes n'ont de réellement solide que le tiers de leur poids uniquement. Mais en supposant que la proportion dont il s'agit fût déterminée autant bien que possible dans un cas particulier, elle n'en varierait pas moins pour la plupart des autres cas individuels, suivant l'âge, le sexe, la constitution, le mode de vie, etc.

Tous les fluides sont d'ailleurs contenus ou dans des tissus aréolaires et spongieux, ou dans des réservoirs ; tels sont le sang, la sérosité du tissu cellulaire, la bile, la lymphe, le chyle, l'humeur vitrée, etc. ; mais, parmi eux, il en est un qui constitue une masse centrale, où viennent se mêler et d'où partent les autres fluides : c'est le sang.

Quant aux solides, dont l'étude est appelée *stéréologie*, ils donnent la forme et la consistance aux diverses parties du corps des animaux ; ce sont eux aussi qui leur impriment spécialement le mouvement. Leurs particules sont entre-croisées, entrelacées, tissues, ce qui fait qu'on nomme leur arrangement *texture ;* ils constituent véritablement les *organes* ou parties contenantes, et, quoique composés des mêmes éléments que les fluides, ils renferment ceux-ci, les retiennent ou les laissent échapper ; mais ils sont constamment combinés avec eux, de manière à n'exister nulle part isolément.

Tout organe, chez les animaux, est donc un composé de parties hétérogènes, solides et fluides, et a pour base principale les premières, disposées en un tissu aréolaire ou cellulaire, mou, extensible, contractile, perméable aux liquides, condensé en membranes, creusé en canaux, modifié de mille et mille manières différentes, tant sous le rapport de la figure et de la couleur que sous le rapport de la consistance et de la texture, du volume et de la complication, etc.

Mais un examen superficiel, un premier aperçu, ne suffisent point, il s'en faut de beaucoup, pour faire connaître la texture intime des solides. En les étudiant avec une attention soutenue, on voit que leurs fibres apparentes, leurs couches membraneuses, leurs granulations agglomérées, sont composées; et que leur division mécanique, poussée aussi loin que possible, conduit constamment l'observateur à l'examen de fibrilles planes ou linéaires, de petites lames ou de filaments qui semblent en être les molécules élémentaires, et dont le rapprochement, la coordination produisent toutes les sortes de tissus qu'on rencontre dans l'économie. Au reste, le dernier terme de cette division est inconnu; les fibrilles les plus petites qu'on puisse apercevoir sont susceptibles de se diviser en d'autres plus petites encore; et la recherche de la *fibre primitive, simple* ou *élémentaire,* pure et gratuite abstraction, incapable de tomber sous nos sens, si importante dans l'opinion des anciens, est aujourd'hui, avec raison, abandonnée par tous les bons esprits. Malgré les calculs de Clifton Wintringham à son sujet, malgré la ténuité extrême à laquelle cet excellent micrographe est parvenu à la réduire, son excessive délicatesse la dérobe encore à nos recherches; et les moyens d'investigation que l'homme a reçus avec la vie ne sauraient le conduire à la découvrir, même à l'aide des instruments d'optique les plus parfaits.

Cependant, par la raison que les solides contiennent

les liquides, on a été généralement porté à penser que tout est vaisseau dans les solides. Cette idée, mise en faveur par Ruysch et par quelques autres anatomistes des plus distingués, et reproduite même, tout récemment, dans un ouvrage posthume de l'illustre Mascagni, est erronée évidemment, puisque les vaisseaux sont eux-mêmes des parties composées. Il en est de même de l'assertion de ceux qui veulent que tout, dans l'organisation animale, soit formé par le tissu cellulaire, ou par un parenchyme générateur des divers solides.

Tout ce qu'on sait de positif à ce sujet, tout ce qu'il nous est même possible de savoir, c'est que dans le corps de l'homme, comme dans celui de tout autre animal, les solides, comme les fluides, sont formés de globules microscopiques, et d'une substance amorphe, liquide dans ceux-ci, concrète dans ceux-là, coagulée dans les premiers, coagulable dans les seconds, mais absolument inséparable des globules, et les enveloppant de toutes parts.

Ces globules, dont la figure et le volume, malgré l'opinion contraire de Wenzel, de Leuwenhoëck, du docteur Schmidt, du professeur Prochaska, de Hewson, sont toujours les mêmes, quels que soient d'ailleurs l'organe ou l'animal dans lesquels on examine les tissus. D'après les belles observations microscopiques du docteur Milne Edwards, on croirait pouvoir affirmer, comme loi générale, que la structure élémentaire propre aux tissus cellulaire, fibreux, vasculaire, musculaire et nerveux, est identique chez tous les animaux, et que les molécules des solides de ceux-ci affectent toujours une forme primitive constante et déterminée, et ne sont que des sphéroïdes partout arrondis, nulle part anguleux, du diamètre de $\frac{1}{300}$ de millimètre. On peut s'en convaincre si l'on jette les yeux sur des figures faites avec une lentille qui grossirait deux cents fois en diamètre, sur l'homme et sur divers animaux tant vertébrés qu'invertébrés, comme le mouton, le chien, le chat, la perdrix, le crapaud, la carpe, le faisan, le canard, le homard, le hanneton, etc. L'arrangement et le nombre de ces globules varient seuls dans les divers tissus où on les examine, quelles que soient, du reste, les propriétés de ces tissus et les fonctions qu'ils sont appelés à remplir. Il en est de même de leur couleur, et très-probablement de leur composition chimique, puisque ce sont précisément eux qui constituent les parties organiques, et sont la source des différences qu'elles présentent.

Maintenant que la connaissance des tissus des animaux nous a conduits à l'étude de leur organisation générale, retraçons rapidement les actions organiques qui assurent le développement et le maintien de la vie : c'est le moyen le plus sûr de faire naître l'intérêt pour les descriptions détaillées qui nous seront plus tard nécessaires, afin de démontrer la *physiologie* dans toute la série animale.

Nous avons déjà établi que tout animal peut être réduit par la pensée à un tube nutritif ouvert par ses extrémités; voyons ce qui résulte de cette disposition générale dans les animaux supérieurs.

La nourriture prise dans la bouche, broyée avec la *salive* et avalée, passe dans un ou plusieurs estomacs, qui la pressent, l'échauffent, la délayent dans un *suc* particulier nommé gastrique, et la réduisent en une bouillie homogène qui parcourt l'étendue du canal intestinal, où elle est comprimée, mêlée de bile et de quelques autres sucs.

Après que les vaisseaux absorbants, ramifiés à la surface intérieure de l'intestin, ont pompé tout le chyle contenu dans la substance alimentaire, le résidu, inutile à la nutrition, est expulsé du corps sous forme d'excréments.

Le *chyle* est porté par des vaisseaux absorbants dans un ou plusieurs canaux qui s'ouvrent dans les veines, et ce produit spécial de la digestion se mêle avec le sang dans ces mêmes vaisseaux.

Le *sang*, en parcourant les veines, depuis leur origine capillaire dans la substance des organes, jusqu'à leur terminaison dans l'oreille droite du cœur, entraîne tous les fluides absorbés; c'est combinés avec lui qu'ils arrivent dans les poumons, et y reçoivent leur destination définitive, soit que, produits inutiles, ils soient destinés à être extraits et emportés au dehors par l'air expiré; soit que, matériaux nutritifs, ils s'unissent aux autres éléments du *sang*, et soient charriés par des vaisseaux hors des poumons et dans le cœur, pour pénétrer, par la force d'impulsion de cet organe, dans toutes les parties du corps.

C'est des extrémités des artères, de leurs derniers et imperceptibles ramuscules, que sortent les molécules qui doivent faire croître les organes, en s'intercalant entre celles qui les ont précédées; ou les conserver en remplaçant celles qui sont enlevées par l'absorption, qui s'exerce d'une manière continue.

C'est aussi de ces extrémités que sortent les molécules qui doivent former les différents fluides qui se séparent du sang dans les organes, et pour des usages déterminés, tels que la bile, la salive, dont nous venons de parler, et d'autres dont nous parlerons.

Après avoir fourni ces deux sortes de molécules, le sang retourne au cœur par les veines.

Le superflu des parties qui ont servi à la nutrition, et des liquides qui se sont séparés du sang, retourne dans la masse de ce dernier fluide, sous la forme de lymphe, et il y est porté par les vaisseaux lymphatiques ou absorbants.

Le cerveau, la moelle épinière, et les nerfs, qui se distribuent dans tout le corps, sont arrosés de toute part par un sang artériel abondant, qui y produit le fluide nerveux, dont ces organes sont les dépositaires et les conducteurs.

Les extrémités des nerfs aboutissent ou à la surface extérieure, ou aux muscles, ou aux vaisseaux, ou aux viscères. A la surface, ils se terminent par des organes disposés pour recevoir et transmettre convenablement au centre nerveux l'action des corps extérieurs.

Ainsi, l'œil présente à la lumière ses lentilles transparentes, qui en brisent les rayons et les rassemblent sur un foyer nerveux. L'oreille offre à l'air des membranes et des fluides qui en reçoivent les ébranlements, et les transmettent à des filets nerveux, flottant dans une fine gelée. Le nez aspire l'air, et saisit au passage les vapeurs odorantes qu'il contient, et que perçoivent des nerfs ramifiés presque à nu sur ses membranes internes. La langue est garnie de papilles spongieuses qui s'imbibent des liqueurs savoureuses qu'elle doit goûter, et en abreuvent les derniers filets de ses nerfs. Enfin, la peau qui couvre tout le corps semble destinée à amortir l'effet des corps extérieurs sur les nombreux filets de nerfs qui la pénètrent de toute part : lorsqu'elle est enlevée, la vivacité des sensations va jusqu'à la douleur. La peau intérieure, ou la surface des intestins, est un sixième sens qui, par les sensations de la faim, de la soif et des douleurs internes, avertit l'animal de ce qui se passe au dedans de lui.

L'animal ainsi excité par ses nombreuses sensations, éprouvant du plaisir aux unes, de la douleur aux autres, sentant de nombreux besoins, exerce une volonté.

Les muscles sont soumis à l'empire de cette volonté; leurs fibres reçoivent du sang leur irritabilité, qui est mise en jeu lorsque l'animal fait agir sur ces fibres les nerfs qui y aboutissent; les contractions des fibres musculaires ploient ou étendent ses membres, dilatent ou rapetissent les diverses parties de son corps, et produisent tous ses mouvements, soit d'ensemble, soit partiels.

Les branches du système nerveux qui se rendent dans l'intérieur exercent encore des fonctions dont l'animal ne s'aperçoit point, et qui sont soustraites à l'action de sa volonté; les fibres qui revêtent les viscères et les vaisseaux jouissent de l'irritabilité qui leur est nécessaire pour remplir leurs fonctions.

C'est par les mouvements, c'est-à-dire les contractions musculaires, c'est par les sensations et l'action nerveuse que les animaux acquièrent une vie qui leur est propre; vie bien supérieure, on le voit, par sa complication et son étendue, à cette vie végétative dont les fonctions se rencontrent seules dans les végétaux, et sont destinées presque uniquement à la nutrition. Tout l'ensemble de leur économie semble placé sous l'influence des forces qui les animent; aucun acte de leur vie ne paraît être entièrement soustrait à cette cause de modifications. C'est à l'aide des mouvements musculaires qu'ils vont à la recherche de leurs aliments; et c'est encore par l'effet de la même cause que ces substances sont introduites dans les voies digestives, les parcourent et en sont expulsées; que le sang est, chez beaucoup d'entre eux, chassé dans les vaisseaux où il circule, et que l'air pénètre dans les organes de la respiration.

Les sens du goût et de l'odorat sont placés à l'entrée de l'appareil de la nutrition, chez le plus grand nombre des animaux; des nerfs se distribuent aux organes digestifs; toutes les fonctions sont enchaînées les unes aux autres, et dans un état de subordination mutuelle.

Les fonctions de la nutrition réagissent, à leur tour, sur les fonctions animales, dont les organes ont nécessairement besoin d'être nourris. La circulation est favorisee par l'innervation, et, de même que celle-ci, elle est entretenue par la circulation.

Après avoir examiné sommairement les mouvements compliqués qui constituent la vie dans les animaux les plus élevés par leur organisation, il est intéressant de considérer ces êtres comparativement les uns aux autres, et de faire voir, en parcourant successivement les différentes familles, comment les divers organes s'y modifient par degrés : c'est ce qui fait le sujet de ce volume, qui traite de l'*organisation* et de la *physiologie des animaux.*

ORGANISATION
ET PHYSIOLOGIE
DES ANIMAUX.

Les deux branches des sciences naturelles sur lesquelles repose la connaissance de l'organisation animale et du mécanisme de la vie sont l'anatomie et la physiologie.

L'anatomie fait connaître le nombre, la forme, la situation, les rapports, les connexions et la structure des organes dont le corps des animaux est composé.

La physiologie a pour objet de rechercher et de déterminer les usages de chacun de ces organes; c'est l'histoire de la vie, depuis le moment où elle apparaît dans le germe, qui est l'abrégé microscopique de l'animal, jusqu'au jour où l'être qu'elle a animé achève les dernières phases de son existence individuelle, et meurt.

Ces deux ordres de connaissances s'acquièrent en soumettant le corps des animaux à des dissections, à des expériences, qui ont pour but d'isoler chacune de leurs parties afin de les mieux étudier, et de saisir les rapports qui les unissent entre elles.

Pour avoir une idée exacte de la construction d'une machine, un artiste démonte chaque rouage, chaque levier, chaque chaîne; il en isole, par une sorte d'analyse, toutes les pièces; puis, en les rapprochant et en rétablissant leurs rapports, il peut leur rendre le mouvement et le jeu qui leur avaient été momentanément enlevés. Ce qu'on pratique sur un mécanisme quelconque pour le connaître, le physiologiste le fait sur le corps des animaux pour le comprendre; mais, moins heureux que l'artiste, le physiologiste ne peut pas rendre leur mouvement et leur jeu aux organes qu'il a divisés et séparés.

Jamais science ne fut à la fois plus grande et plus intéressante que la science de la physiologie : en nous révélant ce que l'organisation animale offre d'extraordinaire, elle nous laisse frappés d'admiration à la vue de cet ouvrage infini, la plus étonnante et la plus inexplicable des merveilles du Créateur.

A une époque où toutes les intelligences sont avides de connaissances variées, et se portent surtout vers les sciences d'observation, il est inutile d'insister sur l'importance des connaissances physiologiques. Si, pour constater l'influence constante qu'elles ont eue sur les progrès de l'art de guérir, on tourne ses regards vers le passé, on voit que la médecine a manqué de bases solides jusqu'au jour où l'anatomie et la physiologie humaines lui révélèrent la structure de nos organes dans l'état de santé et la manière dont s'exécutent nos fonctions, et firent apprécier les changements qu'éprouve cette organisation dans les maladies. C'est, en effet, à l'aide de ces deux ordres de connaissances qu'on arrive à découvrir des moyens de traitement et de guérison.

Jusqu'à ces dernières années, on rencontrait rarement dans la société des hommes curieux de connaître la structure des différentes parties de notre corps : c'est qu'il faut plus que du courage pour entrer dans un amphithéâtre, où les études anatomiques sont entourées de tout ce que la mort a de plus repoussant. Si cependant il est beau d'apprécier les deux mouvements combinés de la terre, de découvrir les lois qui président à la marche des astres, et de savoir que nous tournons autour du soleil avec la rapidité d'un sabot lancé par un enfant, combien n'est-il pas intéressant aussi d'étudier les phénomènes multipliés et divers qui se succèdent dans l'organisation animale vivante, depuis la nutrition obscure du polype le plus insaisissable jusqu'aux fonctions du cerveau de l'homme, et de soulever peu à peu quelque partie du voile dont la puissance créatrice a enveloppé ses plus admirables ouvrages!

Le corps humain, lors même qu'on ne le considère que sous le rapport des dispositions mécaniques qu'il réunit, offre un exemple de complication et un modèle de perfection dont nos machines les mieux combinées n'approchent pas. Les inventions les plus heureuses des architectes ou des opticiens ne sauraient être comparées à ces constructions ingénieuses. Les fondements de nos phares, les soubassements de nos monolithes, auxquels s'est appliquée l'architecture la plus difficile, ne sont pas construits plus correctement que la voûte des os du pied; les colonnes les plus solides, les piliers les mieux enracinés, sont moins bien assujettis que les os creux qui nous soutiennent; l'articulation de la colonne vertébrale avec le bassin laisse bien loin d'elle l'insertion d'un mât de vaisseau dans son emplanture.

Les tendons et leurs poulies de renvoi ont une perfection qu'on chercherait en vain dans les cordages les plus habilement disposés; il n'y a pas d'instrument de musique qui puisse rivaliser avec l'appareil vocal; l'hydrodynamique retrouve ses pompes et ses soupapes dans la structure du cœur et dans les grands canaux circulatoires; et, quelques progrès que la science des physiciens ait fait faire à la construction des télescopes, des microscopes et des chambres obscures, l'œil est encore le plus parfait des instruments d'optique.

Vaucanson avait parfaitement compris tout l'intérêt des notions qu'on puise dans l'étude de l'anatomie. Ce célèbre mécanicien consultait fréquemment la structure du corps humain dans le squelette, dans la distribution des vaisseaux, et surtout dans la disposition des tendons et des muscles. On raconte que, lorsqu'il construisit son flûteur, il fut arrêté par la difficulté de lui donner l'embouchure de la flûte, et de reproduire certains coups de langue qui en modulent les sons; il eut recours à l'anatomie, il examina dans ses détails la structure du larynx, et y trouva les renseignements qu'il cherchait, et que ses méditations savantes ne lui avaient pourtant pas fait deviner.

La structure des animaux nous montre, à chaque pas, d'étonnantes merveilles; et plus on pénètre dans cette étude, plus on reconnaît qu'elle passe les calculs de la raison. C'est en se livrant aux travaux de l'anatomie, c'est en examinant les ressorts matériels de son être, que l'homme s'accoutume à s'élever vers leur auteur et leur conservateur. Il peut avoir expliqué avec beaucoup de justesse les travaux des organes, et les usages auxquels Dieu les a destinés; mais ce qu'il ne saurait comprendre, ce sont les effets qu'il a sous les yeux : il a beau regarder et étudier curieusement l'organisation physique de son corps, il ne peut parvenir à en expliquer le principe secret, et s'abaisse humblement en présence des obscurités de la nature, qui, tout en lui montrant ses instruments, enveloppe d'un mystère impénétrable les merveilles de son travail.

Aussi la physiologie, qui prend place au milieu des connaissances les plus honorables pour le génie de l'homme, ne devient une science vraiment philosophique que lorsque, mettant Dieu en tête de ses recherches, elle considère dans l'homme, non-seulement le mécanisme des organes, mais encore l'action indépendante d'une intelligence mystérieuse par laquelle il a conscience de ses impressions. Alors le physiologiste comprend l'insuffisance des explications entassées par les matérialistes pour abuser l'esprit humain, et il sent aussi que cette machine qui va d'elle-même est réglée par une autre sagesse que la sienne. Comme il ne saurait conduire cette organisation, malgré la connaissance profonde qu'il a de ses parties, il est contraint d'en chercher le moteur hors du cercle des causes physiques; et sa raison éclairée lui révèle l'agent immatériel qui enchaîne toutes choses, et développe avec ordre et selon de justes règles tous les mouvements que nous voyons.

Ainsi que l'a fait remarquer un profond et consciencieux écrivain, dans son *Introduction à la Philosophie* (1), tous les philosophes anciens et modernes ont étudié l'organisation humaine avec enthousiasme et émotion. Cicéron retrouvait tous les secrets de son éloquence pour décrire les formes et la beauté de cet être miraculeux. Fénelon a des expressions qui partent d'une âme chrétienne, pour montrer, dans la perfection de nos organes, la perfection bien autrement infinie de notre Créateur; Bossuet a surpassé toute philosophie et toute éloquence, en traitant à fond ce grand sujet, dans son beau travail sur la *Connaissance de Dieu et de soi-même :* livre précieux, où la science philosophique, avec ses progrès de dé-

(1) M. Laurentie.

tails, ne pourrait découvrir d'erreur grave, et que la science moderne du raisonnement aurait au moins dû garder pour règle, puisqu'il contient toutes les vérités d'observations qu'elle est allée chercher dans les traités des matérialistes, et qu'on ne saurait y trouver aucun de leurs égarements :

Voici comment le grand évêque résume ses recherches sur l'homme.

« Tout, dit-il, est ménagé dans le corps humain avec un artifice merveilleux. Le corps reçoit de tous côtés les impressions des objets, sans être blessé. On lui a donné des organes pour éviter ce qui l'offense ou le détruit; et les corps environnants, qui font sur lui ce mauvais effet, font encore celui de lui causer de l'éloignement. La délicatesse des parties, quoiqu'elle aille à une finesse inconcevable, s'accorde avec la force et avec la solidité. Le jeu des ressorts n'est pas moins aisé que ferme : à peine sentons-nous battre notre cœur, nous qui sentons les moindres mouvements du dehors, si peu qu'ils viennent à nous; les artères vont, le sang circule, les esprits coulent, toutes les parties s'incorporent leur nourriture, sans troubler notre sommeil, sans distraire nos pensées, sans exciter tant soit peu notre sentiment; tant Dieu a mis de règle et de proportion, de délicatesse et de douceur, dans de si grands mouvements.

« Ainsi nous pouvons dire avec assurance que, de toutes les proportions qui se trouvent dans les corps, celles du corps organique sont les plus parfaites et les plus palpables.

« Tant de parties si bien arrangées, et si propres aux usages pour lesquels elles sont faites; la disposition des valvules; le battement du cœur et des artères; la délicatesse des parties du cerveau, et la variété de ses mouvements, d'où dépendent tous les autres; la distribution du sang et des esprits; les effets différents de la respiration, qui ont un si grand usage dans le corps : tout cela est d'une économie et, s'il est permis d'user de ce mot, d'une mécanique si admirable, qu'on ne la peut voir sans ravissement, ni assez admirer la sagesse qui en a établi les règles.

• Il n'y a genre de machine qu'on ne trouve dans le corps humain. Pour sucer quelque liqueur, les lèvres servent de tuyau, et la langue sert de piston. Au poumon est attachée la trachée-artère, comme une espèce de flûte douce d'une fabrique particulière, qui, s'ouvrant plus ou moins, modifie l'air et diversifie les tons. La langue est un archet qui, battant sur les dents et sur le palais, en tire des sons exquis. L'œil a ses humeurs et son cristallin; les réfractions s'y ménagent avec plus d'art que dans les verres les mieux taillés; il a aussi sa prunelle, qui se dilate et se resserre; tout son globe s'allonge ou s'aplatit, selon l'axe de la vision, pour s'ajuster aux distances, comme les lunettes à longue vue. L'oreille a son tambour, où une peau aussi délicate que bien tendue résonne au mouvement d'un petit marteau que le moindre bruit agite; elle a, dans un os fort dur, des cavités pratiquées pour faire retentir la voix, de la même sorte qu'elle retentit parmi les rochers et dans les échos. Les vaisseaux ont leurs soupapes ou valvules, tournées en tous sens; les os et les muscles ont leurs poulies et leurs leviers : les proportions qui font les équilibres, et la multiplication des forces mouvantes, y sont observées dans une justesse où rien ne manque. Toutes les machines sont simples; le jeu en est si aisé et la structure si délicate, que toute autre machine est grossière en comparaison.

« A rechercher de près les parties, on y voit de toute sorte de tissus; rien n'est mieux filé, rien n'est mieux passé, rien n'est serré plus exactement.

« Nul ciseau, nul tour, nul pinceau ne peut approcher de la tendresse avec laquelle la nature tourne et arrondit ses sujets.

« Tout ce que peut faire la séparation et le mélange des liqueurs, leur précipitation, leur digestion, leur fermentation, et le reste, est pratiqué si habilement dans le corps humain, qu'auprès de ces opérations, la chimie la plus fine n'est qu'une ignorance très-grossière.

« On voit à quel dessein chaque chose a été faite : pourquoi le cœur, pourquoi le cerveau, pourquoi les esprits, pourquoi la bile, pourquoi le sang, pourquoi les autres humeurs. Qui voudra dire que le sang n'est pas fait pour nourrir l'animal; que l'estomac, et les eaux qu'il jette par ses glandes, ne sont pas faites pour préparer par la digestion la formation du sang; que les artères et les veines ne sont pas faites de la manière qu'il faut pour le contenir, pour le porter partout, pour le faire circuler continuellement; que le cœur n'est pas fait pour donner le branle à cette circulation : qui voudra dire que la langue et les lèvres, avec leur prodigieuse mobilité, ne sont pas faites pour former la voix en mille sortes d'articulations; ou que la bouche n'a pas été mise à la place la plus convenable pour transmettre la nourriture à l'estomac; que les dents n'y sont pas placées pour rompre cette nourriture, et la rendre capable d'entrer; que les eaux qui coulent dessus ne sont pas propres à la ramollir, et ne viennent pas pour cela à point nommé ; ou que ce n'est pas pour ménager les organes et la place, que la bouche est pratiquée de manière que tout y sert également à la nourriture et à la parole : qui voudra dire ces choses, fera mieux de dire encore qu'un bâtiment n'est pas fait pour loger, et que ses appartements, ou engagés ou dégagés, ne sont pas construits pour la commodité de la vie, ou pour faciliter les ministères nécessaires : en un mot, il sera un insensé qui ne mérite pas qu'on lui parle.

« Si ce n'est peut-être qu'il faille dire que le corps humain n'a point d'architecte, parce qu'on n'en voit pas l'architecte avec les yeux ; et qu'il ne suffit pas de trouver tant de raison et tant de dessein dans la disposition, pour entendre qu'il n'est pas fait sans raison et sans dessein.

« Plusieurs choses font remarquer combien est grand et profond l'artifice dont il est construit.

« Les savants et les ignorants, s'ils ne sont tout à fait stupides, sont également saisis d'admiration en le voyant. Tout homme qui le considère par lui-même trouve faible tout ce qu'il a ouï dire, et un seul regard lui en dit plus que tous les discours et tous les livres.

« Depuis tant de temps qu'on regarde et qu'on étudie curieusement le corps humain, quoiqu'on sente que tout y a sa raison, on n'a pu encore parvenir à en pénétrer le fond. Plus on considère, plus on trouve de choses nouvelles, plus belles que les premières qu'on avait tant admirées : et quoiqu'on trouve très-grand ce qu'on a déjà découvert, on voit que ce n'est rien, en comparaison de ce qui reste à chercher.

« Par exemple, qu'on voie les muscles si forts et si tendres, si unis pour agir en concours, si dégagés pour ne se point mutuellement embarrasser ; avec des filets si artistement tissus et si bien tors, comme il faut, pour faire leur jeu; au reste, si bien tendus, si bien soutenus, si proprement placés, si bien insérés où il faut; assurément on est ravi, et on ne peut quitter un si beau spectacle; et, malgré qu'on en ait, un si grand ouvrage parle de son artisan. Et cependant tout cela est mort, faute de voir par où les esprits s'insinuent, comment ils tirent, comment il relâchent, comment le cerveau les forme, et comment ils les envoie avec leur adresse fixe. Toutes choses qu'on voit bien qui sont, mais dont le secret principe et le maniement n'est pas connu.

« Et, parmi tant de spéculations faites par une curieuse anatomie, s'il est arrivé quelquefois, à ceux qui s'y sont occupés, de désirer que, pour plus de commodités, les choses fussent autrement qu'ils ne les voyaient, ils ont trouvé qu'ils ne faisaient un si vain désir que faute d'avoir tout vu; et personne n'a encore trouvé qu'un seul os dût être figuré autrement qu'il n'est, ni être articulé autre part, ni être emboîté plus commodément, ni être percé en d'autres endroits, ni donner aux muscles dont il est l'appui une place plus propre à s'y enclaver; ni enfin qu'il y eût aucune partie, dans tout le corps, à qui on pût seulement désirer ou une autre constitution ou une autre place.

« Il ne reste donc à désirer dans une si belle machine, sinon qu'elle aille toujours, sans être jamais troublée et sans finir. Mais qui l'a bien entendue en voit assez pour juger que son auteur ne pouvait pas manquer de moyens pour la réparer toujours, et enfin la rendre immortelle; et que, maître de lui donner l'immortalité, il a voulu que nous connussions qu'il la peut donner par grâce, l'ôter par châtiment, et la rendre par récompense. La religion, qui vient là-dessus, nous apprend qu'en effet c'est ainsi qu'il en a usé, et nous apprend, tout ensemble, à le louer et à le craindre.

« En attendant l'immortalité qu'il nous promet, jouissons du beau spectacle des principes qui nous conservent si longtemps; et connaissons que tant de parties, où nous ne voyons qu'une impétuosité aveugle, ne pourraient pas concourir à cette fin, si elles n'étaient, tout ensemble, et dirigées et formées par une cause intelligente. »

Pour renfermer dans un cadre convenable cette histoire de l'organisation et de la physiologie des animaux, j'ai cru devoir borner la description des instruments des fonctions à ce qu'ils présentent de plus général dans leur forme et dans leur texture. En considérant les divers groupes d'organes, leur nature, leur enchaînement, leurs rapports et leurs usages, j'ai eu soin d'éviter ces descriptions déliées, ces détails techniques qui effrayent le lecteur, et entassent dans sa mémoire une foule d'idées inutiles.

Les divers phénomènes par lesquels la vie d'un animal se manifeste, sont le résultat de l'action d'une partie quelconque de son corps; ces différentes parties, que l'on peut regarder comme autant d'instruments, portent le nom d'organes.

Lorsque plusieurs organes concourent à produire un phénomène, on désigne cette réunion d'instruments sous le nom d'appareil, et l'on appelle fonction l'action d'un de ces organes isolés ou de l'un de ces appareils.

Afin de mettre de la clarté dans la description des organes et de l'ordre dans l'histoire de leurs fonctions, les physiologistes ont divisé les phénomènes de la vie en différents groupes; dans chacun de ces groupes sont enveloppées et comprises diverses actions qui tendent toutes vers un même but.

On a réuni, sous le nom de *fonctions de relations*, tous les actes qui mettent l'animal en rapport avec les êtres de la nature. A l'aide de ces fonctions, l'animal unit son existence avec celle de ses semblables ; il s'en éloigne ou s'en rapproche, suivant ses craintes ou ses besoins. Il est pourvu à cet effet d'un nombre assez considérable d'organes que l'on nomme sentants, qui lui servent à établir entre lui et le monde extérieur des relations aussi nombreuses que faciles. Ces organes lui servent à connaître ce qui existe hors de lui ; par eux, il est l'habitant du monde, et non pas, comme le végétal, l'habitant du coin de terre sur lequel il est né. Il sent, il perçoit les corps qui l'environnent, se dirige d'après leur influence; et quelquefois même il peut manifester ses sensations, et communiquer au monde extérieur ses désirs et ses craintes, ses plaisirs et ses peines, par des gestes, par des cris, par la voix, par la parole.

On a ensuite réuni, sous le nom de *fonctions nutritives*, tous les actes qui servent à la nutrition de l'animal, soit en enlevant aux productions de la terre des substances qui sont alimentaires, soit en modifiant ces substances alimentaires, et en les réduisant en un suc qui puisse se mêler aux organes ; soit enfin en charriant le suc nutritif dans la structure de ces organes, pour qu'en se combinant avec elle, il en répare les pertes et en favorise l'accroissement.

D'après ce que nous venons de dire, les fonctions des animaux se divisent d'elles-mêmes en deux classes :

Fonctions de relations,

Fonctions de nutrition.

DES
FONCTIONS DE RELATIONS.

Deux ordres d'appareils servent, chez les animaux, à l'exercice des fontions de relations :

Les appareils des mouvements ;

Les appareils des sensations.

A l'aide des premiers, l'animal peut se transporter d'une place à une autre, rechercher ce qui peut lui servir, et éviter ce qui peut lui nuire. Il doit cette faculté de translation à des organes charnus que l'on nomme muscles. Par leurs attaches sur la charpente solide du corps, les muscles en font mouvoir les différentes parties les unes sur les autres, et opèrent ainsi des mouvements de totalité.

Les appareils des sensations servent à la perception des objets extérieurs. A cet effet, certains organes, dépendant du système nerveux, sont disposés pour recevoir des sensations, et c'est par leur entremise que les qualités des corps se révèlent à l'esprit.

Or, pour qu'un animal reçoive une sensation quelconque d'un objet extérieur, il faut que l'impression soit transmise par les nerfs jusqu'au cerveau. Cet organe est, à la fois, l'instrument de la volonté et le siége principal de la faculté de sentir : cette double destination se prouve par les phénomènes qui accompagnent une blessure ou une forte compression du cerveau. Dans des cas de cette nature, le cerveau ne peut plus remplir ses fonctions, l'animal devient insensible, cesse d'exécuter les mouvements volontaires, et tombe dans un état qui ressemble à un sommeil profond.

Ainsi, c'est aux sensations que l'homme doit ses rapports volontaires avec le reste de la nature ; c'est par leur intermédiaire qu'il a la conscience des changements qui s'opèrent en lui.

APPAREILS DES MOUVEMENTS.

Les mouvements résultent du concours de deux natures d'organes distincts : les os et les muscles. Pour que les mouvements puissent s'exécuter avec précision, il faut que les muscles soient attachés à des parties dures, soit intérieures, soit extérieures, lesquelles servent de leviers, et prennent des points d'appui les unes sur les autres. De là cette division très-naturelle de l'appareil de la locomotion en deux genres : l'un composé des instruments *passifs* de cette fonction, et l'autre de ses organes *actifs*.

Les os et leurs dépendances sont les premiers; les muscles et leurs annexes constituent les seconds.

INSTRUMENTS PASSIFS. — OS.

L'homme et tous les autres mammifères, ainsi que les oiseaux, les reptiles et les poissons, ont dans leur structure des parties solides et résistantes que l'on nomme des os; et la réunion des os entre eux constitue le squelette, espèce de charpente qui donne au corps sa force, détermine en grande partie ses dimensions et ses formes, sert à protéger les organes les plus importants à la vie, et fournit à la fonction de la locomotion les instruments passifs des mouvements.

Anatomie comparée

Parmi les parties dures qui, chez les animaux invertébrés, remplissent le rôle des os, on remarque : 1° les *coquilles des mollusques*. Elles sont formées par des couches superposées, et sécrétées par le manteau de l'animal. A mesure que celui-ci avance en âge, il se forme, à la face interne de la première couche, une nouvelle couche qui déborde toutes les précédentes ; en sorte que l'accroissement a lieu en même temps en longueur, en largeur et en épaisseur ; les muscles sont attachés aux couches intérieures. 2° Les *tests des crustacés* et *des insectes*. Ce sont des portions de peau dont l'épiderme a acquis une épaisseur et une résistance plus ou moins considérables. Ces parties n'étant point mobiles par elles-mêmes, et n'ayant que le mouvement général des parties qu'elles recouvrent, ont exigé entre celles-ci des étranglements qui en permissent le mouvement. L'animal, en grossissant, rompt son enveloppe de l'intérieur à l'extérieur ; bientôt il en sécrète une autre, qui est d'abord molle, sensible, vasculaire, mais qui acquiert peu à peu les caractères qui lui sont propres. 3° Les *coques des oursins* diffèrent des tests, en ce qu'elles n'offrent pas d'articulations : aussi les mouvements seraient-ils impossibles à l'animal si elles n'étaient percées d'une infinité de trous par lesquels passent les organes du mouvement et de la préhension. Au reste, ces coques sont primitivement beaucoup plus grandes que le corps de l'animal, qui peut ainsi se développer sans gêne. Toutes les parties dures des invertébrés sont composées, en proportions variables, de mucus, de phosphate et de carbonate de chaux.

COMPOSITION DES OS.

Les os sont formés d'une espèce de cartilage composé de gélatine, substance qui constitue la colle-forte, et dont toutes les lamelles et toutes les fibres sont encroûtées d'une matière pierreuse composée de chaux unie à des acides particuliers (acide phosphorique, etc.). Lorsqu'on brûle des os, cette matière pierreuse reste seule, et se réduit en poudre au moindre frottement; et lorsqu'on fait tremper des os dans une liqueur particulière qui a la propriété de dissoudre cette matière pierreuse (de l'acide hydrochlorique), on les réduit à l'état d'un cartilage flexible.

On distingue parmi les os, des os longs, des os courts et des os larges.

Les os longs sont des cylindres en général assez grêles, et dont l'intérieur est creusé d'un canal longitudinal rempli d'une matière grasse nommée moelle: cette disposition, sans nuire à leur solidité, diminue leur poids. A leur extrémité ces os s'élargissent, afin de fournir à l'articulation une surface plus étendue.

On conçoit en effet que si les os s'étaient touchés par de petites superficies, leur mode d'union eût été extrêmement faible; ils n'auraient pu se prêter à des mouvements que d'une manière incertaine et mal assurée, et leur dérangement serait devenu aussi commun qu'il est rare. Le volume des extrémités articulaires sert à écarter les muscles du centre des mouvements, ce qui, en leur donnant une direction moins oblique, leur fournit le moyen de produire un plus grand effet.

Vers le milieu, les os longs sont formés presque en entier par une substance très-compacte; mais, à leurs extrémités renflées, ils sont composés principalement d'une substance spongieuse qui est moins lourde. Ce sont ces os qui forment la charpente solide des membres.

Les os courts et les os plats n'ont pas de cavité médullaire creusée dans leur intérieur.

Les os courts sont formés presque entièrement de substances spongieuses, ce qui diminue leur pesanteur, en augmentant leur surface; les os plats ont pour principal usage de former les parois des cavités protectrices des organes intérieurs : ils ne sont pourtant pas étrangers aux mouvements et aux attitudes, puisqu'ils fournissent aux muscles des points nombreux d'insertion.

On remarque, à la surface des os, des inégalités qui servent à l'attache des muscles; souvent ils présentent même pour cet usage, ainsi que pour l'insertion des ligaments des articulations, des prolongements saillants, nommés apophyses.

Enfin, les os sont souvent formés, dans le jeune âge, de plusieurs pièces distinctes, qui plus tard se soudent entre elles.

ARTICULATIONS.

Les os qui constituent le squelette sont unis entre eux par des articulations qui changent de nom d'après leur forme. Si l'articulation qui unit deux os leur permet d'exécuter des mouvements les uns sur les autres, elle est appelée mobile; si, au contraire, l'articulation n'est qu'un moyen d'assurer la solidité et la résistance des os, elle est appelée immobile. Plus une articulation est mobile, moins elle est solide, et, *vice versâ;* plus elle est solide, moins elle a de mobilité.

La surface articulaire des os mobiles est recouverte d'une substance élastique qui peut supporter les plus fortes pressions et amortir les chocs les plus rudes : cette substance s'appelle cartilage; elle est enduite d'une humeur visqueuse, destinée à favoriser le glissement des extrémités articulaires. Cette humeur est appelée synovie. Toutes les articulations mobiles ne se ressemblent pas. Les extrémités des os, qui concourent à les former, se correspondent par des surfaces dont la configuration est réciproque. Elles sont en général les unes convexes, les autres concaves; leurs degrés différents de concavité et convexité leur ont valu des dénominations spéciales. Les moyens d'union des os sont en général des parties fibreuses qui portent le nom de ligaments. Ce sont des gaînes très-résistantes et très-fortes qui entourent l'articulation, tenant par leurs deux bouts aux deux os dont elles assurent la réunion. Les articulations présentent une foule de différences dans les mouvements dont elles sont susceptibles.

DIVISION DU SQUELETTE.

Le squelette se divise en tronc et en membres. Le tronc est composé de la tête, de la colonne vertébrale, de la poitrine et des hanches.

COLONNE VERTÉBRALE.

La colonne vertébrale [1], ou épine du dos, occupe la ligne médiane du dos, et s'étend depuis la tête jusqu'à l'extrémité postérieure du tronc : elle est formée par la réunion de petits os courts qui sont appelés vertèbres, et elle présente dans toute sa longueur un canal formé par un trou dont chaque vertèbre est percée. Chacun de ces os présente aussi en avant de ce trou une espèce de gros disque solide qui est nommé le corps de la vertèbre, et qui est très-solidement uni au corps de la vertèbre suivante. En arrière, on remarque des prolongements appelés apophyses transverses et apophyses épinières.

La colonne vertébrale présente quatre courbures, en sens opposé, qui correspondent au cou, au dos, aux lombes et au bassin. L'utilité de ces incurvations est démontrée

[1] Pl. 1, fig. 1.

en physique d'après ce fait, que, de deux colonnes élastiques, semblables pour la matière, le volume et l'étendue, mais dont l'une est droite et dont l'autre présente des inflexions en sens inverse, la première résiste moins que la deuxième à une pression verticale.

On distingue dans la colonne vertébrale cinq régions, savoir :

1° La région cervicale, qui constitue la charpente du cou : elle est composée chez l'homme, et chez presque tous les autres mammifères, de sept vertèbres ; 2° la région dorsale ou thoracique : elle donne attache aux côtes, qui constituent la poitrine; les vertèbres de cette région sont, chez l'homme, au nombre de douze ; 3° la région lombaire, qui termine inférieurement le dos : elle est composée, chez l'homme, de cinq vertèbres ; 4° la région sacrée, qui s'articule avec les os des hanches, et qui, chez l'homme, se compose de cinq vertèbres soudées de façon à ne plus former qu'un seul os, appelé sacrum ; 5° enfin la région caudale ou coccygienne, qui, chez l'homme, ne se compose que de quatre vertèbres extrêmement petites, cachées sous la peau, mais qui, chez beaucoup d'animaux, prend un plus grand accroissement, et constitue la queue.

Anatomie comparée.

Le nombre des vertèbres est très-variable dans la série animale ; très-souvent même les espèces des genres les plus naturels diffèrent entre elles sous ce point de vue, mais à la vérité dans des limites peu étendues. Quelquefois on remarque qu'il existe une ou deux vertèbres de plus dans une région, et une ou deux de moins dans une autre ; en sorte qu'il s'établit une véritable compensation, et que, malgré d'importantes différences numériques dans diverses régions, le nombre total des vertèbres peut être le même. Toutefois, malgré les différences que nous venons d'indiquer, l'étendue de quelques-unes des régions de la colonne vertébrale offre ordinairement quelque chose de constant pour toute une classe. Les vertèbres cervicales sont réunies entre elles chez les cétacés, parmi les mammifères, et chez un grand nombre de poissons, soit osseux, soit cartilagineux ; les vertèbres dorsales et lombaires sont immobiles et soudées dans la carapace, chez les tortues ; les vertèbres placées entre les membres abdominaux sont le plus souvent, comme chez l'homme, réunies en une seule pièce, qu'on nomme sacrum ; et même chez les oiseaux, le sacrum comprend toutes les vertèbres depuis le thorax jusqu'à la queue, c'est-à-dire, les lombaires et les sacrées. Enfin, lorsque les vertèbres caudales sont très-peu nombreuses, et ne se montrent pas en dehors de manière à former une queue, elles se soudent ordinairement en une pièce qu'on nomme coccyx. L'homme fournit un exemple de cette disposition.

Dans les mammifères, la colonne vertébrale varie pour le nombre et la forme des os qui entrent dans sa composition, par les proportions respectives de chacune de ses régions, par sa courbure totale.

Excepté l'aï (*bradypus tridactylus* de Linnée), qui en a neuf, tous les mammifères, comme l'éléphant en particulier (pl. 1, fig. 5), possèdent constamment, ainsi que l'homme, sept vertèbres cervicales ; et quand dans certains cétacés, tels que les dauphins et les marsouins, les deux premières, ou, tels que les cachalots, les six dernières, sont soudées ensemble, on voit toujours les traces de leur séparation, et il n'existe, à proprement parler, qu'une ankylose.

Dans les cétacés, où il n'y a point de bassin, on ne saurait distinguer les vertèbres des lombes de celles de la queue. Ces dernières manquent dans un très-petit nombre d'espèces, en particulier dans la roussette (*pteropus edulis,* Geoffroy).

Du reste, il n'y a aucun rapport marqué entre les espèces et les familles pour le nombre des vertèbres dorsales, lombaires et coccygiennes. Le tableau suivant établit cette vérité.

NOMS des espèces DE MAMMIFÈRES.	NOMBRE DES VERTÈBRES		
	DORSALES.	LOMBAIRES.	COCCYGIENNES.
Orang-outang	12	5	4
Jocko	13	5	5
Coaita	14	3	32
Bonnet chinois	11	7	20
Mandrill	12	7	13
Lori	15	9	9
Chauve-souris	11	5	12
Hérisson	15	7	12
Tanrec	15	6	8
Taupe	13	6	11
Blaireau	15	5	16
Belette	14	6	14
Lion	13	6	23
Chat	13	7	22
Chien	13	6	22
Phalanger	13	6	30
Lapin	12	7	20
Agouti	12	8	7
Castor	15	5	23
Campagnol	13	7	15
Lérot	13	7	24
Fourmilier	16	2	40
Tatou	11	4	30
Aï	14	4	13
Éléphant	20	3	24
Rhinocéros	19	3	22
Dromadaire	12	7	18
Bouc	13	6	12
Bœuf et Brebis	13	6	16
Cheval	18	6	17

DIMENSIONS
DES DIVERSES RÉGIONS DE LA COLONNE ÉPINIÈRE.

Mammifères. Ces dimensions ne varient pas moins que le nombre des vertèbres ; elles ne sont pas toujours en rapport avec celui-ci. C'est ainsi que la longueur du cou, par exemple, ne saurait dépendre de la quantité des os qui entrent dans la composition de la colonne cervicale, puisque cette quantité est, à une exception près, constamment la même, et que l'étendue de cette portion du rachis offre cependant de notables différences suivant les espèces.

Chez l'orang-outang, par exemple, elle se trouve, avec celle de toute la colonne vertébrale, dans le rapport de 0,04 à 0,6 ; chez la chauve-souris, dans celui de 0,01 à 02,11 ; chez le saï, dans celui de 0,03 à 0,66 ; chez la taupe, dans celui de 0,015 à 0,135 ; chez l'ours blanc, dans celui de 0,31 à 1,39 ; chez le dromadaire, dans celui de 1,00 à 2,98 ; chez la girafe, dans celui de 1,82 à 4,22 ; chez le dauphin, dans celui de 0,04 à 1,26, etc., etc.

En général, la longueur du cou est telle, que, jointe à celle de la tête, elle égale la hauteur du train de devant, afin de permettre à l'animal quadrupède de paître et de boire. Toutes les fois qu'il en est ainsi, la grosseur de la tête est en raison inverse de la longueur du cou, comme dans l'aï par exemple ; sans quoi les muscles auraient éprouvé trop de difficulté à la soulever.

Cependant il est des animaux chez lesquels on n'observe pas la disposition qui vient d'être signalée ; ce sont ceux qui portent leur nourriture vers leur bouche au moyen de membres thoraciques ; ceux qui, comme l'éléphant (pl. 1, fig. 5), suppléent à ces membres au moyen d'une trompe ; et enfin, les cétacés qui vivent au sein des eaux, où nagent leurs aliments (pl. 1, fig. 6).

La longueur du dos ne varie pas moins que celle du cou. Elle se trouve, avec celle de la colonne vertébrale, chez l'orang-outang, dans le rapport de 0,11 à 0,26; chez la chauve-souris, dans celui de 0,02 à 0,11; chez la taupe, dans celui de 0,03 à 0,135; chez l'aï, dans celui de 0,23 à 0,54; chez l'éléphant (pl. 1, fig. 1), dans celui de 1,05 à 2,85; chez le rhinocéros, dans celui de 1,40 à 1,85; chez le dromadaire, dans celui de 0,85 à 2,98; chez la girafe, dans celùi de 0,88 à 4,22; chez le cheval, dans celui de 0,64 à 2,01, etc., etc.

Il en est de même de l'assemblage des vertèbres coccygiennes, qui soutiennent la queue chez un grand nombre de mammifères, puisque cette partie se trouve, avec la colonne vertébrale considérée dans toute sa longueur, chez le saï, dans le rapport de 42 à 66; chez la taupe, dans celui de 0,03 à 0,135; chez le raton, dans celui de 0,30 à 0,54; chez le sarigue, dans celui de 0,40,à 0,68; chez le cochon d'Inde, dans celui de 0,02 à 0,20; chez la girafe, dans celui de 0,93 à 4,22; chez le cerf, dans celui de 0,15 à 1,50.

Oiseaux. Le nombre des vertèbres qui composent les diverses régions de l'épine est aussi irrégulièrement variable dans les animaux de cette classe que dans les mammifères dont nous venons de nous occuper.

En général, le cou des oiseaux est allongé, de manière à permettre au bec de ces animaux de toucher le sol; ils manquent des organes ordinaires de la préhension, mais le cou a la mobilité nécessaire pour se reployer en arrière dans la station tranquille (pl. 2, fig. 2, 4, 5). Il a, par conséquent, beaucoup de vertèbres. Au contraire, la région dorsale de la colonne vertébrale, qui sert d'appui aux ailes, est, par cela même, absolument immobile. Les vertèbres du cou et de la queue sont donc les seules portions de cette tige osseuse qui exercent quelques mouvements.

Ainsi que nous l'avons dit plus haut, autant le cou des oiseaux est mobile, autant leur dos est fixe. Les vertèbres qui le composent ont des apophyses épineuses qui se touchent, et qui sont pour la plupart soudées en une pièce unique, ou au moins liées ensemble par de forts ligaments, et de manière à représenter constamment une crête qui règne tout le long du dos (pl. 2, fig. 1, 3).

Les apophyses transverses donnent ici, par leurs extrémités, deux pointes dirigées, l'une en avant, l'autre en arrière. Ces pointes vont joindre celles des deux vertèbres les plus voisines, et quelquefois même se soudent entièrement avec elles.

Une pareille disposition était nécessaire pour que le tronc demeurât fixe, dans les violents mouvements que le vol exige. Aussi, dans les oiseaux qui ne volent point, remarque-t-on une certaine mobilité dans la colonne dorsale, comme on peut s'en convaincre en examinant un squelette d'autruche ou de casoar (pl. 2, fig. 4).

Les dernières vertèbres dorsales se trouvent fréquemment placées sous la crête de l'os des îles, et alors elles se soudent, comme les lombaires, dans la grande pièce des hanches; ce qui fait que souvent, ainsi que l'a noté judicieusement M. le professeur Cuvier, on ne peut estimer la quantité des vertèbres dans cette région que par le nombre des trous des nerfs.

D'après les observations de P. Camper, et d'après celles de plusieurs anatomistes modernes, il est démontré aujourd'hui que les vertèbres dorsales des oiseaux, creuses et sans moelle, reçoivent dans leurs cavités l'air qui est introduit par la trachée-artère dans l'acte de la respiration.

Reptiles. La classe des reptiles est la seule dans laquelle le nombre proportionnel des vertèbres, dans les différentes régions, varie très-irrégulièrement; un grand nombre de serpents (pl. 3, fig. 3) en ont plus de trois cents; telle est en particulier notre couleuvre à collier, qui, d'après Cuvier, en a trois cent seize; l'orvet n'en a, au contraire, que quarante-neuf; et, parmi les batraciens anoures, la grenouille (pl. 3, fig. 4) n'en a que dix, et le pipa huit seulement. Il n'est parmi les mammifères et les oiseaux, et même parmi les poissons, aucune espèce qui ait autant de vertèbres que la couleuvre à collier; il n'en est pas non plus qui en ait aussi peu que la grenouille ou le pipa.

Poissons. Dans les poissons osseux (pl. 3, fig. 5), les vertèbres ne peuvent être divisées qu'en deux classes : les caudales, qui ont une apophyse épineuse en dessus et une en dessous, et les abdominales ou dorsales, qui en ont en dessus seulement, et qui offrent sur les côtés des apophyses transverses.

Leurs apophyses épineuses, tant supérieures qu'inférieures, sont très-longues, surtout dans les poissons comprimés latéralement, comme les zées, les vomers, les argyréioses, les gals, les turbots, les holacanthes, les chétodons, les plies, les soles, etc. C'est dans la base des supérieures qu'est creusé le canal dans lequel passe la moelle épinière; le canal qui parcourt celle des inférieures ne loge que des vaisseaux sanguins.

Une vertèbre quelconque de poissons est constamment reconnaissable par les cavités coniques dont sont creusées les faces antérieures et postérieures de son corps, cavités que remplit une substance fibro-cartilagineuse à fibres concentriques, plus molles au centre qu'à la circonférence.

La dernière vertèbre est ordinairement, chez ces animaux, triangulaire, aplatie, et placée dans une direction verticale. Elle porte sur son extrémité postérieure, des empreintes articulaires qui correspondent à de petits osselets allongés qui soutiennent la nageoire de la queue.

La disposition est à peu près la même dans les poissons cartilagineux, comme les raies (pl. 3, fig. 6) et les squales, les torpilles, les scies et les anges de mer; mais tous les cartilages sont soudés ensemble, et l'on ne peut guère distinguer dans le rachis que les apophyses épineuses.

Dans les lamproies ou les pétromysons, de même que dans les prickas et les mixines, les derniers des animaux vertébrés, le rachis est représenté par un simple ruban fibro-cartilagineux.

Ce ruban, qui s'étend de la tête à l'extrémité de la queue, est formé d'une matiere molle qui se durcit à certaines époques de l'année, et dont la masse principale présente, en dessous, une portion arrondie qui semble correspondre au corps des vertèbres, ainsi que l'a démontré le professeur Duméril, dans un travail spécial. Lié à l'aorte, dont il forme la paroi supérieure, il renferme à l'intérieur un long canal aponévrotique, terminé en pointe à ses deux extrémités, et plein d'une humeur gélatiniforme.

TÊTE.

La tête repose sur l'extrémité supérieure de la colonne vertébrale, et se divise en deux parties : la face et le crâne.

La face sert à loger la plupart des organes des sens, et se divise en mâchoire supérieure et en mâchoire inférieure. Elle se compose de plusieurs os, dont les plus importants sont : l'os maxillaire supérieur, l'os de la pommette, les os du nez, etc. La mâchoire inférieure est formée d'un seul os, que l'on nomme maxillaire inférieur.

Cet os, ainsi que le maxillaire supérieur, présente un bord creusé de petits trous que l'on nomme alvéoles, dans lesquels les dents se développent et sont maintenues.

Tous les vertébrés ont deux mâchoires placées l'une au-dessus de l'autre, et s'ouvrant horizontalement.

Le crâne est une cavité osseuse servant à loger le cerveau, etc., et formée par la réunion de plusieurs os plats, qui sont : en avant le coronal ou frontal; sur les côtés et en haut, les os pariétaux; en arrière, l'os occipital; inférieurement et sur les côtés, les os temporaux; inférieurement et au milieu, le sphénoïde; inférieurement et en avant, l'ethmoïde.

Anatomie comparée.

Mammifères. La structure de la mâchoire chez l'homme prouve que cet être est *omnivore*; car elle est intermédiaire entre celle des carnivores et celle des herbivores. Chez les *carnivores*, le condyle est allongé transversalement, et la cavité glénoïde, très-profonde et limitée par deux apophyses saillantes, qui ne permettent que des mouvements d'élévation et d'abaissement. Les muscles élévateurs sont énormes, leurs saillies d'insertion très-marquées, les fosses zygomatiques et temporales très-profondes, et l'apophyse coronoïde volumineuse; en outre, l'arcade zygomatique est très-convexe, soit en dehors, soit en haut; les branches forment avec le corps de l'os un angle droit; les incisives sont petites, les canines énormes, les dents carnassières tranchantes (pl. 4, fig. 3).

Chez les *herbivores* (pl. 4, fig. 7), le condyle, aplati, peut être porté dans tous les sens, et surtout horizontalement; les muscles adducteurs sont très-développés, et les fosses ptérygoïdes très-profondes; les dents canines manquent; les molaires, très larges, ont une couronne à sillons et saillies dirigées d'arrière en avant et longitudinalement, et non transversalement comme chez les *rongeurs* (pl. 4, fig. 4).

Oiseaux. Les mâchoires constituent le bec. Le bec supérieur s'articule médiatement avec le crâne par quatre branches, deux internes larges, et deux externes étroites; les premières s'articulent sur un petit os, dit *omoïde*, qui s'articule lui-même avec un autre os, dit *carré*; celui-ci reçoit les lames externes de même que les branches articulaires de la mâchoire inférieure, et s'articule d'une autre part avec le crâne, devenant ainsi le point central de mouvement de deux mâchoires : il résulte de là que le bec inférieur ne peut pas s'abaisser sans élever le supérieur (pl. 2, fig. 1).

Reptiles. Nulle part la mâchoire n'est plus compliquée, puisque dans la mâchoire inférieure seule du crocodile l'on compte jusqu'à douze pièces. Le *condyle*, comme chez les oiseaux, est sur la mâchoire supérieure, et non sur l'inférieure comme chez les mammifères. En outre, tantôt la mâchoire inférieure seule est mobile (*crocodiles*, *tortues*, etc.), tantôt les deux mâchoires peuvent se mouvoir, et même chaque partie latérale peut se mouvoir sur l'autre (serpents venimeux qui sont pourvus de dents mobiles).

Poissons. La mâchoire est très-variable, et se compose d'un grand nombre de pièces.

Chez les *crustacés* et plusieurs *insectes* l'on trouve deux mâchoires qui se meuvent transversalement de dedans en dehors, en laissant une ouverture verticale.

POITRINE.

La *poitrine*. La poitrine est formée en arrière par les

vertèbres dorsales ; en avant et sur les côtés par les côtes, petits arcs osseux, minces, qui en arrière s'articulent avec les vertèbres, en avant avec un os large qui est plat, que l'on nomme le sternum. Dans le squelette humain on compte douze paires de côtes.

BASSIN.

Les os des hanches, appelés aussi os iliaques, sont deux os larges qui en avant se réunissent entre eux, et en arrière s'articulent avec l'os sacrum, de façon à former, à la partie inférieure du ventre, une espèce de ceinture osseuse appelée bassin.

Anatomie comparée.

Le bassin des animaux diffère notablement de celui de l'espèce humaine. Chez la plupart des mammifères, il est à peine courbé, et ne présente qu'un seul axe ; le sacrum est presque parallèle au rachis ; les détroits sont à peine inclinés, et les parois du canal pelvien à peu près de la même longueur : il n'existe presque pas de fosse iliaque.

Dans les *marsupiaux*, les épines des pubis se prolongent beaucoup, et forment deux os séparés qui supportent la poche où s'opère la seconde gestation. — Dans le *cabiai*, la *taupe*, l'étroitesse du bassin ne permettrait pas aux petits de sortir, si, pendant la gestation, ces os ne se disjoignaient et ne s'écartaient pas considérablement. — Dans les *cétacés*, il n'y a que quelques vestiges du bassin. — Dans les *oiseaux*, les *reptiles* et les *poissons*, où le bassin ne sert qu'à la ponte, on le voit progressivement se décomposer et disparaître.

MEMBRES.

Les membres sont distingués en supérieurs et inférieurs.

MEMBRES SUPÉRIEURS.

Les *membres supérieurs* sont constitués par l'épaule, le bras, l'avant-bras et la main.

L'*épaule* est formée, chez l'homme et la plupart des autres mammifères, par deux os, qui sont l'omoplate et la clavicule. Ce dernier os s'articule avec le sternum en avant et avec l'omoplate en arrière, et c'est à l'aide de cette union que le membre supérieur est maintenu dans sa position. L'omoplate repose sur les côtes, et se trouve à la partie supérieure et latérale du dos. Des masses charnues, épaisses et nombreuses, sont étendues des côtes et des vertèbres à cet os, et assurent ainsi les rapports de l'épaule avec la colonne vertébrale.

Le *bras* est formé d'un seul os, que l'on appelle humérus. Cet os s'articule avec l'omoplate par une tête arrondie qui surmonte son extrémité supérieure, et qui est reçue dans une cavité sphérique de celui-ci.

L'*avant-bras* est formé par la réunion de deux os, qui sont : en dedans le cubitus, en dehors le radius. Ces os s'unissent à l'humérus par leurs extrémités supérieures, et par les inférieures avec les os de la main.

La *main* de l'homme a été divisée en trois régions : le carpe, le métacarpe et les phalanges ; le *carpe* est composé de huit petits os disposés sur deux rangées, et unis entre eux par des liens fibreux qui maintiennent leurs rapports mutuels, et leur permettent de se mouvoir un peu les uns sur les autres, à l'aide des surfaces lisses par lesquelles ils se touchent.

Le *métacarpe* est composé de cinq os que l'on peut regarder à la rigueur comme l'origine des doigts. Leur extrémité supérieure s'articule avec les os du carpe, leur extrémité inférieure avec les doigts. Les doigts sont constitués par de petits os articulés à l'extrémité les uns des autres. Pour chaque doigt, excepté le pouce, qui n'en a que deux, le nombre des os est de trois. On donne à ces trois os des noms différents : celui qui est le plus près du métacarpe, et le plus grand, est appelé *phalange;* celui qui vient après, *phalangine;* et le troisième qui supporte l'ongle, *phalangette.*

MEMBRES INFÉRIEURS.

Les *membres inférieurs* sont conformés à peu près de la même manière que les membres supérieurs; la hanche représente l'épaule, la cuisse le bras, la jambe l'avant-bras, et le pied la main.

La *cuisse* est formée d'un seul os, que l'on appelle fémur. Cet os s'articule par son extrémité supérieure avec l'os des hanches, par son extrémité inférieure avec l'os de la jambe.

La *jambe* est formée essentiellement de deux os. L'os placé en dedans est appelé tibia; l'os placé en dehors, péroné; au-devant de l'articulation des os de la jambe avec l'os de la cuisse est placé un petit os que l'on nomme rotule; cet os est destiné à consolider le genou.

Le *pied* est partagé en trois régions : le tarse, le métatarse, et les orteils; il diffère de la main principalement par la brièveté des doigts, leur peu de mobilité, et par la disposition du tarse. Le *tarse* est constitué par la réunion de sept os; le *métatarse* est composé de cinq os qui s'unissent aux os du tarse et aux os des orteils; enfin les orteils sont composés chacun des phalanges que l'on nomme, comme à la main, *phalanges, phalangines et phalangettes*. Le pouce n'a que deux phalanges. Tous ces petits os sont unis entre eux par des surfaces articulaires, dont le contact est assuré et maintenu par les ligaments fibreux.

Anatomie comparée.

On trouve deux paires de membres chez le plus grand nombre des animaux vertébrés; plusieurs pourtant n'en ont qu'une seule. Les mammifères cétacés, quelques lézards, et les poissons apodes, sont privés des membres abdominaux; les membres pectoraux ne manquent seuls qu'à une espèce de lézard. D'autres animaux n'ont pas du tout de membres : tels sont les serpents et quelques poissons. Aucune espèce n'en a plus de deux paires.

Chez les poissons (1), les nageoires pectorales sont les analogues des membres antérieurs; les ventrales (ou *catopes*), les analogues des membres postérieurs. Quant aux nageoires impaires, auxquelles on a donné le nom de dorsale, d'anale et de caudale, elles sont considérées comme des dépendances de l'axe vertébral et de la peau, et ne sauraient être confondues avec les membres, auxquels elles ne ressemblent que par leurs fonctions.

Les vertébrés ont les membres partagés en épaule ou hanche, bras ou cuisse, avant-bras ou jambe, main ou pied. Il faut excepter les poissons, dont les membres ne consistent qu'en osselets rayonnés, c'est-à-dire disposés en éventail, et articulés avec la partie qui semble correspondre à l'épaule ou à la hanche.

Les membres antérieurs ont toujours une épaule géné-

(1) Pl. 3, fig. 5.

ralement composée d'une omoplate couchée contre le dos, et d'une clavicule qui tend à s'appuyer en avant sur le sternum. Toutefois la clavicule n'existe et ne se prolonge jusqu'au sternum que dans les animaux qui se servent souvent de leurs bras, soit pour saisir les objets (comme les singes, les rongeurs), soit pour voler (comme les chauves-souris (1), les oiseaux) : c'est une sorte d'arc-boutant qui empêche le bras de se porter trop en avant. La clavicule manque dans les animaux qui ne se servent de leurs membres antérieurs que pour marcher (comme les animaux à sabots, les cétacés). Enfin il y en a des rudiments dans ceux qui tiennent le milieu entre les deux classes dont nous venons de parler (comme les carnivores).

Dans les animaux non claviculés, les membres antérieurs ne sont attachés au tronc que par des muscles : ils sont donc isolés et séparés du reste du squelette.

Dans les animaux claviculés, ils tiennent au sternum par la clavicule, lorsqu'elle est complétement développée. Dans les oiseaux, les tortues, les grenouilles, la clavicule est double; c'est-à-dire que l'omoplate s'appuie encore sur le sternum par un second arc-boutant, appelé *os coracoïde*. Quant à la clavicule proprement dite, celle d'un côté s'unit à celle du côté opposé, de manière à former une sorte d'os en V, appelé *fourchette* (2).

Chez les poissons, les membres pectoraux sont liés à l'épine par une ceinture osseuse qui n'existe pas pour les membres abdominaux, lesquels sont flottants dans les chairs. Dans tous les animaux vertébrés, le bras n'est jamais formé que d'un seul os; l'avant-bras est presque toujours composé de deux os, comme dans l'homme; et

(1) Pl. 1, fig. 1.
(2) Pl. 2, fig. 1.

lorsqu'il semble n'en offrir qu'un, on voit à la surface de celui-ci un sillon qui indique la séparation primitive de cet os en deux pièces, qui ont fini par se souder.

Les formes de l'articulation du bras avec l'avant-bras sont très-variables, et s'accordent parfaitement avec le degré de perfection de l'organisation animale; on sent en effet qu'elles doivent influer sur le plus ou moins d'adresse des animaux, en déterminant plus ou moins de facilité dans la rotation de l'avant-bras. La conformation variable des extrémités est aussi toujours en rapport avec le régime de vie et les habitudes de l'animal.

Dans les mammifères, le bassin est fermé en devant par la réunion des pubis sur la ligne médiane; dans les oiseaux, au contraire, le bassin est ouvert au-devant, et ne forme point une ceinture complète; en outre, dans cette classe, il est très-étendu en longueur, pour fournir de larges attaches aux muscles qui se portent du tronc sur les cuisses. Le tarse et le métatarse sont représentés dans les oiseaux par un seul os, appelé *tarse*, et terminé vers le bas par plusieurs poulies.

Le nombre des doigts, et celui des phalanges qui entrent dans la composition de chaque doigt, sont sujets à un grand nombre de variations; mais le plus ordinairement les doigts sont au nombre de quatre ou de cinq; et ils sont presque toujours composés de deux à cinq phalanges (1).

Les *os* que nous venons d'énumérer constituent par leur assemblage le squelette. Nous avons vu qu'en général ils étaient mobiles les uns sur les autres, à l'aide d'un con-

(1) Pl. 2, fig. 1, 2, 3.

tact que l'on nomme articulation. Mais tous les os du squelette ne jouissent pas à un degré pareil de la mobilité dont nous parlons ici : il en est même dont les articulations sont tellement solides qu'elles ne se prêtent à aucun déplacement; telles sont les articulations qui unissent entre eux les os du crâne et de la mâchoire supérieure. Il est des os qui n'ont que des déplacements obscurs ou incomplets : cela se voit dans les articulations des vertèbres entre elles. Les membres sont les parties du corps dont les os jouissent des mouvements les plus étendus.

ORGANES ACTIFS. — MUSCLES.

Tous les mouvements du corps sont le résultat du déplacement de quelques-uns des os qui concourent à former le squelette ; mais ces os ne peuvent pas se mouvoir d'eux-mêmes, et ne se déplacent ainsi que par l'action d'autres organes qui se fixent sur eux, et les entraînent en se raccourcissant. Ces organes moteurs, qu'on nomme des muscles, sont très-nombreux et constituent près de la moitié de la masse totale du corps. Ce sont des substances charnues composées de fibres réunies entre elles par faisceaux, et qui ont la propriété de se raccourcir et de s'allonger.

Lorsqu'un muscle se contracte, il se gonfle, et ses deux extrémités se rapprochent en tirant les parties auxquelles elles sont fixées. Or, les muscles se fixent solidement aux os par l'intermédiaire de cordons blanchâtres appelés tendons, ou de membranes de même nature que l'on nomme aponévroses ; et en se contractant ils doivent par conséquent rapprocher l'un de l'autre les deux points du squelette auxquels ils sont liés. Pour faire mouvoir ensemble ou séparément les diverses parties du squelette , il existe autour d'elles plusieurs masses de muscles isolés les uns des autres, qui, par leur allongement ou leur contraction partiels, concourent aux mouvements variés qu'exécute le corps humain.

La contraction des muscles est déterminée par l'action du système nerveux, et a lieu, tantôt d'une manière indépendante de la volonté, tantôt sous l'empire de cette puissance.

Le nombre des muscles du corps humain est très-considérable; on en compte 470. En général, ils forment autour du squelette deux couches, et se distinguent en superficiels et en profonds; ceux qui sont destinés à mouvoir un os quelconque sont presque toujours placés autour de la portion du squelette située entre cet os et le centre du corps. Ainsi les muscles qui meuvent la tête sont situés au cou, ceux qui meuvent le bras occupent l'épaule, ceux qui ploient ou qui redressent l'avant-bras sur le bras entourent l'humérus, et ceux qui fléchissent ou étendent les doigts sont placés dans l'avant-bras. Il en est de même pour les muscles des membres inférieurs.

La figure 1, pl. 5, donnera une idée de la disposition de ces muscles et de leur jeu; de l'un des côtés, on a représenté ceux du membre inférieur dans leur situation naturelle; de l'autre, on les a remplacés par des cordes fixées aux points où ils s'insèrent eux-mêmes.

On distingue les muscles en fléchisseurs, extenseurs, rotateurs, élévateurs, etc., suivant les usages qu'ils sont appelés à remplir.

La puissance d'un muscle dépend en partie de son volume, et en partie de la manière dont il se fixe à l'os qu'il doit mouvoir.

Toutes choses égales d'ailleurs, les muscles les plus

forts sont les plus gros, et, par l'effet de l'exercice, leur puissance et leur volume augmentent en même temps.

Anatomie comparée.

Dans le corps des animaux, les muscles et les os sont en général disposés d'une manière peu favorable à la puissance des mouvements, mais très-favorable à leur rapidité, comme cela est facile à démontrer par les principes élémentaires de la mécanique. Le renflement des muscles dans le milieu de leur étendue masque l'apparence grêle des os dans leur partie moyenne.

Dans les dernières espèces de polypes, la fibre musculaire n'est pas plus distincte que la fibre nerveuse; elle existe sans doute, mais comme fondue dans toute l'organisation. Dans les vers, elle devient distincte sous la forme de fibres circulaires et longitudinales. Jusque-là, le système musculaire consiste uniquement en muscles peaussiers. Mais lorsqu'un squelette, soit extérieur, soit intérieur, se développe, alors la fibre se détache des enveloppes, et forme des faisceaux ou muscles. A mesure que l'on s'élève, l'on voit les muscles peaussiers diminuer en nombre et en étendue, en sorte qu'on n'en trouve plus que quelques vestiges chez l'homme.

Dans l'embryon d'un mois, le tissu musculaire n'est pas distinct : vers le deuxième mois, l'on aperçoit déja des faisceaux. Dans l'enfance, les muscles sont moins rouges, moins fibreux et plus gélatineux que chez l'adulte : chez le vieillard, ils deviennent pâles, fauves ou livides; leurs contractions sont difficiles, faibles et lentes.

Les muscles ne servent pas seulement à nous faire exécuter des mouvements, ils sont également nécessaires pour maintenir les os mobiles dans les positions qu'ils doivent conserver. Ainsi la tête, par son propre poids, tend à retomber en avant, et c'est la contraction des muscles de la partie supérieure du cou qui la tient relevée.

ATTITUDES.

On donne le nom d'attitude à une position quelconque du corps qui est permanente pendant quelque temps. Pour en faire comprendre le mécanisme, il est nécessaire d'entrer dans quelques détails qui sont du domaine de la physique.

Tous les corps de la nature, abandonnés à eux-mêmes, tendent à se rapprocher, par l'effet d'une force générale que l'on nomme attraction ; et l'énergie avec laquelle un corps en attire un autre est d'autant plus grande que sa masse est plus considérable comparativement à celle du corps attiré. Or, la masse de la terre étant incomparablement plus grosse que celle des animaux, des plantes, des pierres et de tous les autres objets répandus à sa surface, elle attire sans cesse ceux-ci, et tend à les faire tomber vers le centre du globe. Pour qu'ils restent dans la position qu'ils occupent, il faut donc qu'ils soient soutenus par quelque chose qui résiste à cette force d'attraction, et qui ne cède pas sous leur poids, tel que la surface solide de la terre elle-même, ou un corps inflexible placé entre eux et cette surface.

On appelle base de sustentation, l'espace que limitent les différents points par lesquels un objet s'appuie sur un corps résistant.

Pour qu'un corps solide reste immobile sur sa base de sustentation et ne tombe pas, il n'est pas nécessaire que toutes ses parties s'y appuient ; il suffit de le soutenir par un seul point, pourvu que ce point soit placé de telle façon que si une partie de sa masse s'abaissait vers la terre, une partie opposée également pesante s'élèverait d'autant. Le poids d'une partie sert alors à contre-balancer celui de l'autre. On appelle centre de gravité le point autour duquel toutes ces parties se font réciproquement équilibre, et qu'il suffit de soutenir pour maintenir en place la masse entière; ou, en d'autres termes, le centre de gravité du corps est le point d'application de la résultante des forces parallèles et verticales de la pesanteur qui agissent sur ces corps.

Il suit de là que, pour empêcher un corps de tomber, il suffit que sa base de sustentation soit placée verticalement au-dessous de son centre de gravité. Son équilibre sera d'autant plus stable que cette base sera plus large; car alors son centre de gravité peut se déplacer davantage, sans que la ligne verticale qui passe par ce centre dépasse les limites de cette base. Plus le centre de gravité d'un corps sera élevé au-dessus de la base de sustentation, moins l'équilibre sera stable; car un déplacement plus petit de ce centre suffira alors pour que la ligne verticale qui en descend cesse de tomber sur la base de sustentation.

Ces notions préliminaires étant connues, il deviendra facile de comprendre le mécanisme des attitudes.

Les principales attitudes de l'homme sont : le coucher, la position assise, et la station sur deux pieds; la marche, le saut, la course, la nage, la sustentation, la traction.

COUCHER.

Lorsque l'homme est couché sur le dos ou sur le ventre, toutes les parties de son corps posent sur le sol; il n'a donc besoin de contracter aucun muscle pour les maintenir en place, et sa position réunit au plus haut degré les deux conditions de l'équilibre, savoir : la plus grande étendue possible de la base de sustentation, et la proximité du centre de gravité de cette base. Aussi est-ce l'attitude du repos et des personnes faibles, et celle où les chutes sont les plus difficiles.

POSITION ASSISE.

Dans la position assise, le corps repose sur les tubérosités des os des hanches ; la base de sustentation est encore assez large, puisqu'elle est représentée par le bassin, dont l'étendue est augmentée par le volume des parties molles qui le recouvrent ; aussi cette position est-elle, après le coucher, celle qui offre le plus de solidité ; mais elle ne peut être conservée sans effort musculaire. Lorsque le dos est appuyé, les muscles du cou sont les seuls qui se contractent pour maintenir la tête dans sa rectitude ; mais si le dos n'est pas soutenu, alors la plupart des muscles postérieurs du tronc se contractent pour prévenir la chute en avant, et la fatigue ne tarde pas à être le résultat de cette permanence d'action.

STATION VERTICALE.

Lorsque l'homme est debout, ce sont ses membres abdominaux qui soutiennent le corps et transmettent au sol le poids qu'ils supportent ; il faut par conséquent que ces membres ne fléchissent pas sous ce fardeau, et soient maintenus étendus par la contraction de leurs muscles extenseurs.

Dans cette position, le centre de gravité de tout le corps répond dans la cavité du bassin, et la base de sustentation est circonscrite par l'espace compris entre les deux pieds. Ici, le moindre effort suffit pour détruire l'équilibre, et ce n'est qu'en agrandissant la base de sustentation dans un sens plutôt que dans l'autre, selon la direction des forces, que l'on peut prévenir une chute. Du reste, les mouvements par lesquels nous ramenons la verticale dans la base de sustentation sont en quelque sorte automatiques. C'est ainsi que, pour résister à une force qui tendrait à produire la chute en avant, nous avançons rapidement un pied; si notre corps penche vers la gauche, nous tendons subitement le bras droit; si une force tend à nous renverser en arrière, nous reculons un pied et nous portons le corps en avant. L'homme qui a un gros ventre, et l'homme portant un lourd fardeau sur ses épaules, sont obligés l'un et l'autre de prendre des attitudes qui changent la position du centre de gravité. Le premier rejette son corps en arrière, afin que la verticale passe entre ses deux pieds; et c'est pour la même raison que le second penche son corps en avant. Une femme qui porte un petit enfant sur le bras droit rejette son corps sur le côté gauche. Ainsi nous faisons continuellement de la mécanique, sans nous douter de ses notions les plus élémentaires; et les causes les plus sûres de notre conservation résident dans une application continuelle de lois physiques dont notre raison n'a pas le secret.

Lorsqu'un animal pose à la fois sur ses quatre membres, la station devient plus ferme, plus solide et moins fatigante; la base de sustentation est alors très-large.

Les mouvements de progression, à l'aide desquels l'homme et les animaux changent de place, sont produits par certaines parties de leur corps qui, étant fléchies, s'appuient sur un objet résistant, et, venant ensuite à s'étendre, poussent en avant le reste du corps. Chez l'homme, les organes de la locomotion sont les membres abdominaux ; chez les quadrupèdes, les membres thoraciques aussi bien que les membres postérieurs ; et pour l'oiseau qui vole, ces organes sont les ailes

MARCHE.

Dans la marche, le corps de l'homme est mu alternativement par l'un des pieds et soutenu par l'autre, sans que jamais il cesse complétement de reposer sur le sol. Cette dernière circonstance la distingue du saut et de la course, mouvements dans lesquels tout le corps quitte momentanément le sol, et s'élance en l'air. Dans la marche, l'un des pieds est porté en avant, tandis que l'autre s'étend sur la jambe ; et comme ce dernier membre s'appuie sur un sol résistant, son allongement déplace le bassin et rejette en avant tout le corps. Le bassin tourne en même temps sur le fémur du côté opposé, qui le soutient; et la jambe qui était restée en arrière se fléchit, se porte en avant de l'autre, se pose sur le sol, et sert à son tour à soutenir le corps, pendant que l'autre membre, en s'étendant, donne une nouvelle impulsion au bassin. A l'aide de ces mouvements alternatifs d'extension et de flexion, chaque jambe porte à son tour tout le poids du corps, comme cela aurait lieu dans la station sur un pied, et à chaque pas le centre de gravité de toute la masse du corps est poussé en avant.

La sûreté de la marche est toujours en raison directe du degré d'écartement des pieds, et en raison inverse de la mobilité du sol qui nous supporte. Ce n'est qu'après un certain temps que les matelots marchent avec assurance sur le pont des vaisseaux. Aussi une fois qu'ils ont contracté le *pied marin*, est-il très-aisé de les reconnaître sur terre, à l'habitude qu'ils ont prise d'écarter considérablement les pieds.

SAUT.

Le saut est un mouvement par lequel l'homme se projette en l'air, et retombe sur le sol aussitôt que l'impulsion est détruite. Le mécanisme du saut repose entièrement sur la flexion préalable de toutes les articulations et sur leur extension subite. Lorsqu'un sauteur veut s'élancer, il s'abaisse en se repliant sur lui-même ; le pied se fléchit sur le dos des orteils, la jambe se fléchit en avant sur le pied détaché du sol par le talon ; la cuisse se fléchit aussi, mais en arrière, sur la jambe ; le tronc avec le bassin se fléchissent, en avant, sur la cuisse ; et même lorsqu'il veut sauter de toutes ses forces, le tronc se fléchit sur lui-même, comme le ferait un ressort. Dans ces préliminaires du saut, les membres inférieurs et le corps figurent une suite de zigzags, ou de leviers infléchis dans leurs articulations.

Au moment de la projection du saut, toutes ces articulations s'étendent et s'ouvrent à la fois ; le pied pressant alors brusquement le sol qui résiste, l'impulsion semble se réfléchir sur le corps et le projeter en l'air, comme le fait une verge élastique que l'on plie contre le sol, et qu'on abandonne tout à coup à son ressort. Il est aisé de voir que les parties qui agissent le plus dans le saut sont les jambes : c'est là, en effet, que le poids à soulever est plus considérable. Aussi la facilité et la rapidité du saut sont-elles toujours en raison directe de l'énergie des muscles qui déterminent l'extension des jambes. On a remarqué que les danseurs les plus habiles, de même que les grands marcheurs, ont le mollet fortement dessiné ; cette partie étant formée par la réunion des muscles qui opèrent l'extension de la jambe sur le pied.

Une course préparatoire augmente beaucoup l'étendue du saut en avant; lorsqu'on prend son élan, le corps acquiert une force d'impulsion bien supérieure à celle qu'il aurait eue s'il s'était élancé du sol en partant d'une situation fixe.

Les bras influent aussi sur la production du saut et sur son étendue, soit qu'ils fassent l'office d'ailes, soit que les muscles, qui servent à les élever, exercent en même temps sur le tronc une traction en haut.

COURSE.

La course tient à la fois de la marche et du saut. Il y a toujours dans la course un moment où le corps est suspendu en l'air, circonstance qui la distingue de la marche rapide, dans laquelle le pied qui reste en arrière n'abandonne le sol que quand celui qui est en avant l'a touché.

Après une légère flexion préalable des membres inférieurs et même de tout le tronc, un de ces membres se détache du sol et se porte en avant comme dans la marche ordinaire, seulement avec plus de vivacité et en faisant un pas plus étendu. Ensuite, avant que ce premier membre soit appliqué au sol et lorsqu'il est encore en l'air, l'autre membre étend vivement ses brisures, et, par le mécanisme du saut, imprime un mouvement de projection au tronc, qui va tomber sur le membre qui est en avant.

C'est alors que ce membre, par suite de son impulsion en avant et aussi du poids du corps qui tombe sur lui, s'applique au sol sur un plan antérieur à celui qu'il occupait d'abord. Enfin, à peine s'y est-il posé qu'il se meut de nouveau, et que, par un mécanisme semblable, il se reporte en avant, en sautant, et en projetant à son tour le poids du corps sur l'autre membre qui est encore en l'air, et semble avoir peine à s'appliquer au sol assez tôt pour recevoir la ligne de gravité qui est projetée sur lui. Dans la course rapide, pour contre-balancer la forte impulsion en avant imprimée à tout le corps, et qui souvent détermine la chute, le coureur, qui s'était d'abord incliné en ce sens, rejette bientôt au contraire fortement en arrière la tête, les épaules et les bras. D'ailleurs, comme dans tous les efforts, la respiration est presque suspendue.

Il est très-peu d'animaux plus favorablement construits que l'homme pour la course. Quelle vitesse est égale à celle du sauvage exercé qui poursuit et atteint le gibier dont il veut se nourrir? Ne voit-on pas en Europe des coureurs dont l'agilité est supérieure à celle du meilleur cheval? Ces hommes respirent avec une grande célérité, jettent en arrière la tête et les épaules, n'appuient sur le sol que l'extrémité des pieds, et balancent leurs bras de manière à les tenir dans une opposition constante avec leurs jambes.

NAGE.

La nage de l'homme n'est qu'un saut horizontal sur l'eau; telle est aussi celle de la grenouille. Les membres supérieurs étant allongés en pointe au-devant de la tête, les inférieurs se raccourcissent d'abord, puis s'étendent brusquement, comme dans le saut sur la terre; ils frappent ainsi l'eau fortement en arrière : cette eau cède sans doute beaucoup à cette impulsion, cependant elle ne cède ni assez vite ni assez pleinement, et une partie du mouvement est répercutée sur le corps; les pieds sont tournés en dehors, pour que la surface par laquelle ils frappent l'eau soit plus grande. Les membres inférieurs, que le mouvement précédent avait écartés, se rapprochent pour ne pas contrarier l'impulsion en avant qu'ils ont donnée ; ils s'accolent l'un à l'autre en simulant l'arrière d'un bateau : alors les membres supérieurs s'écartent à leur tour, et sont ramenés avec force sur les côtés du corps, en décrivant un rond et en frappant sur l'eau, qui leur sert encore de point d'appui. Enfin la poitrine est dilatée pour augmenter le volume du corps et le rendre spécifiquement plus léger; la tête est tenue élevée hors de l'eau.

La nage n'est pas naturelle à l'homme, elle exige de sa part une étude; son corps, en effet, n'a aucune des conditions d'hydrostatique que présente celui des animaux qui vivent dans l'eau; et, ainsi que nous venons de le décrire, il ne parvient à se maintenir sur ce liquide qu'à l'aide de mouvements qui ont le double objet de donner à son corps le plus de surface possible, et de lui faire trouver un point d'appui sur l'eau.

SUSTENTATION.

La sustentation dépend du même mécanisme que la station ordinaire; plus d'efforts sont exigés à cause du fardeau, qui, placé sur la tête, le cou ou les épaules, tend à affaisser les différentes brisures les unes sur les autres. Les grands chapeaux dont se couvrent les portefaix ont l'avantage de fixer mécaniquement, et par le poids même du fardeau, la tête au dos; car ils constituent un arc-boutant courbe, depuis le front jusqu'aux épaules.

TRACTION.

La traction s'effectue par le mécanisme suivant : le corps est dans l'extension, les pieds sont appuyés et solidement fixés au sol, les mains saisissent la masse a mouvoir ; tout à coup les diverses brisures du corps se fléchissent avec force, les deux extrémités tendent à se rapprocher, et celle qui n'est pas fixée au sol et qui tient le corps l'entraîne avec elle.

DÉVELOPPEMENT DES MUSCLES.

Depuis l'état d'embryon jusqu'à dix-huit ou vingt ans, les os changent continuellement de forme, de grandeur, de volume, etc.; par conséquent, pendant tout le temps que dure l'ossification, les attitudes et les mouvements doivent suivre les changements qu'éprouve le squelette. Ordinairement, à vingt ou vingt-deux ans l'accroissement des os en longueur est terminé; mais ils continuent de croître en épaisseur jusqu'après l'âge adulte. A cette époque tout accroissement cesse, et les os continuent à recevoir des éléments réparateurs, jusqu'à ce que les progrès de l'âge viennent apporter dans leur texture des altérations maladives et des décompositions chimiques.

Les muscles offrent aussi de grandes modifications suivant les âges : chez l'embryon ce sont des masses gélatiniformes, grêles et peu prononcées, qui se développent avec les progrès de la grossesse, mais d'une manière peu marquée. Pendant l'enfance et la jeunesse, la nutrition des muscles s'accélère ; mais ils croissent particulièrement en longueur, et c'est à cela que sont dues les formes arrondies, sveltes, agréables, des jeunes filles et du jeune homme. A l'âge adulte, les muscles croissent en épaisseur; ils augmentent de volume et se prononcent fortement sous la peau, leur tissu prend plus de consistance, et leur nature chimique elle-même se modifie. C'est à ces changements que se rapportent les propriétés différentes du bouillon qui est fait avec la chair d'animaux jeunes, ou bien avec la chair d'animaux vieux.

Dans la vieillesse, la nutrition des muscles décroît sensiblement; ces organes diminuent en volume, ils sont flasques, vacillants, et leur fibre devenue coriace est à peine capable d'ébranler les os, que naguère elle faisait mouvoir avec tant d'énergie.

La contraction musculaire subit à peu près les mêmes variations que la nutrition des muscles : faible et peu marquée chez le fœtus, elle augmente d'activité à la naissance, s'accroît rapidement dans l'enfance et la jeunesse, acquiert son plus haut degré de perfection dans l'âge adulte, et finit par se perdre presque entièrement chez le vieillard décrépit.

DISCORDANCE DES DEUX BRAS.

Je ne terminerai pas l'histoire des mouvements sans dire quelques mots d'une des anomalies les plus fréquentes que présente l'organisation humaine, à savoir, la prédominance native d'accroissement et d'habileté du bras droit sur le bras gauche. Les physiologistes et les philosophes qui ont abordé cette question intéressante ont rapporté aux influences de l'éducation l'augmentation de force et d'activité que l'un des deux bras présente dès le moment de la naissance et pendant toute la vie. Les uns et les autres se sont laissé séduire par l'analogie que présentent entre elles les lois qui régissent l'instinct de l'imitation, et celles qui gouvernent les habitudes. Cette comparaison n'est pas possible ; il est démontré par le raisonnement et par l'expérience que si nos facultés peuvent recevoir, en se développant, l'influence des agents extérieurs, du moins les premiers actes de notre vie sont le jeu nécessaire de nos organes. On ne peut pas considérer ces actes comme des habitudes devenues involontaires; car nous conservons toujours le pouvoir de maîtriser ces impressions, et de prévenir ou de repousser celles qui nous seraient nuisibles.

Ici se présente une remarque importante : cette activité plus grande des membres droits, ce penchant qui nous porte à leur donner la préférence dans les mouvements, ne sont pas seulement communs à tous les hommes civilisés, mais ils semblent précéder la civilisation même; car cette disposition a été observée chez des peuples sauvages plongés dans la plus barbare ignorance. Lorsqu'on trouve autant de coutumes variées que de peuples divers; lorsque, par un travers aussi inexplicable que singulier, certains peuples ont contracté l'habitude de se défigurer en cent manières bizarres, les uns en s'aplatissant le front, d'autres en s'allongeant la tête; ici en s'écrasant le nez, là en se perçant les oreilles : comment se fait-il que l'on ne trouve pas un peuple qui ait contracté l'habitude de se servir de ses deux mains avec une force ou une adresse égales, ou pas une nation chez qui le bras gauche ait présenté constamment plus d'agilité et plus de force que le bras droit?... Si la préférence accordée au bras droit doit être regardée comme un effet de l'éducation et des besoins de la société, une règle dictée dans l'intérêt de tous ne devait souffrir aucune exception : il n'est pas rare, cependant, de rencontrer des sujets qui apportent en naissant une tendance à exercer préférablement leur bras gauche, et qui conservent toute leur vie plus de fermeté et de précision dans les mouvements de ce membre que dans ceux du bras droit.

5

Je sais que c'est principalement par les exemples dont on entoure l'enfance que s'opère l'éducation physique; que la plupart de nos actions ne sont que des imitations plus ou moins fidèles de ce que nous avons vu faire ou de ce que l'on nous a enseigné, et que si cette faculté d'imitation est graduée dans les diverses espèces d'animaux, elle obtient dans l'homme tout son développement, parce qu'il y a en lui un esprit d'observation plus curieux, plus investigateur, et un principe d'activité plus infatigable. Il suffit d'y songer un instant pour remarquer qu'on apprend aux enfants, dès le plus bas âge, à se servir exclusivement de la main droite, qui bientôt prend un développement plus considérable que la gauche, et devient plus apte qu'elle à exécuter les mouvements les plus importants. Mais, tout en reconnaissant l'influence de l'habitude et l'importance des modifications infiniment variées qu'elle imprime à l'exercice des fonctions, je crois qu'elle n'est elle-même qu'un résultat dont il faut découvrir la cause. En effet, chaque animal, en vertu des lois primitives de son organisation, est assujetti à des déterminations particulières : lorsque ces déterminations s'accomplissent, elles introduisent dans l'ensemble des fonctions des modifications qui, à la longue, se changent en habitude. Les phénomènes secondaires de la vie peuvent bien éprouver des changements par la répétition ou la continuité des mêmes actes ou des mêmes impressions; mais nous devons apporter en naissant des dispositions organiques à contracter telle ou telle habitude. Cette idée fut celle de Bichat, qui dit, dans ses *Recherches physiologiques sur la vie et la mort :* « Je crois bien que quelques circonstances naturelles ont « influé sur le choix de la direction des mouvements gé-

« néraux qu'exigent les habitudes sociales. » Et plus loin : « .... Les membres droits et gauches ne sont jamais semblables ; et, sans qu'on en ait trouvé une bonne raison, « l'organe du côté droit est un peu plus développé, plus « fort, et même assez souvent un peu plus antérieur, que « celui du côté gauche, en sorte qu'il est toujours le premier en action. L'habitude que l'homme a de se servir « de préférence de ses membres droits nous semble plutôt le résultat d'une disposition organique, *dont toutefois la nature première nous est inconnue*, que de « l'éducation et des conditions sociales dans lesquelles « il vit. »

Dans un mémoire lu en 1827 à l'Académie des sciences, et imprimé en 1828 dans le *Journal de Physiologie* de M. Magendie, j'ai examiné et discuté, les unes après les autres, les hypothèses diverses qui ont été mises en avant pour rendre raison de la prédominance native du bras droit sur le bras gauche. J'ai fait voir que, dans cette question, on avait toujours voulu expliquer une chose par une autre, que l'on croyait avoir expliquée elle-même ; et que c'était dans un cercle vicieux, où l'on cherchait en vain une explication réelle, qu'avait roulé jusqu'à présent la solution de ce problème. Je ne puis pas reproduire ici mon mémoire tout entier, mais je vais rappeler ce qu'il offrait de nouveau sur cette question ; j'y suis peut-être autorisé par les suffrages élevés qui accueillirent, à l'Académie des sciences, mes *Recherches anatomico-physiologiques relatives à la prédominance du bras droit sur le bras gauche*, par l'honorable publicité que M. le professeur Magendie voulut bien leur donner alors, et par la confirmation qu'elles ont reçue, depuis, en Angleterre et en Allemagne.

Placé en 1826, en qualité de chirurgien interne, à la *Maternité de Paris*, je tâchai de tirer parti des circonstances favorables qui me permettaient d'observer l'accroissement progressif du fœtus humain, d'examiner fréquemment, non pas seulement l'embryon, mais les enveloppes qui le contiennent, et de constater ainsi ses rapports anatomiques dans les entrailles maternelles, dans ce berceau que la nature lui a préparé pour l'essai de sa vie encore incertaine. Cet ordre de recherches me mit sur la voie de phénomènes physiologiques entièrement nouveaux, dont la connaissance serait, je crois, depuis longtemps classique, si l'on avait pu soupçonner l'intérêt que présente leur étude.

Mon travail a établi, sur près de *vingt et un mille faits observés*, que l'activité moindre de l'épaule, du bras et du côté gauches, au moment de la naissance, est l'effet de la *compression* que ces parties du fœtus éprouvent *sur les points résistants de la moitié postérieure de la circonférence interne du bassin, et sur la région lombaire de la colonne vertébrale, pendant les cinq derniers mois de la grossesse*. Cette idée m'est venue de l'observation attentive de la grossesse; et je me demande encore comment il se fait qu'avec une connaissance exacte des phénomènes de la gestation, et une théorie presque mathématique du travail de l'accouchement, une explication aussi simple ait pu si longtemps rester ignorée. Il est vrai que les explications naturelles sont toujours les dernières auxquelles on songe; mais, une fois découvertes, elles doivent durer toujours.

Voici, d'une manière générale, l'exposé des faits observés, et des conséquences physiologiques qui en ont été naturellement déduites :

Pendant les premiers mois de la grossesse, le fœtus n'a pas de situation fixe dans le sein máternel; la quantité d'eau qui l'entoure est assez considérable, comparativement à son volume, pour qu'il puisse affecter plusieurs positions. Ce n'est que du quatrième au cinquième mois que ses dimensions surpassent en étendue les diamètres antéro-postérieurs et transversaux de la poche qui le contient; et à cette époque il est obligé de conserver la position dans laquelle il se trouve. Sans examiner ici les situations variées que peut affecter le fœtus et les points du corps qu'il présente au moment de la naissance, je me suis arrêté aux deux positions les plus fréquentes du sommet de la tête, en démontrant la fréquence relative de cette présentation du fœtus sur toutes les autres.

Dans la première position, la tête et le corps de l'enfant sont dans les rapports suivants :

L'occiput est dirigé vers la cavité cotyloïde gauche;

La face est tournée vers la symphyse sacro-iliaque droite;

L'épaule, le bras et toute la région latérale droite sont en rapport avec la paroi antérieure et latérale droite de l'abdomen;

L'épaule, le bras et toute la région latérale gauches répondent à la paroi postérieure et latérale gauche de la même cavité;

Le dos est dirigé vers le flanc gauche, les régions antérieures de l'abdomen et de la poitrine regardent le flanc droit.

Ainsi cette première position de la tête doit entraîner inévitablement, pour le corps du fœtus, une situation telle que l'épaule, le bras et toute la région latérale gauches de l'enfant, appliqués *sur les points résistants de la moitié postérieure de la circonférence interne du bassin et sur la colonne lombaire, éprouvent une compression lente et continuelle, qui doit retarder l'afflux du sang artériel, entraver le retour du sang veineux, ralentir l'influence nerveuse, et diminuer ainsi l'énergie vitale de ces parties.*

Si l'on tient compte de la durée de cette compression, on ne se refusera pas à admettre cette première conséquence, qu'au moment de la naissance, dans le plus grand nombre des cas, l'activité vitale du bras gauche est moindre que celle du bras droit, ce qui rend le premier comparativement plus faible que le second.

Il m'a semblé curieux de constater si, lorsque les fœtus présentent une position de la tête opposée à la première, on rencontre des résultats opposés à ceux que je viens de signaler; car si l'idée que je me fais de ce phénomène est exacte, la différence dans les causes doit se reproduire dans les effets.

Or, dans la série des positions du sommet, l'ordre de fréquence fait succéder la position occipito-cotyloïdienne droite à la position occipito-cotyloïdienne gauche, et cette présentation de la tête entraîne pour le corps du fœtus les rapports suivants :

L'épaule, le bras et toute la région latérale gauches du corps sont tournés vers la paroi antérieure et latérale gauche de l'abdomen.

L'épaule, le bras et tout le côté droits répondent à la paroi postérieure et latérale droite de la même cavité, et sont appliqués sur les *points résistants de la moitié postérieure de la circonférence interne du bassin* et sur la *colonne lombaire*.

Il est facile de pressentir les conséquences nécessaires

de ces rapports nouveaux. La compression déjà signalée doit ici s'exercer encore, mais ce ne sera plus sur le même côté, car la différence des positions doit se représenter dans les résultats qu'elles amènent : ce sera donc dans l'épaule et le bras droits qu'on devra trouver cette *infériorité*, cette *faiblesse comparatives* dans l'énergie vitale et dans les mouvements.

C'est dans ce fait seul qu'on doit chercher l'explication de la prépondérance du bras droit sur le bras gauche dans le plus grand nombre des cas, et l'activité plus grande du bras gauche en quelques cas particuliers.

Je viens d'indiquer la liaison qui existe entre les divers rapports anatomiques du fœtus et les résultats qu'ils entraînent : il faut maintenant prouver que le nombre des gauchers est à celui des droitiers dans la même proportion que la deuxième position du sommet est à la première; et pour cela je vais tracer le tableau de la fréquence relative de la présentation de la tête sur la présentation des autres points du corps du fœtus, et je décrirai la fréquence comparative des positions de la tête entre elles.

La marche suivie par les expérimentateurs modernes, et qui a tant contribué aux progrès de la physiologie, consiste à faire des observations, des expériences multipliées, et à ramener tous les faits observés au plus petit nombre possible de faits généraux. Je vais donner ici le résumé de l'histoire de 18,000 accouchements observés et décrits avec soin à la Maison royale d'Accouchement, dans l'espace de plusieurs années; et j'y joindrai les 2,539 qui ont eu lieu pendant mon séjour dans cet établissement.

Sur 20,529 naissances on a observé 19,810 présentations de la tête, et 729 présentations des autres extrémités; cette fréquence si remarquable des présentations de la tête a fixé de tout temps l'attention des accoucheurs, qui en trouvèrent la cause : 1° dans la position oblique du bassin; 2° dans la pesanteur relative de la tête, qui, étant toujours la partie la plus volumineuse, devait nécessairement occuper le point le plus déclive. Si l'on réfléchit, en outre, à la structure anatomique de cette extrémité du fœtus, on se convaincra que cette présentation est la plus naturelle et la plus favorable pour l'heureuse issue de l'accouchement.

Les extrémités des grands diamètres de la tête (le front et l'occiput) peuvent correspondre aux différents points de la circonférence interne du détroit du bassin; mais la forme de ce détroit fait que certaines positions sont plus fréquentes et presque obligées : aussi le raisonnement, d'accord avec l'expérience, prouve que l'occiput est la région qui s'adapte le mieux à la forme du détroit abdominal, puisque, dans les 19,810 présentations de la tête, l'occiput s'est présenté 19,727 fois. Les mêmes relevés prouvent que sur ces 19,727, la première et la deuxième position du sommet ont été observées 19,379 fois.

Si l'occiput a une si grande tendance à se placer derrière l'une ou l'autre paroi antéro-latérale du bassin, c'est que les rapports de ces deux premières positions sont les plus favorables pour la sortie de la tête au détroit supérieur.

Qu'il me soit permis de faire remarquer qu'en simplifiant progressivement les termes de ma proposition, je suis déjà arrivé à établir que, sur 20,539 accouchements, 19,379 enfants présentent, dans le sein de leur mère, des rapports anatomiques qui entraînent la compression de l'épaule, du bras, et de toute la région latérale d'un côté quelconque du corps, par les *points résistants de la moitié postérieure de la circonférence interne du bassin* et par la *colonne lombaire pendant les cinq derniers mois de la gestation.*

Maintenant il me reste à déterminer de combien la première position est plus fréquente que la deuxième.

Les mêmes recherches m'ont prouvé que, sur 19,379 présentations de l'occiput, la première position (occipito-cotyloïdienne gauche) avait été observée 17,226 fois; la deuxième (occipito-cotyloïdienne droite), 2,153 fois. Ainsi, dans 20,539 accouchements, 17,226 enfants sont dans des conditions telles, qu'ils présentent en naissant une *circonstance naturelle qui doit influer sur le choix* des mouvements qu'exigent les habitudes sociales, circonstance naturelle dont Bichat ignorait la nature, et qu'il avait cependant pressentie. En d'autres termes, 17,226 enfants, au moment de la naissance, présentent dans l'épaule, le bras et toute la région latérale gauches, une *infériorité* et une *faiblesse comparatives* dans l'énergie vitale et dans les mouvements.

Ce n'est pas tout : j'ai fait voir que, sur 20,539 accouchements, 2,153 enfants ont présenté la deuxième position du sommet. Si je me suis suffisamment expliqué lorsque j'ai décrit les rapports anatomiques et les résultats qu'entraîne cette position, on sentira que ces 2,153 enfants apportent en naissant une disposition organique qui, par son influence sur le *choix des mouvements,* rend ces enfants plus aptes à se servir de la main gauche que de la droite, puisque l'épaule, le bras et toute la région latérale droite, comprimés pendant les cinq derniers mois de la grossesse, présentent à la naissance une infériorité et une faiblesse comparatives dans l'énergie vitale et dans les mouvements.

On s'est demandé pourquoi la tête affectait si souvent la première position du sommet; et la réponse à cette question a été fournie par l'examen des dispositions mécaniques du bassin, et par l'étude des rapports anatomiques qui existent entre le fœtus, l'utérus et cette cavité osseuse.

1° Des deux dépressions latérales (faces antérieures des symphyses sacro-iliaques) que présente le bassin dans la moitié postérieure de sa circonférence interne, celle du côté gauche est occupée par la partie supérieure de l'intestin rectum; comme cet intestin est souvent rempli de matières fécales endurcies, l'extrémité correspondante de la tête du fœtus peut difficilement s'arrêter de ce côté, et glisser dans la dépression latérale droite : or cette extrémité est le front, et quand le front est sur la symphyse sacro-iliaque droite, l'occiput est derrière la cavité cotyloïde gauche; ce qui constitue la première position.

2° Des trois obliquités que peut affecter le fœtus, l'obliquité latérale droite est la plus fréquente; et la première position du sommet de la tête est la conséquence nécessaire de cette obliquité, la fréquence de l'une décide la fréquence de l'autre. On a expliqué cette obliquité par la différence de longueur des ligaments ronds, par la saillie que forme l'intestin rectum au-devant du sacrum, et, comme le prouvent les planches de Hunter, par la disposition des organes abdominaux.

Je crois que si l'on examine attentivement ce qui se passe pendant les efforts que font, avec les membres supérieurs, les femmes grosses qui ont une obliquité latérale droite, on trouvera la vraie cause de cette inclinaison du fœtus dans la forme que prend alors l'abdomen, et dans la direction suivant laquelle les muscles abdominaux se contractent. Les anatomistes ont remarqué la courbure latérale de la région dorsale du rachis; déjà Bichat l'avait attribuée aux efforts dont les plus nombreux se font avec le bras droit, et pendant lesquels nous sommes obligés de nous pencher un peu en sens opposé, pour offrir à ce membre un point d'appui solide; et si je cite cette opinion, c'est moins pour rappeler une chose que tout le monde sait, que pour expliquer par elle un fait jusqu'alors inexplicable : je veux dire l'hérédité de l'aptitude à être gaucher. En effet, si l'usage plus fréquent du bras droit décide l'obliquité latérale droite, et par elle entraîne la première position du sommet de la tête, position qui offre pour résultat l'aptitude à être droitier; ne suis-je pas autorisé à dire que l'usage plus fréquent du bras gauche, décidant l'obliquité latérale gauche, entraînera la deuxième position du sommet de la tête, position dont la conséquence est l'aptitude à être gaucher?

Je pourrais m'arrêter ici, et penser que j'aurais résolu le problème proposé, en prouvant, comme je l'ai dit, que les premiers actes de notre vie sont le jeu nécessaire de nos organes, et que nous apportons en naissant une disposition organique à contracter telle ou telle habitude; mais, comme on se fortifie dans un sentiment en repassant en son esprit toutes les raisons qui l'appuient, je crois devoir ajouter quelques réflexions, pour ne laisser aucun doute sur l'exactitude de cette explication.

En cherchant les rapports numériques de la deuxième position du sommet avec les autres positions que le corps du fœtus peut affecter dans le sein de sa mère, j'obtiens la proportion suivante :

$$2,153 : 20,539 :: 1 : 9 \tfrac{1}{10}.$$

C'est-à-dire, 2,153 enfants aptes à être gauchers sont, à 20,539 enfants qui ont plus de tendance à être droitiers, comme 1 est à 9 $\frac{1}{10}$; or dans le monde on rencontre la même proportion (à peu de chose près) entre les gauchers et les droitiers, et l'on peut s'en convaincre par l'examen d'un grand nombre d'individus jeunes encore, et chez lesquels les habitudes, l'éducation et quelques exercices particuliers n'ont pas encore fait disparaître les dispositions congéniales de tel ou tel bras à l'excès relatif de vie et d'action que j'ai signalé.

Lorsque, pour la première fois, l'observation attentive des rapports du fœtus dans le sein maternel vint révéler à mon esprit cette explication toute physiologique d'un aussi curieux phénomène, j'en fis part au chirurgien en chef de la Maison d'Accouchement, M. Dubois, dont l'expérience était si vaste et l'opinion si imposante. Frappé comme moi de la liaison qui paraissait exister entre les rapports anatomiques du fœtus avec sa mère, et ses aptitudes natives, il m'engagea à vérifier par un grand nombre d'observations l'exactitude de ma théorie. Je consacrai plusieurs années à recueillir tous les faits qui servirent de base à ce travail, que je n'eus pas besoin d'accompagner de longues et nombreuses remarques; car les faits n'ont besoin d'autre appui que la vérité dont ils sont l'expression.

Je dois ajouter que j'ai pu suivre quelques enfants dont j'avais observé la naissance, et que constamment l'activité plus grande des mouvements de leurs bras m'a paru coïncider avec les rapports qu'ils avaient eus dans le sein de leur mère, rapports que le mécanisme de l'accouchement permet de calculer avec une rigoureuse précision.

Il me semble que les observations précédentes prouvent que l'activité plus grande des membres droits, que le penchant qui nous porte à leur donner la préférence dans les mouvements, sont le résultat d'une *prédisposition congéniale*, et non pas de l'habitude. J'ai prouvé que cette prédisposition congéniale existait 17,226 fois sur 20,339 cas, et cette proportion numérique rappelle celle des droitiers sur les gauchers et les ambidextres. Quant à ces derniers, leur nombre est si petit dans le premier âge, que je n'en aurais pas fait mention si les mêmes recherches ne m'avaient prouvé que le fait de l'ambidextrie, loin d'être extraordinaire, peut s'expliquer, ce me semble, par une aptitude congéniale à faire usage des deux membres; mais cette aptitude ne peut exister qu'autant que le fœtus qui doit en jouir aura été soustrait, dans le sein de sa mère, à la *compression faible, mais permanente, qui, chez les autres fœtus, affaiblit l'activité vitale de l'épaule, du bras et de toute la région latérale d'un côté quelconque du corps.* Or, deux positions seulement sont affranchies de cette *compression*; ce sont les positions directes; on les a observées 10 fois sur 19,727 présentations de l'occiput, ou, ce qui est la même chose, sur 20,531 accouchements : de là le peu d'ambidextres que présente la société.

Qu'il me soit permis, en terminant ce sujet, de signaler un abus déplorable qui trompe l'enfance sur l'usage de ses sens et l'emploi de ses forces. L'avantage particulier que l'homme avait reçu de la Providence par la perfection de ses membres supérieurs lui est ravi, comme l'a si ingénieusement dit Francklin, dans l'éducation de sa première enfance. A cette époque on devrait s'attacher à enlever au bras droit une prééminence de force et d'activité que ce membre ne doit qu'à l'infériorité relative du bras gauche : loin de là, on l'exerce généralement dans la proportion même de son aptitude spéciale. Plus le cercle de ses mouvements viendra à s'étendre, plus aussi grandira la désharmonie entre deux membres qui, au lieu d'être étrangers l'un à l'autre, devraient constamment se prêter un mutuel secours. J'ai dit que l'éducation première tend à maintenir ce défaut d'équilibre et cette disproportion native des deux bras ; on sera, comme moi, frappé de la vérité de cette remarque, si l'on examine comment les nourrices portent leurs enfants : on voit alors que l'enfant, assis sur l'avant-bras droit de sa nourrice, jouit librement de son bras droit, tandis que son bras gauche, fixé le long de son côté, est maintenu dans une immobilité presque absolue par la poitrine de la nourrice. Cette habitude des nourrices est générale ; elles la doivent à la nécessité de supporter l'enfant avec leur bras le plus fort, et d'accomplir un grand nombre d'actions avec leur bras gauche, qui pour cela doit être libre.

Locke conseille, pour régulariser les évacuations alvines des enfants, de les présenter à la garde-robe tous les jours et à la même heure, jusqu'à ce que l'habitude s'en soit établie ; mais il s'élève avec force contre le danger que peuvent entraîner les premières influences de l'exemple, les plus importantes peut-être. Continuons son ouvrage sur le même plan ; veillons à l'origine de nos habitudes, pour n'en laisser contracter que de salutaires, et pour ne les favoriser que d'une manière réfléchie. Ce principe, toujours bien compris et jamais oublié, finirait nécessairement, j'en suis sûr, par faire disparaître dans l'homme la désharmonie constante de deux organes si importants. En condamnant à une inaction temporaire le bras qui, à la naissance, paraît être le plus actif, on rendrait à l'autre ce qui lui manque d'énergie vitale et de force, et l'on rétablirait ainsi l'équilibre.

J'ai pensé que cette indication, qui ressort d'un travail expérimental dont la nature toute seule a fait les frais, pouvait avoir de bons résultats; je l'ai suivie avec succès un grand nombre de fois; et je m'estimerais fort heureux si ceux qui songeront à m'imiter dotaient d'un membre de plus les enfants objets de leurs soins, et arrivaient ainsi à prouver qu'en cherchant simplement à éclairer un point encore douteux de physiologie, j'aurai été assez heureux pour découvrir un principe nouveau d'hygiène publique et d'éducation privée.

APPAREILS DES SENSATIONS.

Les sensations font connaître à l'homme tout ce qui l'environne; et la faculté de les percevoir réside dans un appareil particulier, appelé système nerveux. La sensation comprend en même temps l'impression faite sur nos organes par les corps extérieurs, la transmission de cette impression au cerveau par le ministère des nerfs, et enfin l'excitation particulière que le cerveau en reçoit lorsqu'elle y est arrivée.

Il existe dans toutes les parties du corps des espèces de cordons blancs et minces qui se ramifient dans les divers organes, et vont se terminer par leur extrémité opposée au cerveau ou à la moelle épinière. Ces cordons sont appelés nerfs; ils servent à transmettre les sensations de l'organe qui les reçoit, au cerveau, qui est le siége de leur perception ; c'est également par l'intermédiaire des nerfs que l'influence de la volonté se communique du cerveau aux muscles des différentes parties du corps.

Aussi, lorsqu'un ou plusieurs de ces nerfs se trouvent coupés, liés ou atrophiés, les organes auxquels ils se distribuent perdent la faculté de sentir et d'exécuter des mouvements volontaires, ou, en d'autres mots, sont paralysés. Il est également reconnu que les lésions du cerveau nous privent de la faculté de percevoir, quoique l'organe ou les différents nerfs des sens soient dans un état d'intégrité parfaite.

Les nerfs sont d'une sensibilité extrême, et la moindre blessure de l'un d'eux occasionne une douleur vive; il en est de même de la moelle épinière. Ces cordons blanchâtres se divisent et se subdivisent dans leur trajet; ils sont composés de filaments ou petits filets très-fins, dont l'une des extrémités tient à la moelle épinière ou à la moelle allongée, et qui, par leur autre extrémité, se ramifient dans la texture des divers organes.

Les anciens nommaient nerfs toutes les parties blanches du corps d'un animal, telles que les nerfs, les tendons et les ligaments. Mais, depuis Galien, le nom de nerfs a été uniquement réservé aux parties qui sont dans une dépendance soit directe, soit indirecte, du centre nerveux cérébro-spinal.

Les nerfs communiquent entre eux de mille manières dans leur trajet. Quelquefois un simple filet s'unit à un autre : c'est ce qu'on appelle une anastomose; d'autres fois une infinité de filets se réunissent et s'enlacent en forme de réseau : c'est ce qu'on appelle un plexus; et quand ce plexus, plus dense et plus serré, au lieu d'un reseau n'offre plus qu'une seule masse, on le nomme ganglion.

CENTRES NERVEUX.

Les appareils de la sensibilité offrent deux grandes dispositions générales : le système nerveux de la vie organique, et le système nerveux de la vie animale.

SYSTÈME NERVEUX DE LA VIE ORGANIQUE.

Les organes de la nutrition sont animés sourdement, et sans le secours de la volonté, de la sensibilité particulière qui leur est indispensable pour remplir leurs fonctions : c'est ainsi que les organes de la digestion, ceux de la circulation, ceux de la respiration, etc., sont excités constamment, et maintenus dans l'état d'excitation qui est la condition de la vie. C'est sous cette influence nerveuse, à l'aide de cet appareil, que l'estomac digère, que le chyle est porté dans le torrent de la circulation, que le cœur se contracte, que l'air entre dans les poumons, qu'il se mêle au sang veineux, le vivifie ; et qu'enfin le sang vivifié revient au cœur, dont les contractions le distribuent dans la structure des organes les plus déliés, en lui faisant parcourir des milliers de canaux presque imperceptibles.

Le système nerveux qui anime les organes de la vie de nutrition est nommé système nerveux de la vie organique, ou grand sympathique ; il est composé d'un nombre infini de petits filets nerveux, qui se réunissent tous ensemble dans de petits renflements nerveux que l'on nomme ganglions. Ces ganglions et ces nerfs sont disposés et distribués le long de la partie antérieure de la colonne vertébrale, depuis la tête jusqu'au sacrum.

Les muscles qui reçoivent des filets du nerf grand sympathique se contractent d'une manière régulière et périodique, et ne sont pas soumis à l'influence de la volonté : tels sont le cœur, et la tunique musculaire des intestins.

On ne connaît qu'imparfaitement le mécanisme de cette vie, qu'on a appelé vie végétative. Lorsque Bichat en eut démontré l'existence, il lui attribua pour organe un ensemble de nerfs désignés par les anatomistes sous le nom de nerf grand sympathique. Cet appareil se compose, comme nous l'avons dit, d'un certain nombre de renflements nerveux, placés près des organes intérieurs, et liés entre eux par une multitude de filets qui en émanent, et qui vont se perdre dans les tissus des organes. Bichat pensait que ces renflements et leurs filets étaient, pour la vie végétative, ce que les nerfs cérébraux sont pour celles des sens. Il croyait qu'ils recevaient les impressions faites sur l'estomac et les intestins par les aliments; sur le cœur, par le sang qui y afflue; sur les poumons, par l'air; et qu'il leur renvoyait une influence nerveuse propre à déterminer leurs mouvements.

Cette théorie, séduisante par sa simplicité, pouvait bien rendre compte de la vie végétative; mais, considérée isolément, elle laissait sans explication les rapports si nombreux et si fréquents des organes avec l'âme, les influences qu'ils exercent sur le moral de l'homme. On sait dans quelle dépendance nous vivons à l'égard des conditions physiologiques et matérielles, telles que le sexe, l'âge, le tempérament, le climat. Il est reconnu que la tournure habituelle de nos idées et de nos sentiments, que le caractère, en un mot, est en grande partie le produit de ces causes tout organiques. Les physiologistes ont fait voir même que, dans le cours d'une seule journée, nous devenons alternativement tristes ou gais, sérieux ou enjoués, faibles ou volontaires, craintifs ou pleins d'espérance, attentifs ou étourdis, irascibles ou patients, suivant la manière dont les viscères accomplissent leurs fonctions. Nos sens fournissent les matériaux de nos idées, nos organes intérieurs en déterminent le caractère; mais c'est l'âme qui reçoit cette double influence, et qui est la force active, créatrice, indispensable des idées. En un mot, l'intelligence, le sentiment, le vouloir, ces éléments de l'âme, sont modifiés dans leurs manifestations par les conditions physiques où ils se trouvent placés; mais ils n'en résultent pas, comme les philosophes du dernier siècle le prétendaient.

Les moyens matériels par lesquels nous sommes en rapport avec la nature extérieure viennent d'être exposés; mais comment s'établissent ceux des organes avec l'âme? Quels moyens matériels maintiennent les communications? et de quelle manière agissent-ils? Ce sont là des questions d'une importance première, et qui sont restées et resteront toujours sans solution satisfaisante.

C'est pourtant à résoudre ce problème que s'est appliqué un savant physiologiste anglais, M. Marschall Hall. Selon lui, « chacun des filets nerveux qui s'épanouissent « dans le tissu des viscères se joint, après un certain tra- « jet, à un des nerfs de la vie de relation, et se rend avec « lui dans le centre cérébro-spinal. Les impressions faites « sur nos viscères arrivent par des nerfs dans les masses « cérébrales, avec celles que les appareils des sens ont re- « çues, et elles y sont réfléchies sur les organes dont elles « doivent déterminer les mouvements. Tout se passe dans « cette vie comme dans celle de relation, ou plutôt il n'y

« a plus qu'une seule loi physiologique pour les deux. » Cette théorie a été publiée pour la première fois en France dans l'ouvrage de M. Bazin, professeur à la Faculté des sciences de Bordeaux. M. Bazin a répété les expériences sur lesquelles elle se fonde, et l'a fortifiée de ses propres travaux. Il a fait voir, entre autres choses, les points de jonction des nerfs organiques avec ceux de relation. Il a suivi la plupart des filets avec cette patience intelligente qui le distingue, et il est parvenu à démontrer que certains de ces filets se rendent au cerveau, dans cette glande où Descartes plaçait le siége de l'âme. Suivant M. Bazin, on doit regarder maintenant cette glande comme un ganglion, remplissant pour le cerveau les fonctions végétatives qui sont nécessaires à cet organe comme à toutes les autres parties du corps.

Ainsi deux obscurités se trouvent dissipées par les travaux réunis de MM. Marschall et Bazin : l'une, relative à la nutrition du cerveau; l'autre, bien plus importante, relative non-seulement à la vie végétative, mais aux rapports de cette vie avec les phénomènes psychologiques. On peut concevoir maintenant de quelle manière le cerveau, cet organe des manifestations de la pensée, est impressionné par les mouvements si variés des viscères, puisqu'il est aussi le centre où les nerfs viscéraux apportent les impressions qu'ils reçoivent. Cette intime connexion, qui a été observée de tout temps, par les moralistes et les médecins, entre le caractère moral et la prédominance de développement et d'action de certains viscères, se trouve expliquée dans sa cause prochaine. Mais combien l'on est loin encore de connaître ce qu'il y a d'essentiel dans cette communication entre l'âme et la matière organisée! Que se passe-t-il dans ces masses nerveuses? Nous savons certainement qu'il y arrive des influences sensitives, et qu'il en part des influences motrices : comment celles-ci naissent-elles en conséquence des premières? Comment une impression arrivée dans le cerveau donne-t-elle naissance à une puissance motrice? Nous verrons plus loin qu'aucun des filets dont la réunion constitue les nerfs ne transmet à ceux qui l'avoisinent l'influx particulier dont il est chargé. Il n'en est donc pas de même dans les masses cérébrales? Il y a donc des points où les uns et les autres communiquent? On sent qu'il faudrait, avant tout, pouvoir suivre les filets sensitifs et moteurs jusqu'à ce point supposé, afin de voir ce qui s'y passe. Mais, lors même qu'on y parviendrait, qu'apprendrait-on? Il n'y a d'accessible à nos sens que quelques différences de structure et de composition chimique que l'on s'efforce de démêler, mais qui n'expliquent rien de ces phénomènes essentiels. Cependant nous n'avons parlé que des faits élémentaires, de ceux que les partisans de Broussais croyaient expliquer par un ébranlement des molécules transmis des nerfs sensitifs aux nerfs moteurs. Que serait-ce donc, s'il s'agissait des actes que la volonté seule détermine? Je veux mouvoir mon bras, et je le meus; je veux marcher, et je marche. Les molécules de mes nerfs obéissent à une cause qui n'emprunte rien à la matière. Si de ce fait nous passons à ceux de l'entendement, qui sont si compliqués, on sentira mieux encore la vanité de cette hypothèse des phénomènes vitaux produits par des ébranlements moléculaires; car, là, les mouvements moléculaires en tous sens qu'il faudrait supposer, pour correspondre à des opérations aussi compliquées que celles de l'entendement, sont censés dirigés la plupart du temps par l'*être*, le *moi*, dont on aurait voulu faire un produit des circonstances extérieures, et des conditions physiques où il est placé.

Chacun sait maintenant que non-seulement le cerveau est le siége principal des mouvements et des sensations, mais encore qu'il est l'organe exclusif des manifestations de l'intelligence. L'homme auquel on enlève un membre ne perd rien de sa force intellectuelle ; la moelle épinière elle-même peut être lésée jusqu'au voisinage du crâne, sans que les facultés de l'âme soient abolies. Mais le cerveau tout entier est-il employé dans chacune des opérations qu'il exécute, ou bien ses diverses parties ont-elles une attribution spéciale? M. Bazin pense, avec MM. Flourens et Rolando, que l'on ne peut constater de localisation que pour les facultés principales. Il admet que les phénomènes instinctifs s'exécutent au moyen des portions centrales du cerveau ; que ceux de l'intelligence ont pour organes les parties extérieures qui servent d'enveloppe aux premières. Enfin il pense que la vie végétative est accomplie par le système nerveux ganglionnaire ; mais il est loin d'assigner, comme les phrénologistes, un siége particulier à chacune des facultés de l'esprit. Il s'arrête à ces faits généraux et à quelques autres que de bonnes expériences ont démontrés, et réfute avec une grande force les arguments de ceux qui s'imaginent être allés au delà. Il examine ensuite le rapport qui existe entre l'enveloppe célébrale et l'intelligence de l'homme et des autres mammifères. Il trouve que dans l'homme, qui est supérieur aux autres animaux par ses facultés intellectuelles, cette enveloppe atteint son plus grand volume, et qu'elle diminue à mesure que l'on se rapproche des espèces chez lesquelles ces facultés sont nulles. Cette observation le conduit à une assertion remarquable, à laquelle était arrivé M. Foville : c'est que pour estimer, d'après leur organe, les facultés intellectuelles et morales, il ne faut pas comparer, comme le font les phrénologistes, le cerveau tout entier au volume du corps, mais seulement la partie cérébrale correspondant à ces facultés avec celle qui sert à la manifestation des instincts; car plus les parties centrales du cerveau seront volumineuses comparativement aux parties extérieures, plus les facultés intellectuelles seront étouffées chez l'individu. Ainsi les données physiologiques viendraient confirmer les observations des moralistes, qui ont de tout temps signalé l'antagonisme essentiel des instincts et de la pensée, de la chair et de l'esprit.

En reconnaissant que la partie extérieure du cerveau est indispensable à la production des phénomènes intellectuels, et que son volume est généralement proportionné à la somme et à la perfection de ces phénomènes, M. Bazin ne croit nullement servir les doctrines matérialistes. Ces faits lui paraissent évidents, et il pense avec raison qu'ils ne sauraient nuire aux vérités morales, parce que, dit-il, « des vérités ne peuvent nuire à des vérités : c'est la faiblesse de notre esprit qui nous empêche de découvrir leur accord..... Ne serait-il pas bien surprenant que le développement plus ou moins complet, l'état sain et morbide d'un organe n'exerçassent aucune influence sur la manifestation d'une activité dont il est au moins la condition physique ? » Un peu plus loin, pour faire sentir la distinction profonde qui existe entre la nature de l'âme et le cerveau, il compare cet organe à une pile électrique ; et les quantités qu'on en peut enlever à quelques jarres qui seraient ôtées de la batterie. « Par cette soustraction, dit-il, on ne détruit pas les fonctions de l'instrument, on l'affaiblit, et voilà tout : le principe d'activité n'est pas changé. On peut concevoir de la même manière que des moyens d'action peuvent être enlevés à l'âme avec une partie du cerveau ; mais l'âme même, en tant que principe, n'a point souffert. »

Cette comparaison ne saurait être prise à la lettre ; car dans la pile, si le principe d'activité peut être distingué de la force avec laquelle cette activité se prononce, il n'en est pas moins vrai que tous deux sont produits par la disposition des substances élémentaires ; tandis que, dans le fait psychologique, l'âme n'est point le résultat de la combinaison moléculaire que présente le cerveau. Cette combinaison est indispensable à la formation de la pensée ; mais l'âme est distincte du cerveau comme une volonté qui vient de naître l'est des muscles qu'elle va mettre en action.

SYSTÈME NERVEUX DE LA VIE ANIMALE.

La seconde disposition générale du système nerveux consiste dans l'existence d'une masse nerveuse que l'on nomme encéphale, qui se partage elle-même en cerveau et en moelle épinière. De ce cerveau et de cette moelle épinière partent des troncs nerveux qui donnent naissance à des branches, lesquelles se divisent en rameaux qui, subdivisés en ramuscules, vont, sous les formes les plus déliées, se ramifier sur les organes et pénétrer dans leur tissu.

CERVEAU.

L'encéphale est logé dans la cavité du crâne, et dans le canal qui règne dans toute la longueur de la colonne vertébrale.

La partie supérieure de l'encéphale est formée par le

cerveau, viscère très-volumineux et de forme ovalaire, qui remplit la majeure partie de l'intérieur du crâne, et qui est divisé sur la ligne médiane, par un sillon très-profond, en deux moitiés, appelées hémisphères du cerveau. Chacun de ces hémisphères, divisé à son tour en trois lobes, présente à la surface un grand nombre de sillons et de saillies contournées sur elles-mêmes, comme les intestins, et appelées circonvolutions du cerveau. Enfin, on trouve dans leur intérieur des cavités nommées ventricules; et on distingue dans la substance dont ils sont composés deux matières : l'une blanche, qui en occupe l'intérieur, et l'autre de couleur grise, qui en forme la superficie.

En arrière et au-dessous du cerveau se trouve une autre masse nerveuse, bien moins grosse, mais de structure analogue, que l'on appelle cervelet. C'est de ces deux organes que naît la moelle épinière, qui a la forme d'une grosse corde blanchâtre, et qui descend de l'intérieur du crâne jusque vers la partie inférieure du canal dont l'épine du dos ou colonne vertébrale est creusée.

Dans un travail très-remarquable, publié récemment par M. le Dr. Foville, ce savant anatomiste s'est imposé la tâche difficile de poursuivre dans l'épaisseur des renflements encéphaliques le cours des faisceaux de la moelle épinière, auxquels se rattachent les nerfs de la sensibilité; de déterminer les faisceaux auxquels se rattachent les nerfs moteurs; de rechercher s'il existe, entre les terminaisons encéphaliques de ces deux ordres de faisceaux, quelque substance intermédiaire qui puisse correspondre à ces systèmes intermédiaires du poumon qui ne sont ni des artères ni des veines, et qui pourtant communiquent avec les unes et les autres.

Nous allons résumer les principaux résultats auxquels

M. Foville est arrivé, et qui sont une ère nouvelle dans l'étude du système nerveux.

D'après les recherches de M. Foville, on doit considérer le système nerveux cérébro-spinal comme composé de cordons périphériques ramifiés dans le corps, et de parties centrales renfermées dans le crâne et le rachis. Ces parties centrales se composent d'un axe ou cylindre qui règne dans toute leur longueur, et de parties latérales ganglionaires combinées à distance avec l'axe nerveux, ou bien immédiatement appliquées à la périphérie. L'axe du système cérébro-spinal, creusé dans toute sa longueur d'une cavité centrale, est parfaitement symétrique, et composé dans chacune de ses moitiés de trois faisceaux de matière grise et de matière blanche, la première surtout intérieure, la seconde extérieure. Dans toute la longueur on observe en arrière, au contact des parois du ventricule central, deux petits faisceaux blancs grêles, auxquels se rattachent les faisceaux postérieurs par des prolongements centripètes.

Au-devant du ventricule central, une commissure blanche composée de fibres entrecroisées de droite à gauche, et à laquelle aboutissent aussi par des prolongements centripètes les faisceaux antérieurs. Enfin, les faisceaux latéraux se rattachent aussi par les prolongements centripètes aux parois latérales du ventricule central. D'ailleurs, la substance blanche qui forme le corps des trois faisceaux bilatéraux de l'axe nerveux est surtout composée de faisceaux fibreux longitudinaux.

L'axe nerveux présente de grandes différences dans sa partie la plus simple, qui est la région rachidienne, et dans sa partie composée, qui est encéphalique. Dans cette dernière, le développement considérable d'expansions du faisceau postérieur forme entièrement les parois des cavités ventriculaires du cervelet, du cerveau; et ces enveloppes ventriculaires, considérées à l'extérieur, représentent une sorte de moule ou de noyau sur lequel s'appliquent les renflements ganglionnaires qui constituent le cervelet et le cerveau.

La substance grise extérieure de ces renflements ganglionnaires se rattache à l'axe gris du faisceau postérieur de la partie la plus simple de l'axe nerveux, c'est-à-dire, la moelle épinière. Ainsi les masses cérébelleuses et les masses cérébrales sont doublées à l'intérieur par des expansions blanches, contiguës aux parties blanches du faisceau postérieur de la moelle épinière. Elles sont revêtues extérieurement par une couche grise ou corticale, rattachée elle-même à la matière grise qui correspond à l'arête centripète du faisceau postérieur de la moelle; et c'est sur cette arête qu'existent les deux faisceaux grêles occupant dans toute sa longueur le centre de l'axe nerveux.

Les prolongements encéphaliques des faisceaux antérieur et moyen de la moelle épinière se placent, dans le cervelet et dans le cerveau, entre les parois ventriculaires formées par des expansions blanches du faisceau postérieur, et la couche corticale extérieure contiguë à la substance grise du même faisceau postérieur.

Les ganglions annexés au système nerveux cérébro-spinal sont, dans le cours de la moelle épinière, simples et distants de cet axe. Ils sont très-composés, et immédiatement appliqués à la périphérie de l'axe nerveux dans l'intérieur du crâne. Quelque part qu'on les examine, ils sont rattachés au faisceau postérieur ou à ses dépendances par des cordons nerveux dits du faisceau postérieur; et les prolongements périphériques de ces nerfs du faisceau postérieur partent toujours au moins partiellement de ces ganglions, qu'ils soient simples ou composés, pour se rendre aux organes périphériques.

Avec ces ganglions se combinent aussi des nerfs du faisceau antérieur. Ce sont ces derniers qui, dans le cervelet et dans le cerveau, constituent les régions fasciculées des tronçons pédonculaires. De cette sorte, les ganglions encéphaliques, comme les ganglions spinaux, se rattachent à l'axe nerveux par deux ordres de racines. Mais il y a toujours cette grande différence, que dans les ganglions spinaux les racines antérieures sont simplement accolées à la masse ganglionnaire, tandis que dans les ganglions encéphaliques les fibres nerveuses qui les rattachent au faisceau antérieur de l'axe nerveux naissent des parties profondes de leur substance.

On peut concevoir aisément que les ganglions annexés aux nerfs du faisceau postérieur dans la longueur de la moelle épinière communiquent, de droite à gauche et de haut en bas, dans toute la longueur de l'axe nerveux, par les prolongements centripètes du faisceau postérieur rattachés aux deux faisceaux grêles qui forment l'axe véritable de l'axe nerveux, et constituent une commissure longitudinale de haut en bas.

Dans le cerveau, la commissure antérieure, à laquelle aboutissent ces faisceaux grêles, correspond par ses rayonnements bilatéraux à toutes les parties des hémisphères ou ganglions cérébraux. Cette commissure constitue donc un véritable centre, auquel correspondent toutes les parties de l'encéphale et toutes les parties de la moelle épinière.

Les nerfs du faisceau antérieur et ceux du faisceau latéral rayonnent dans le corps sans présenter de ganglions dans leur trajet. Seulement les premiers peuvent être juxtaposés aux ganglions du faisceau postérieur.

Quand on étudie la cavité du rachi-crâne dans son ensemble, on reconnaît que dans ses deux régions principales, le crâne et le rachis, cette cavité répond par la forme générale à celle de l'axe nerveux. Dans le rachis comme dans le crâne, l'axe nerveux est bien loin d'égaler en volume la capacité de l'enveloppe osseuse. Un fluide aqueux, des membranes, des nerfs, une graisse *sui generis*, s'ajoutent à la région vertébrale de l'axe nerveux, pour remplir la cavité rachidienne. Les ganglions cérébelleux, les ganglions cérébraux, revêtent de leurs masses volumineuses la région encéphalique de l'axe nerveux; des membranes, un fluide abondant, s'ajoutent à toutes ces parties pour remplir le crâne.

La proportion des régions encéphaliques de l'axe nerveux que nous avons appelé noyau cérébelleux dans le cervelet, noyau cérébral dans le cerveau, est bien loin d'approcher du volume total de l'encéphale; et pourtant cette fraction secondaire par son volume, creusée de cavités considérables, pleine de fluide dans le cerveau, détermine le caractère général de la forme de l'encéphale et le caractère général de la forme du crâne, avec l'aide des dispositions spéciales de l'enveloppe fibreuse.

Tel est, d'après M. Foville, le résumé général de la constitution du système nerveux cérébro-spinal et de son enveloppe principale. Pour traduire cette anatomie du système nerveux en une théorie physiologique, il suffit, selon ce savant anatomiste, de donner une direction à la marche de l'agent nerveux. Cet ordre de recherches occupe maintenant l'auteur du travail important que nous venons d'analyser, et tout porte à croire qu'il jettera une clarté nouvelle sur les questions délicates que soulève l'étude des organes de la sensibilité.

Une multitude de nerfs sortent de la base du cerveau et des côtés de la moelle épinière, et vont se ramifier dans les diverses parties du corps. On en compte quarante-trois paires, dont trente sortent de chaque côté de la colonne vertébrale. Les treize premières naissent dans l'intérieur du crâne, ou du moins sortent de cette cavité, pour se distribuer dans des organes particuliers. Les vers suivants expriment assez bien l'ordre et l'usage des dix paires de nerfs, telles qu'on les décrivait avant les travaux de Vicq-d'Azyr.

Olfactifs.	Le plaisir des parfums nous vient de la première.
Optiques.	La seconde nous fait jouir de la lumière.
Moteurs des yeux. . .	La troisième à nos yeux donne le mouvement.
Pathétiques.	La quatrième instruit des secrets d'un amant.
Maxillaires.	La cinquième parcourt l'une et l'autre mâchoire.
Abducteurs des yeux.	La sixième dépeint le mépris et la gloire.
Auditifs.	La septième connaît les sons et les accords.
Vagues.	La huitième au dedans fait jouer cent ressorts.
Gustatifs.	La neuvième aux discours tient notre langue prête.
Sous-occipitaux. . . .	Et la dixième, enfin, meut le col et la tête.

Parmi les nerfs, il en est un certain nombre qui ne servent qu'à la transmission des sensations; d'autres, qui sont destinés uniquement à déterminer, sous l'influence de la volonté, les contractions musculaires; mais quelques-uns remplissent en même temps ces deux fonctions.

Ces nerfs sont d'une sensibilité extrême, et la moindre blessure de l'un d'eux occasionne une douleur vive; il en est de même de la moelle épinière. Mais, du moment où ces organes sont séparés du cerveau, ils perdent leur sensibilité, et toutes les parties auxquelles ils se distribuent sont frappées de paralysie. Pour qu'un animal reçoive une sensation, il faut que l'impression qui l'a produite soit transmise par les nerfs jusqu'au cerveau. Cet organe est en même temps le siége de la volonté et de la perception des sensations; aussi lorsque, dans une blessure ou par une forte compression, il ne peut plus remplir ses fonctions, l'animal devient insensible, cesse d'exécuter des mouvements volontaires, et tombe dans un état qui ressemble à un sommeil profond.

Les nerfs qui viennent de la moelle épinière, et qui sont les instruments de la sensibilité et des mouvements, naissent par deux faisceaux de fibres ou racines, l'un situé en avant et l'autre en arrière. Les racines postérieures servent à la transmission des sensations, les antérieures à la production des mouvements : aussi lorsqu'on coupe sur un animal vivant les racines antérieures de tous ces nerfs, il ne peut plus se mouvoir, mais conserve la sensibilité; tandis que si l'on coupe les racines postérieures sans blesser les racines antérieures, c'est le contraire qui a lieu.

On sait la révolution opérée par Ch. Bell dans l'étude du système nerveux. La distinction entre les nerfs moteurs et les nerfs sensibles, établie sur la différence de leur foyer d'émergence, est la plus belle découverte physiologique des temps modernes. Adoptée d'abord par un grand nombre de physiologistes, elle rencontra et conserve encore quelques contradicteurs. Cependant, le nombre et surtout l'importance de ces opposants diminuent tous les jours, depuis que d'habiles expérimentateurs se sont proposé d'établir ce point de doctrine sur des bases inattaquables. M. le Dr Longet aura, plus que personne, contribué à ce résultat par ses *Recherches ex-*

périmentales et pathologiques sur les propriétés et les fonctions des faisceaux de la moelle épinière et des racines des nerfs rachidiens, etc.; ouvrage sérieux et plein d'intérêt, qui place M. Longet, comme physiologiste, dans une position tout à fait distinguée. Ce travail est divisé en trois parties :

1° Examen historique et critique des opinions et des expériences sur les racines spinales et sur les faisceaux de la moelle épinière;

2° Relation critique des faits pathologiques;

3° Exposé des recherches expérimentales de l'auteur sur les fonctions et les propriétés des racines rachidiennes et des divers faisceaux de la moelle épinière.

Enfin, dans deux appendices sont contenues des recherches et des expériences sur diverses portions du système nerveux, et une application de la doctrine de Ch. Bell au système nerveux des animaux invertébrés.

La certitude expérimentale de ce fait était contestable avant les travaux du professeur Muller, auxquels M. Longet vient de donner une sanction plus grande encore. Muller et M. Longet ont employé, pour la démonstration de la théorie de Ch. Bell, le même agent expérimental, le galvanisme : mais le physiologiste français diffère du professeur de Berlin en ce sens que celui-ci n'a opéré que sur des animaux inférieurs, sur des grenouilles, et qu'il désespérait même qu'on pût expérimenter sur des animaux supérieurs. M. Longet, allant plus loin que M. Muller, est parvenu à la démonstration rigoureuse en opérant sur des chiens de la plus grosse taille. Il importe de dire aussi que M. Longet emploie dans ses expériences, concurremment avec le galvanisme, les irritants mécaniques et chimiques.

Voici comment il procède : la portion lombaire du rachis étant ouverte avec précaution, il peut, sans que d'abord il ait besoin de fendre la dure-mère, distinguer les deux sortes de racines, qu'il coupe transversalement ; la section une fois faite, les deux racines sont écartées l'une de l'autre avec grand soin, jusqu'au ganglion qui existe sur la postérieure ; puis il place sur une lame de verre celle qui doit être galvanisée. M. Longet n'a pas borné son expérimentation aux racines des nerfs, il a encore expérimenté sur les faisceaux de la moelle ; et quoique ces expériences soient infiniment plus délicates et plus difficiles, il est néanmoins arrivé à des résultats aussi précis. Ces résultats sont exposés dans les conclusions suivantes :

1° Le galvanisme d'une part, les irritations mécaniques de l'autre, servent à démontrer de la manière la plus absolue des différences tranchées de fonctions et de propriétés dans les deux sortes de racines spinales, et dans les faisceaux correspondants de la moelle épinière.

2° Les racines antérieures et les faisceaux médullaires antérieurs, qui *sont insensibles aux irritants mécaniques*, suscitent des contractions violentes par l'action du galvanisme appliqué *à leurs extrémités périphériques*. Ces parties insensibles du système nerveux sont exclusivement en rapport avec le mouvement.

3° Les racines postérieures et les faisceaux correspondants de la moelle, qui, *mécaniquement excités, sont très-sensibles*, ne déterminent aucune contraction musculaire, si l'on fait agir le galvanisme *sur leurs extrémités libres ou périphériques*. Les fonctions de ces racines et de ces faisceaux sont relatives exclusivement à la sensibilité, et non au mouvement

4° Le galvanisme peut passer du faisceau antérieur d'un côté à celui du côté opposé, par l'intermédiaire de la commissure blanche antérieure de la moelle ; mais, chose digne de remarque, il ne se transmet jamais du faisceau postérieur au faisceau antéro-latéral, à l'aide de la couche de substance grise qui sépare complétement ces faisceaux à fonctions si distinctes. La substance grise paraît être un mauvais conducteur du galvanisme, et, dans ce cas, une sorte de corps isolant; elle produirait plutôt, comme on l'a dit, le principe nerveux que la substance blanche aurait mission de *conduire*.

5° Les faisceaux latéraux de la moelle exercent sur les mouvements des membres une influence moindre que les faisceaux antérieurs.

M. Longet insiste avec soin sur la précaution de n'opérer qu'avec une pile de force moyenne. Vingt couples suffisent en général ; au-delà, la galvanisation est trop forte, et trouble et obscurcit les résultats.

Tous ceux qui veulent chercher une instruction solide sur ce point important de physiologie doivent lire le travail de M. Longet, à qui aura été réservé l'honneur d'introduire définitivement dans la science un fait aussi capital que la doctrine de Ch. Bell.

Anatomie comparée.

L'anatomie comparée du système nerveux offre un très-grand intérêt. Lorsque l'on examine le développement de ce système dans la série animale, en commençant par les animaux les plus simples, on voit d'abord ce système parfaitement uniforme dans toutes ses parties, les fonctions qu'il exerce n'ayant pas leur siége dans une de ses portions plutôt que dans une autre : aussi lorsqu'on divise leur corps en deux, chaque fragment continue d'agir à la manière du tout.

A mesure que l'on s'élève vers des animaux plus compliqués, les parties qui composent le système deviennent de plus en plus dissemblables; un ou plusieurs ganglions acquièrent un degré de développement supérieur aux autres, et deviennent comme le centre général du système; ce nouveau centre ne peut plus être enlevé ou détruit sans inconvénient pour le reste de l'appareil : son existence est nécessaire à l'intégrité des fonctions auxquelles président toutes les parties du système.

Chez les animaux plus parfaits encore, les diverses fonctions du système se localisent ou se séparent de plus en plus; les filets nerveux qui vont se répandre dans la peau, pour recevoir les sensations, ne sont pas ceux qui vont animer les muscles; la faculté d'exciter les mouvements volontaires, qui caractérisent la vie animale ou de relation, appartient exclusivement à un certain groupe de ganglions et de nerfs; et le pouvoir de produire les mouvements involontaires qui sont propres à la vie purement organique ou aux seules fonctions de la nutrition, réside dans un autre ordre de fibres médullaires.

Il y a donc dès lors des nerfs sensitifs et des nerfs moteurs pour les fonctions de la vie animale, et, en outre, des nerfs de la vie organique, le même cordon pouvant toutefois réunir des filets doués de ces propriétés diverses; tandis que chez les animaux les plus simples, il n'y avait point de nerfs affectés spécialement à telle ou telle fonction. Toutes les parties du système finissent par concourir d'une manière différente à l'exercice des diverses fonctions, dont l'ensemble se produisait d'abord également dans chacune d'elles.

Quant au système nerveux des animaux invertébrés, il est tellement lié à la forme intérieure et extérieure de l'animal, que l'histoire de cet appareil est confondue avec celle des animaux eux-mêmes.

A mesure que l'on descend dans la série, on voit les parties centrales du système devenir de moins en moins volumineuses; celle qui par sa position répond au cerveau des vertébrés n'est guère plus grosse que les autres renflements des cordons médullaires; la substance nerveuse est moins concentrée dans une région particulière, et plus également distribuée entre toutes les parties du corps. Si l'on parcourt la série en remontant, à commencer par les êtres les plus simples, on trouve d'abord des animaux dans lesquels il n'y a pas de système nerveux apparent, et qui n'ont pas de formes bien déterminées (les éponges). La substance nerveuse, si elle existe, est répandue dans tous les points du corps, et non rassemblée en filets.

Dans tous les animaux supérieurs, il y a toujours, comme nous l'avons fait voir, un système nerveux plus ou moins distinct, et auquel correspond toujours une forme déterminée : ce système nerveux affecte telle ou telle disposition, laquelle est toujours traduite à l'extérieur par une certaine forme générale, et un certain arrangement des organes sensitifs et locomoteurs.

Ainsi, dans un premier groupe d'animaux, les ganglions de la locomotion et des sens, unis entre eux par des filets nerveux, se disposent en anneau autour du commencement du canal alimentaire, ou de l'œsophage : les organes du mouvement et des sens prennent aussi une disposition circulaire ou rayonnée : tels sont les animaux rayonnés ou les *zoophytes*. Dans tous les autres animaux, le système nerveux tend à se coordonner relativement à un plan, des deux côtés duquel les organes des sens et du mouvement sont symétriquement placés : c'est le cas des animaux *pairs*.

Mais dans un certain nombre d'entre eux il se compose d'une partie centrale placée au-dessus de l'œsophage, et représentant une sorte de cerveau qui communique par des filets avec d'autres renflements épars ; plus, de ganglions de la locomotion placés latéralement par rapport au canal intestinal : dans ce cas, la peau de l'animal est toujours molle, et il n'y a point de squelette à l'intérieur (les *mollusques*). Dans un autre groupe d'animaux, il n'y a, comme dans le précédent, que le cerveau qui soit au-dessus du canal intestinal ; et le système nerveux de la locomotion consiste en un double cordon noueux, rampant sous le canal intestinal dans la ligne moyenne, et des ganglions duquel partent tous les nerfs. Le corps de ces animaux est toujours divisé en anneaux, qui correspondent chacun à un renflement du cordon médullaire (les *animaux articulés*). Vient ensuite le groupe des animaux *vertébrés*, dans lequel le système nerveux de la locomotion et des sens s'étend pareillement dans la ligne moyenne, mais toujours au-dessus du canal intestinal, sous la forme d'un cordon médullaire, constamment renfermé dans un étui osseux.

On voit par ce qui précède que l'on peut reconnaître dans le règne animal cinq types principaux, fondés sur des dispositions diverses du système nerveux ; toujours traduites extérieurement par la forme générale du corps, ou par certaines dispositions correspondantes dans les organes des sens et du mouvement. 1° *Type des animaux sans formes déterminées :* système nerveux non distinct. 2° *Type des animaux rayonnés :* système nerveux distinct, disposé circulairement autour du canal intestinal; forme radiaire. 3° *Type des animaux mollusques :* système nerveux de la vie animale, placé des deux côtés du canal intestinal; forme binaire ou symétrique; peau molle; point de parties dures servant à la locomotion. 4° *Type des animaux articulés :* système nerveux inférieur au canal intestinal; forme binaire; corps articulé extérieurement; parties dures de l'appareil locomoteur placées en dehors. 5° *Type des animaux vertébrés :* système nerveux supérieur au canal intestinal; forme binaire, squelette à l'intérieur.

FONCTIONS DU CERVEAU.

L'organe du moral est le cerveau; et par conséquent les actes intellectuels et moraux dépendent de l'organisation, et *sont servis par elle.*

En effet, notre sentiment intime nous fait rapporter à la tête le lieu où se produisent la plupart de nos actes intellectuels et moraux; c'est là qu'on rapporte la fatigue qui suit un emploi trop prolongé des facultés de l'esprit : l'intégrité du cerveau est nécessaire à leurs manifestations. De nombreuses observations de maladies, et des expériences sur les animaux, ont mille fois prouvé cette proposition. L'altération de toute autre partie du corps, même des parties principales, de la moelle épinière par exemple, laisse souvent le moral intact. Si quelquefois le contraire arrive, et qu'il survienne du délire à l'occasion de l'inflammation du poumon, de l'estomac, de l'intestin, cela s'explique par les réactions sympathiques des organes lésés sur le cerveau. Le moral diffère chez les différents individus, et encore suivant le sexe; or, le cerveau est aussi un peu différent dans ces divers cas.

Ainsi, chez un *idiot*, au lieu de dix-neuf à vingt-deux pouces de circonférence qu'a le cerveau d'un homme adulte et sain, on ne trouvera que treize pouces de circonférence. Si le moral varie dans un même individu selon son âge, l'état de veille ou de sommeil, de santé ou de maladie, c'est que le cerveau est lui-même différent dans chacun de ces états. Les animaux ont tous une psychologie particulière, et, comme nous l'avons vu, leur cerveau a une structure spéciale, un développement particulier.

C'est sur la considération de la masse et du volume du cerveau que reposent plusieurs moyens par lesquels on a cherché à juger *à priori* du degré d'intelligence des animaux. Des deux parties qui composent la tête, le crâne est, ordinairement, en raison du volume du cerveau; et la face, en raison du développement des organes du goût et de l'odorat; et comme ces deux sens sont les plus exclusivement consacrés à des besoins physiques et étrangers à l'intelligence, on a supposé que la proportion respective de ces deux parties, le crâne et la face, pouvait servir à préjuger le degré d'intelligence des animaux; l'intelligence étant plus grande là où il y aurait un grand crâne et une petite face. Or, c'est à faire connaître cette proportion que tendent les trois moyens dont nous allons parler.

1° *L'angle facial de Camper*. Il est formé, d'une part, par une ligne verticale conduite des dents incisives supérieures au point le plus élevé du front, et, de l'autre, par une ligne horizontale conduite de ces mêmes dents incisives supérieures à la base du crâne, en passant au niveau du conduit auditif externe. L'homme est de tous les animaux celui qui a cet angle le plus grand : il est de 80 degrés chez l'Européen, de 70 deg. chez le Mongol, de 70 deg. chez le nègre; il n'est que de 60 deg. chez l'orang-outang. Lavater a dressé une échelle des animaux sous le rapport de l'angle facial, depuis la grenouille, où la ligne faciale est très-inclinée, jusqu'à l'Apollon du Belvédère, qui a cette ligne tout à fait droite.

2° *L'angle occipital de Daubenton*. Il est formé, d'une part, par une ligne horizontale tirée du bord inférieur de l'orbite, au bord postérieur du grand trou occipital, et, de l'autre, par une ligne verticale tirée du sommet de la tête, à l'intervalle des condyles de l'occipital. Il n'est, chez aucun animal, plus grand que chez l'homme; et cela parce que le trou occipital, chez ce dernier, est situé tout à fait horizontalement. Chez les animaux où le trou occipital se recule de plus en plus, et finit par être situé tout à fait en arrière, à l'opposite de la gueule, cet angle au contraire devient de plus en plus aigu.

3° Cuvier compare l'*aire du crâne* à celle de la face, et trouve que chez l'Européen elle est quadruple de celle de la face; dans le Kalmouck, l'aire de la face a déjà augmenté d'un dixième; dans le nègre, l'augmentation est d'un cinquième; dans les sapajous, de moitié; dans les mandrils, les deux aires sont égales; dans le lièvre, l'aire de la face est déjà plus grande du tiers; dans les ruminants, du double; dans le cheval, elle est quadruple, etc.

Selon Desmoulins, le nombre et la perfection des facultés intellectuelles, dans la série des espèces et dans les individus de la même espèce, sont en proportion de l'étendue des surfaces cérébrales, et, par conséquent, du plissement de la membrane des hémisphères du cerveau.

Cependant quelques auteurs ont placé le siége du *sentiment*, ou *facultés affectives*, dans les organes de la vie intérieure. Nous avons vu que Bichat a indiqué le système nerveux organique, en se fondant sur les trois considérations suivantes : 1° sur ce que c'est aux divers organes intérieurs, plus particulièrement à la région épigastrique, que nous rapportons le sentiment qui accompagne une passion ; 2° sur ce que les premiers effets des passions, au lieu de porter sur le cerveau, comme ceux du travail intellectuel, portent sur les organes de la vie intérieure : ainsi le cœur presse, ralentit et suspend ses battements ; la respiration devient haletante, entrecoupée ; la digestion se suspend ou est troublée par des vomissements ; la peau se couvre d'une sueur glacée, etc., etc. ; 3° sur ce que le geste et le langage rapportent également les passions à ces organes de la vie intérieure : ainsi la main se porte sur la région précordiale. Les anciens avaient déjà eu cette idée, puisqu'ils avaient placé le siége des passions dans le *centre épigastrique*.

Entre autres objections faites à ce système, on a dit que placer le siége des passions dans les organes de la vie intérieure, parce que ceux-ci sont modifiés par elles, c'est prendre l'effet pour la cause. Ainsi, a-t-on dit, les jambes ne manquent-elles pas dans la peur ? devra-t-on rapporter la peur à cette partie du corps ?

Selon Gall, le cerveau n'est pas un organe unique, mais un groupe de plusieurs organes qui sont affectés chacun à la production d'un acte moral spécial. Cet auteur fonde son opinion sur les considérations suivantes : 1° dans la série des animaux, telle psychologie correspond constamment à telle structure du cerveau ; 2° les facultés intellectuelles et morales sont multiples, chacune conséquemment doit avoir son organe spécial ; chaque sens externe n'a-t-il pas son système nerveux propre ?

3° dans les divers hommes on observe beaucoup de variétés psychologiques; ces différences résident non pas dans des différences de la forme générale du cerveau, qui est insensiblement la même, mais dans des différences qui portent sur des parties isolées de cet organe; 4° dans un même homme jamais les facultés intellectuelles et affectives n'ont toutes le même degré d'activité ; tandis que l'une prédomine, une autre peut être faible; ce qui s'explique bien par le volume et l'activité plus ou moins grande de la portion du cerveau qui préside à ces fonctions ; 5° chaque âge a sa psychologie ; 6° il est d'observation que lorsqu'on est fatigué par un genre d'occupation, on peut encore se livrer à un autre, et souvent on se procure ainsi du délassement; 7° souvent la folie, l'idiotie ne sont relatives qu'à un seul genre d'idées ; 8° enfin, on a vu souvent une plaie, une lésion physique du cerveau ne modifier qu'une faculté, en laissant intactes toutes les autres.

Dans la recherche de ces organes spéciaux affectés à telle ou telle faculté, Gall, croyant se tenir dans une voie tout expérimentale, a eu égard aux occupations favorites, aux vocations diverses des hommes, qui font dire qu'un homme est né *poëte*, *musicien*, *mathématicien*, etc. Il s'est attaché surtout aux personnes qui sont, comme il le dit, *génies* sur un point, aux fous monomanes, par exemple; il a étudié aussi les animaux, en opposant surtout ceux qui ont une faculté à ceux qui ne l'ont pas, afin de voir s'il n'existe pas dans le cerveau des premiers une partie qui manque dans celui des seconds, etc.

Il prétend avoir trouvé un moyen certain de reconnaître et de distinguer dans chaque personne les différents organes cérébraux auxquels sont attachés ses facultés et ses penchants particuliers. Suivant lui, l'organe d'une faculté ou d'un penchant prédominant étant plus exercé que les organes des autres facultés ou penchants, acquiert, par là même, un volume relativement plus considérable; cette augmentation de volume s'imprime sur la partie correspondante de la face interne du crâne, et y produit un enfoncement proportionnel; et cet enfoncement se prononce, à son tour, sur la face externe par une saillie ou *bosse* qui en retrace parfaitement les dimensions. Il ne s'agit donc plus, suivant cette doctrine, pour assigner le lieu qu'occupe chaque organe dans le cerveau, que de reconnaître par un grand nombre d'observations les saillies ou protubérances qui existent sur le crâne des divers individus, et de déterminer, toujours par l'observation, à quelles facultés ou à quels penchants chacune de ces protubérances correspond invariablement et constamment.

Mais plusieurs objections ont été faites à ce système. Ainsi, pour qu'il soit applicable, il faut admettre : 1° qu'un des éléments de l'activité d'une fonction soit le développement de son organe; 2° que les organes cérébraux aboutissent et s'isolent à la périphérie; 3° qu'enfin le crâne représente fidèlement cette périphérie du cerveau, car ce n'est qu'à travers cette enveloppe osseuse et les téguments que Gall apprécie l'état du cerveau. Or, tout cela n'est vrai que jusqu'à un certain point.

Du reste, voici les siéges que ce physiologiste assigne aux facultés qu'il établit : l'*amour maternel*, l'*amitié* et la *défense de soi-même*, aux parties postérieures du cerveau; les *instincts* du *meurtre*, de la *ruse*, de la *propriété*, de la *vanité*, de la *circonspection*, de la *poésie*, aux parties latérales; l'*instinct* de l'*éducabilité*, les *sens* des *localités*, des *personnes*, des *mots*, du *coloris*, des *tons*, des *nombres*, les *facultés* du *langage* et de la *mécanique*, celles de la *sagacité comparative*, de l'*esprit métaphysique*, de l'*esprit* de *saillie*, aux parties antérieures, à celles qui répondent au front; enfin, les *sentiments* de l'*orgueil*, du *sens moral*, de l'*imitation*, de l'*instinct religieux* et de la *fermeté*, aux parties supérieures du cerveau, à celles qui aboutissent au vertex.

Un nouvel ouvrage de M. le docteur Lelut s'est proposé l'examen et le rejet de l'*organologie phrénologique*. Cette tentative, déplorable selon nous, qui a été faite pour rattacher les facultés de l'esprit à certains siéges ou organes cérébraux distincts; cette doctrine, qui aura passé dans la science avec un peu plus de fracas que celles qui l'avaient précédée, n'en aura pas moins la destinée commune, et disparaîtra comme elles et pour les mêmes causes; c'est que, d'une part, elle se rapporte à des divisions psychologiques arbitraires, purement nominales; et que, d'une autre part, elle n'est pas fondée, quoi qu'on en dise, sur des observations positives.

Nous ne nions pas que le Dr Gall, en reprenant, de nos jours, les idées émises longtemps avant lui, ne leur ait donné des développements et une extension qui lui ont coûté beaucoup de temps et de recherches. Il a fait dépendre de siéges ou d'organes cérébraux particuliers, non-seulement les diverses facultés intellectuelles, qu'il divise et subdivise d'ailleurs plus que tous les autres métaphysiciens; mais encore toutes les passions, tous les penchants, toutes les dispositions morales et même industrielles qui peuvent se rencontrer chez les divers individus.

M. le Dr Lelut s'est proposé de combattre le système de localisation cérébrale, que la phrénologie applique aux déterminations des facultés de l'intelligence. Tout en rendant justice aux travaux purement *anatomiques* de Gall sur le cerveau, il les sépare des idées organologiques et philosophiques, avec lesquelles ils n'ont aucun rapport, et son livre établit de la manière la plus claire et la plus décisive la vanité de cette hypothèse physiologico-philosophique.

Ni le docteur Gall pendant sa vie, ni ses élèves depuis sa mort, n'ont répondu aux objections profondes qui ont été élevées contre la *phrénologie*. Nous allons les reproduire ici, en rappelant la force qu'elles ont reçue du dernier livre de M. le docteur Lelut.

1. La division physiologique du docteur Gall, relative aux fonctions purement intellectuelles, comme toutes les divisions du même genre, se rapporte à une division psychologique tout à fait arbitraire, souvent nominale, et qui n'est appuyée que sur des conjectures et des raisonnements plus ou moins vagues; seulement il admet beaucoup plus de facultés que ses devanciers. On serait tenté de lui demander si la multitude de ses organes a été imaginée pour expliquer le grand nombre de facultés qu'il admet; ou si, au contraire, il ne s'est pas vu forcé de multiplier les facultés par des décompositions hypothétiques, pour les accommoder au grand nombre de protubérances qu'il croyait avoir trouvées sur le crâne, et qui étaient pour lui autant d'indices d'organes cérébraux distincts.

2. La division des penchants, des passions et des simples aptitudes, juste à beaucoup d'égards, est également arbitraire sous beaucoup de rapports; elle admet des subdivisions et des décompositions qui n'existent que dans le langage et sont purement conventionnelles; et elle en établit d'autres qui ne sont qu'accidentelles, et dépendent uniquement de circonstances locales ou individuelles. Elle

ne se prête donc pas plus que la division des facultés intellectuelles, à une division physiologique fixe et invariable.

3. Il n'est pas prouvé d'une manière certaine que le volume du cerveau et de ses différentes parties soit en raison de l'activité plus grande de la totalité ou d'une partie des facultés intellectuelles. C'est par conséquent une mesure peu fidèle de l'énergie de ces mêmes facultés.

4. En admettant l'augmentation du volume des différentes parties du cerveau, proportionnellement à l'énergie des facultés intellectuelles supposées correspondantes, il est loin d'être prouvé que ces augmentations partielles soient assez considérables pour produire un enfoncement sensible dans la paroi interne du crâne; et cet enfoncement eût-il lieu, la substance diploïque qui se trouve interposée entre cette paroi et la lame externe du crâne empêcherait cet enfoncement de se produire au dehors par une *bosse* qui l'exprimât parfaitement.

5. En supposant même qu'il y eût dans le cerveau des parties assez développées pour se prononcer au dehors par des saillies ou protubérances placées à la face externe du crâne, on devrait en retrouver quelques traces sur le cerveau lui-même après la mort. Or, jusqu'à présent, l'examen le plus attentif de ce viscère, à l'ouverture des cadavres, n'a rien offert de semblable.

6. Enfin, en admettant, avec le docteur Gall, que les passions, les penchants et les aptitudes correspondent avec certaines dispositions organiques, ce qui est au moins très-probable, il n'est pas prouvé que ces dispositions organiques soient toutes placées dans le cerveau, et que le reste de l'économie n'en recèle pas une seule.

Quand on songe à l'engouement qu'a fait naître et que

conserve encore dans le *monde des salons* la doctrine du docteur Gall ; quand on se rappelle ces prétentions extravagantes que ne déroutent ni les échecs, ni les démentis, ni les déceptions, et qui, ne craignant pas de s'élever contre la puissance créatrice elle-même, attentent à sa grandeur, en l'accusant de stérilité dans ses plans et dans ses moyens, on ne peut qu'applaudir aux efforts réunis, dans ces derniers temps, par les esprits vraiment philosophiques, pour ramener les hommes dans la route sérieuse qui conduit à la vérité.

SENS.

Les sensations arrivent au cerveau par l'intermédiaire des nerfs des organes des sens, qui sont au nombre de cinq, savoir : le toucher, le goût, l'odorat, l'ouïe, et la vue.

TOUCHER.

Les nerfs qui partent du cerveau et de la moelle épinière fournissent, après des subdivisions nombreuses, des filets déliés qui viennent ramper sous le tissu de la peau. Cette membrane, qui revêt toute la surface du corps, et qui est composée de trois couches, est assez mince pour que ces filets nerveux la traversent et se ramifient à sa surface. Aussi la peau est-elle douée de sensibilité : c'est là ce qu'on appelle le toucher. Cette sensibilité est particulièrement exquise, en ce qu'elle permet d'apprécier le contact des corps qui nous environnent, leur température basse ou élevée, leur résistance ou leur mollesse, etc., etc.

Le tact est un toucher presque passif, mais cette fonction devient quelquefois active; c'est lorsque la sensibilité est plus exquise, et que la surface qui en est le siége peut se mouler en quelque sorte sur les objets : on le nomme alors plus spécialement toucher.

La main de l'homme est un admirable instrument de toucher. La finesse de la peau, l'excessive mobilité des doigts, lui permettent d'étudier les formes les plus minutieuses des corps, et de redresser ainsi les illusions des autres sens.

L'homme est aussi de tous les animaux celui dont la peau est le plus favorablement disposée pour l'exercice du tact. En effet, la surface de son corps s'offre à toutes les impressions qui peuvent s'exercer sur elle, et rien ne vient diminuer l'action des objets extérieurs sur les organes de la sensibilité. Presque tous les autres animaux, tels que les mammifères, les oiseaux, les poissons, les reptiles, les mollusques, etc., etc, ont la peau recouverte par des poils, des plumes, des écailles, des coquilles, etc., etc., ce qui diminue beaucoup et quelquefois fait disparaître le sens du toucher.

L'épiderme que forme la couche superficielle de la peau est une espèce de vernis destiné à protéger les parties sensibles situées au-dessous; il n'est pas doué lui-même de sensibilité, et il rend le toucher d'autant moins délicat qu'il est plus épais. Le contact souvent répété d'objets rudes et durs tend à déterminer l'épaississement de l'épiderme; aussi, les mains des personnes qui exécutent des travaux pénibles sont-elles moins sensibles que celles des personnes que leurs occupations ne placent pas dans les mêmes circonstances.

Les cheveux, les poils, les ongles, les cornes, etc., sont des productions formées par de petits organes sécréteurs logés dans la substance au-dessous de la peau; ils se développent, comme les dents, par l'addition de nouvelles portions de leur substance au-dessous de celles déjà formées, et ne sont pas le siége d'un mouvement nutritif comme les organes qui vivent. On donne le nom de bulbe aux organes sécréteurs des cheveux et des poils.

Lorsqu'on compare ce que la science possède sur la structure et la disposition des appareils de la vision, de l'audition, ceux du mouvement et de la circulation sanguine, etc., avec ce que nous savons sur la composition anatomique de la peau, on reconnaît que tout est à faire sur ce sujet important d'anatomie et de physiologie. Depuis Malpighi jusqu'au temps moderne on s'est borné à distinguer dans l'enveloppe tégumentaire, le derme, le corps papillaire, le corps muqueux, l'épiderme et ses dépendances; mais la structure intime de chacune de ces parties n'a pas été indiquée avec rigueur, et le plus souvent on a donné des hypothèses au lieu d'observations anatomiques rigoureuses.

M. le professeur Breschet a lu, il y a quelque temps, à l'Académie des sciences un mémoire sur la *structure et les fonctions de la peau*. Ce travail neuf et curieux remplit la lacune que nous venons de signaler. Le savant anatomiste qui en est l'auteur a découvert plusieurs dispositions d'une haute importance relatives aux lois de l'inervation, de l'exhalation cutanée, de la coloration de la peau, de la production des tissus épidermiques et de leurs dépendances, etc., etc. L'étendue de ce travail nous oblige à le résumer.

M. Breschet a établi, par des recherches anatomiques très-délicates :

1° Qu'il existe dans la peau un appareil de sécrétion de la sueur, composé d'un parenchyme glanduleux sécrétant le liquide, et de canaux qui le versent au dehors. Ces canaux excréteurs sont disposés en spirale, et viennent s'ouvrir très-obliquement sous les écailles de l'épiderme.

2° Que les organes d'absorption diffèrent sous quelques rapports des vaisseaux lymphatiques ou des veines, avec lesquels ils paraissent cependant communiquer. Ces organes se présentent sous la forme de canaux transparents, d'une grande fragilité, rameux, ou formant de petites anses de communication les uns avec les autres, mais sur lesquels nous n'avons pu reconnaître aucun orifice, aucune bouche terminale pouvant servir à l'absorption ; ce qui porte à penser que cette fonction ne peut pas s'exécuter par une sorte de succion, mais bien plutôt par l'imbibition, ou par un mécanisme analogue à celui de l'endosmose.

3° Que le milieu dans lequel ces canaux sont répandus est une substance produite par une véritable sécrétion, laquelle étant fortement hygrométrique, forme un corps par l'intermédiaire duquel peuvent s'opérer les phénomènes de ce qu'on appelle encore absorption ; laquelle absorption n'est plus prompte et plus facile sur les surfaces muqueuses que parce que, sur ces tissus, la mucosité, que l'auteur croit devoir comparer au corps épidermique, est moins dense, et plus miscible avec les liquides qui doivent être absorbés.

4° Que les corps papillaires sont véritablement nerveux. Les filaments nerveux qui entrent dans la composition de chaque papille ne se terminent pas en formant un pinceau où chaque fibrile serait libre et isolée, mais les ramuscules nerveux paraissent offrir des anses ou arcades terminales ;

5° Que les papilles sont enveloppées d'une membrane propre et d'une couche fournie par la substance cornée épidermique ;

6° Que dans ces papilles pénètrent des vaisseaux sanguins, bien inférieurs au volume des filets nerveux.

7° Que les diverses couches cornées épidermiques constituent un appareil particulier, composé d'un organe de sécrétion et d'un produit disposé en fibres d'abord perpendiculaires au derme, lesquelles deviennent ensuite horizontales. Ces fibres ou petites tiges résultent d'une superposition de petites écailles, et l'épiderme proprement dit n'est que la partie de ces tiges la plus éloignée du derme.

8° Que dans cette substance épidermique, formée de tiges écailleuses, se trouvent répandus les canaux absorbants et les papilles nerveuses.

9° Enfin, qu'indépendamment de l'appareil de sécrétion de la substance cornée épidermique, il existe dans la peau, vers la face externe du derme, un petit appareil pour la sécrétion de la matière colorante.

Anatomie comparée.

Le sens du toucher est le plus essentiel de tous : aucun animal n'en est entièrement privé; et il paraît même acquérir d'autant plus d'activité que les autres sens sont moins développés : c'est ainsi que les polypes paraissent palper la lumière.

Épiderme. Sec chez les animaux qui vivent dans l'air, il est muqueux, ramolli chez les animaux aquatiques ; il forme les écailles de la queue des *rats*, du corps des *tatous* ; c'est lui qui, tombant en une seule pièce chez plusieurs *reptiles*, les serpents par exemple, constitue cet étui membraneux, demi-transparent, qui représente tous les accidents de leur forme (mue). Les *chenilles de papillons* changent ainsi sept à huit fois d'épiderme, avant de passer à l'état de chrysalide.

Corps muqueux. Il donne la couleur à la peau ; c'est lui qui est coloré en rouge, bleu ou carmin, sur les fesses et le nez des *mandrils;* en rouge, au col et aux joues du roi des *vautours;* en couleurs métalliques et éclatantes, dans les *poissons*. Les *papilles* se développent surtout dans les endroits où le tact doit être plus exquis, tels que le museau de la taupe, de la *musaraigne*, la trompe de *l'éléphant*, la queue des *sarigues*, etc.

Derme. Entre les nombreuses différences d'épaisseur et de densité, on remarque la diversité de son adhérence aux parties sous-jacentes; dans les *grenouilles* par exemple, le derme forme un sac qui n'adhère presque pas au reste du corps, qui est libre.

L'organe du *toucher*, proprement dit, présente de nombreuses différences : tantôt, comme chez l'homme, il siége principalement aux extrémités des membres. La longueur, la mobilité des doigts, varient dès lors beaucoup; l'homme et les singes sont les mieux partagés : les unguiculés (chats, chiens) viennent ensuite; enfin, viennent les animaux qui ont les doigts enveloppés par une substance cornée (bœuf, cheval, etc.). Des *organes spéciaux* de toucher existent chez quelques animaux; tels sont la *trompe* de l'éléphant, la *queue* des sapajous, des didelphes, les *ailes* des chauves-souris, la *lèvre supérieure* de quelques rhinocéros, les *barbillons* de plusieurs poissons, la *moustache* des chats, les *tentacules* des insectes.

Certaines parties insensibles et protectrices, destinées à émousser les sensations, s'observent chez un grand nombre d'animaux. Tels sont les *poils* des mammifères, formés, comme les cheveux de l'homme, d'un bulbe et d'une tige; les *plumes* des oiseaux, les *cornes*, les *ongles*, les *écailles*, etc.

ODORAT.

L'*odorat* est un sens qui nous permet de percevoir les qualités odorantes des corps.

On regarde généralement aujourd'hui les odeurs comme des parcelles mêmes des corps ; mais ces parcelles sont si menues, si subtiles, qu'elles n'ont pu être soumises à aucune investigation. Un morceau de musc ou d'ambre, porté successivement dans plusieurs chambres, les remplit en un instant de l'odeur qui s'en dégage ; et cette émanation se prolonge indéfiniment, sans que le poids du corps diminue d'une manière sensible. Il faut donc que l'organe destiné à reconnaître et à apprécier les odeurs soit doué d'une grande puissance en même temps que d'une grande finesse.

Ce sens s'exerce et réside dans un appareil disposé à cet effet, que l'on nomme les fosses nasales. Ce sont deux grandes cavités creusées dans l'épaisseur des os de la face, et qui communiquent au dehors par les ouvertures du nez ou narines, au dedans par les arrière-narines qui s'ouvrent dans le pharynx. L'amplitude des fosses nasales est augmentée en avant par un prolongement que l'on nomme le nez dans l'espèce humaine, le museau dans quelques animaux ; et ces cavités sont tapissées par une membrane molle et très-sensible, que l'on nomme membrane pituitaire. L'air traverse les fosses nasales, entraînant avec lui toutes les parties odorantes des corps ; et c'est en touchant la membrane pituitaire que ces particules produisent la sensation des odeurs. La disposition des fosses nasales est telle, que l'air est porté vers leur partie supérieure, et c'est là que viennent s'épanouir les filets déliés du nerf de l'odorat ; ce nerf, appelé olfactif, ou nerf

9.

de la première paire, perçoit les odeurs que l'air lui apporte, et c'est par lui que leurs impressions sont transmises au cerveau.

On croit vulgairement que les humeurs qui baignent la membrane pituitaire proviennent du cerveau, mais c'est une erreur. Elles sont sécrétées par cette membrane elle-même, et les maladies légères connues sous le nom de *rhumes de cerveau* ne sont autre chose qu'une inflammation de cette membrane.

La plupart des animaux possèdent certainement un odorat beaucoup plus fin que l'odorat de l'homme. Les quadrupèdes en général l'ont si parfait, que chez eux ce sens découvre les objets longtemps avant que les yeux ne puissent les apercevoir. Non-seulement ils sont prévenus de la présence actuelle des corps très-éloignés, mais ils peuvent encore distinguer les émanations laissées par ces corps longtemps après leur passage.

Buffon regarde chez eux ce sens « comme un œil qui voit les objets non-seulement où ils sont, mais partout où ils ont été ; comme un organe universel de sentiment, par lequel ils sont le plus souvent et le plus tôt avertis. »

Les chasseurs savent que, pour surprendre les sangliers, il faut se placer au-dessous du vent, afin de leur dérober les émanations qui leur arrivent, et suffisent pour leur faire rebrousser chemin. Alors même qu'ils se trouvent à plus d'une lieue, les loups ont souvent le nez averti de la présence des animaux vivants ou morts : on les voit, après les grandes batailles, franchir des distances considérables pour venir déterrer les cadavres. L'ours et le cheval sont aussi doués d'un odorat très-fin.

Mais c'est principalement dans le chien que la perfection de cet organe excite notre admiration. « On connaît, dit Buffon, la sagacité avec laquelle il délie les nœuds du fil tortueux qui peut le mettre sur la voie du gibier qu'il poursuit; il semble voir de l'odorat tous les détours du labyrinthe où le cerf aux abois a voulu l'égarer. » Un bon chien de chasse découvre la trace d'un lièvre trois ou quatre heures après le passage de celui-ci, et l'on en cite qui ont été retrouver leur maître à des distances prodigieuses. On a aussi attribué aux oiseaux beaucoup de finesse dans l'odorat. M. de Humboldt rapporte qu'au Pérou, à Quitto et dans la province de Popayan, quand on veut prendre des condors, on tue un cheval ou une vache, que l'on abandonne en pleine campagne. Bientôt ces oiseaux arrivent de toutes parts pour se repaître de l'animal mort. Quelques écrivains, Pline entre autres, assurent que les vautours et les corbeaux ont l'odorat si fin, qu'ils devinent trois jours à l'avance la mort d'un homme vivant, et que, pour ne point manquer leur proie, ils arrivent la veille. On comprend que cette assertion est tout à fait absurde.

On cite plusieurs faits qui tendraient à établir que certains hommes jouissent également d'une grande puissance d'odorat. Woodwart parle d'une femme qui reconnaissait dans l'air une odeur sulfureuse et prédisait les orages plusieurs heures à l'avance. On nous a transmis l'histoire d'une jeune fille sourde et aveugle, pour qui l'odorat était un puissant auxiliaire du toucher. Souvent elle allait dans les champs cueillir des fleurs, sans autre guide que les parfums qui s'échappaient des plantes.

Si l'on en croit le chevalier Digby, un enfant qui avait été élevé dans une forêt, où il n'avait vécu que de racines, distinguait par l'odorat l'approche de ses ennemis. Plus tard, rendu à la vie commune, il perdit en grande partie cette sensibilité olfactive ; mais il en conserva toujours assez pour reconnaître sa femme à la piste, comme un chien de chasse reconnaît son maître. Il y a des peuplades entières qui jouissent de la même faculté. Les voyageurs s'accordent à dire que les sauvages de l'Amérique du Sud, les Hurons, les Mohicans, et en général tous les nègres, reconnaissent au flair la trace d'un homme, et distinguent si c'est celle d'un blanc ou d'un noir.

Anatomie comparée.

Dans tous les animaux, l'organe de l'odorat est placé sur le passage de l'air. Dans les poissons, il est au bout du museau, et doit être frappé par l'eau ; il est probable qu'il existe chez les insectes au pourtour des stigmates ou orifices des trachées. Les *sinus* sont en général d'autant plus développés que l'animal a l'odorat plus fin ; on ne les trouve d'ailleurs que chez les mammifères. Chez l'*éléphant*, les sinus frontaux s'étendent dans toute l'épaisseur des pariétaux, des temporaux, et jusque dans les condyles articulaires de l'occipital. Dans les oiseaux, les cavités de ces os ne communiquent pas avec les narines, mais bien avec les oreilles (becs de toucans, de calao).

Les *cornets* sont très-compliqués chez certains animaux. Ainsi, chez les *chiens*, le cornet inférieur a une lame primitive qui se bifurque ; chaque branche en fait autant, et après des subdivisions multipliées, les dernières lames forment par leur parallélisme un nombre considérable de petits canaux que l'air traverse, et qui sont tous revêtus par la membrane pituitaire.

Chez les *poissons*, on ne trouve plus que des replis de la pituitaire, sans lames cartilagineuses ou osseuses ; chez l'*esturgeon*, il existe un tubercule central, duquel rayonnent des lames membraneuses, dont chacune se subdivise comme les rameaux d'une branche.

GOUT.

Le *goût* est un sens analogue à l'odorat. Il a son siége dans la cavité de la bouche; les parties de cette cavité qui sont spécialement les organes du goût, paraissent être les bords de la langue et la voûte du palais.

Tous les corps ne sont pas sapides; ceux qui ne peuvent se dissoudre dans l'eau ne le sont presque jamais. Pour agir sur le sens du goût, il faut que les substances sapides que l'animal introduit dans sa bouche soient dissoutes par les fluides que versent dans cette cavité les glandes salivaires, ou par un liquide quelconque. C'est dans cet état de dissolution que les saveurs sont perçues par les nerfs du goût, qui transmettent au cerveau les impressions de ce sens.

Cette sensation devient plus vive par l'effet de l'attention. L'on sait combien il est difficile de distraire un gourmet lorsqu'il goûte quelque substance, et qu'il *raisonne*, comme on dit, *ses morceaux*.

Ce sens peut acquérir une délicatesse extrême par l'exercice, comme le prouvent les dégustateurs : il n'est pas rare, dit-on, de trouver, dans la Bourgogne méridionale, des personnes qui non-seulement reconnaissent, lorsqu'ils sont mélangés, les vins de chacun des terroirs qui entrent dans une composition, mais encore désignent le vignoble particulier qui les a fournis, et l'année où ils ont été récoltés.

Anatomie comparée.

La langue existe chez les *mammifères*, les *oiseaux* et les *reptiles*; très-rarement chez les *poissons*; on la trouve aussi chez un grand nombre d'*invertébrés*.

Chez les *mammifères*, sa principale différence existe dans la longueur et l'extensibilité de sa partie antérieure ; les deux extrêmes sont : d'une part, la langue des *cétacés*, qui est presque nulle, et celle des *fourmiliers*, qui se compose de deux cônes très-pointus adossés l'un à l'autre, et formés chacun de deux muscles, l'un extérieur, à fibres annulaires, qui, lorsqu'il se contracte, allonge la langue ; l'autre, intérieur, à fibres disposées en spirale, dont la contraction raccourcit cet organe.

Dans les *oiseaux*, un prolongement de l'hyoïde donne à la langue une grande solidité ; l'allongement extraordinaire dont cet organe jouit chez le *pic* en particulier tient surtout aux muscles qui agissent sur l'hyoïde.

Parmi les *reptiles*, nous voyons que la langue des *ophidiens* et de nombreux *sauriens* se compose de deux cônes qui sont adossés, et qui se séparent ensuite ; ils sont logés dans un canal membraneux qui adhère à l'hyoïde, dont il suit les mouvements. Dans les *batraciens*, la langue est fixée en avant à l'arc du menton ; elle est libre en arrière, et tourne sur un point fixe, comme sur un arc horizontal.

VUE.

La *vue* est un sens avec lequel nous pouvons juger la couleur, la distance et le volume des corps de la nature, par le moyen de la lumière. Ce sens, que Buffon appelait un toucher lointain, a pour but de peindre au fond de l'œil les images des objets qui nous environnent, et de transmettre au cerveau les impressions de ces images. Pour comprendre le mécanisme de la vue, il ne suffit pas de connaître la structure de l'œil, il faut aussi étudier les propriétés de la lumière.

De la lumière.

La lumière est un fluide qui remplit l'espace, et qui éclaire les corps de la nature. Elle émane des corps lumineux, tels que le soleil, les étoiles fixes et les corps en combustion, et se répand au loin avec une vitesse excessive.

Lorsque la lumière rencontre un corps, elle le traverse quelquefois; d'autres fois, elle est réfléchie ou bien absorbée.

Les corps qui laissent passer la lumière sont nommés transparents; ceux qui s'opposent à son passage sont appelés opaques.

Pour que nous puissions voir un objet, il faut que les rayons de lumière qui en émanent, ou qui sont réfléchis par lui, arrivent jusqu'au fond de notre œil. C'est pour cette raison qu'un corps opaque placé entre l'objet que l'on regarde et l'œil le rend invisible.

A mesure que les rayons s'éloignent du corps dont ils émanent, ils s'écartent les uns des autres; et c'est pour cette raison que les objets sont d'autant mieux éclairés qu'ils sont plus rapprochés du corps éclairant.

Les corps sont transparents ou opaques.

Les surfaces des corps opaques ne renvoient pas toujours la lumière telle qu'elles la reçoivent. Il en est, comme nous l'avons déjà dit, qui en absorbent tous les rayons : ces corps sont appelés noirs. Les corps qui réfléchissent tous les rayons, ou à peu près, sont blancs.

La couleur n'est pas inhérente au corps; elle dépend de la manière dont ils décomposent la lumière, et de l'espèce de rayons lumineux que le corps coloré peut réfléchir. En effet, chaque rayon ordinaire de lumière qui nous paraît incolore est composé de sept rayons diversement colorés; il est un moyen très-simple de s'en convaincre : si l'on reçoit sur une feuille de papier un faisceau de rayons lumineux qui aura traversé un prisme de verre, au lieu de produire une image blanche, il formera une image oblongue, dans laquelle on distinguera les sept couleurs suivantes : rouge, orangé, jaune, vert, bleu, indigo, violet. Or, les objets nous paraissent blancs quand ils renvoient la lumière sans la décomposer; et colorés de telle ou de telle sorte, lorsqu'ils la décomposent à la manière du prisme, et absorbent quelques-uns de ses éléments pour réfléchir les autres.

En traversant les corps transparents, les rayons de lumière continuent quelquefois à suivre leur direction primitive. Mais d'autres fois cette direction change, de façon à les éloigner davantage entre eux, ou à les rapprocher. C'est pour cette raison qu'un bâton bien droit, plongé à moitié dans de l'eau, paraît comme s'il était brisé; et c'est aussi en agissant de la sorte sur la lumière, que les verres concaves ou convexes des lunettes agrandissent ou rapetissent les images des corps. Cette déviation de la lumière s'appelle réfraction.

Organes de la vision.

Les organes de la vision se divisent en deux espèces : l'organe de la vision proprement dit, c'est le globe de l'œil; puis les organes accessoires, ou protecteurs de l'œil.

Les organes protecteurs de l'œil sont les sourcils, les paupières, l'appareil lacrymal, et l'orbite.

Sourcils.

Au-dessus de la paupière supérieure, on remarque deux arcades que l'on nomme sourcilières, et qui sont formées par la réunion de petits poils, dont le nombre et le volume varient suivant les races et les tempéraments. Ils sont beaucoup plus fournis et plus bruns chez les peuples du midi que chez ceux du nord. Ils ont pour usage de protéger l'œil, par la saillie qu'ils font; de détourner vers les côtés de la face les gouttelettes de sueur qui quelquefois inondent le front, et d'abriter l'œil de la lumière qui vient d'en haut et qui fatiguerait cet organe, sans aider en général à la vision.

Paupières.

On donne le nom de paupières à deux voiles mobiles tendus au-devant de l'œil. Les paupières sont formées à l'extérieur aux dépens de la peau; à l'intérieur, elles sont tapissées par une membrane lisse qui se réfléchit sur le devant du globe de l'œil, et que l'on nomme la membrane conjonctive. Entre ces deux membranes est placée, dans chaque paupière, une petite lame de substance fibreuse et résistante que l'on nomme cartilage, ainsi que des muscles servant à mouvoir ces organes. La paupière supérieure est plus étendue que la paupière inférieure.

Les paupières présentent chacune deux bords : l'un se continue avec la peau, l'autre est libre. Chaque bord libre des paupières est hérissé de petits poils longs et déliés que l'on nomme cils. L'usage de ces cils est de former au-devant de l'œil une petite grille qui arrête les corps étrangers dont la présence troublerait l'exercice de la vision. Les paupières ont le double usage de protéger le globe de l'œil en s'abaissant au-devant de lui, et de le rendre inabordable aux rayons lumineux, dont l'éclat pourrait troubler le sommeil. De plus, les paupières, par leur mouvement alternatif d'abaissement ou d'élévation, étendent au-devant du globe de l'œil les larmes qui sont fournies par la glande qui fait partie de l'appareil lacrymal.

Appareil lacrymal.

Cet appareil est composé de plusieurs organes, dont les uns sont destinés à former et à verser au-devant de l'œil le fluide lacrymal; les autres ont pour usage de charrier au dehors de l'œil ce liquide, dont la présence deviendrait gênante si elle était trop prolongée. — Le premier de ces organes est la glande lacrymale. C'est un petit corps volumineux comme une amande, placé à la partie extérieure et supérieure du globe de l'œil, entre cet organe et la cavité orbitaire. Cette glande fournit un liquide particulier, qui est versé au-devant du globe de l'œil par de petits canaux qui viennent s'ouvrir à la face intérieure du bord adhérent de la paupière supérieure : ces petits canaux sont très-déliés et assez nombreux. Ils versent constamment le fluide lacrymal, et, comme nous l'avons déjà vu, ce fluide est répandu au-devant du globe de l'œil par les paupières supérieures et inférieures.

Les organes destinés à enlever les larmes et à les verser dans les fosses nasales, sont deux petits canaux qui s'ouvrent sur le bord libre des paupières, près de l'angle interne de l'œil, par deux petits orifices que l'on nomme des points lacrymaux. Chacun de ces points communique avec un petit canal courbé qui se porte en dedans, et va s'ouvrir dans une gouttière verticale plus large, que l'on nomme le canal nasal, lequel débouche dans les fosses nasales. Les fonctions de ces points lacrymaux sont de pomper les larmes au fur et à mesure qu'elles sont versées au-devant de l'œil : de cette manière le fluide est excrété dans la proportion qu'il est formé.

Dans quelques circonstances particulières, l'équilibre de ces deux phénomènes est rompu ; et, soit que les larmes soient sécrétées en plus grande quantité, soit que les points lacrymaux ne les pompent pas aussi activement, ou qu'elles soient arrêtées dans leur cours à travers les canaux lacrymaux et le canal nasal, ce fluide déborde les paupières, et tombe en grande quantité le long des joues.

Cavité orbitaire.

Parmi les organes protecteurs de l'œil, la cavité orbitaire joue un rôle important. En effet, les parois osseuses de cette cavité emboîtent le globe oculaire de telle sorte, qu'il ne donne de prise au contact des corps étrangers que par sa face antérieure. Cette cavité a une forme conique; la base de ce cône est formée par les os de la pommette, l'os de la mâchoire supérieure, et par l'os du front; le sommet, dirigé en arrière, s'ouvre dans la cavité du crâne par un trou irrégulier que le nerf optique traverse, pour communiquer avec le cerveau.

Muscles de l'œil.

On doit encore regarder comme parties accessoires de l'œil les muscles à l'aide desquels nous pouvons le mouvoir et le diriger à notre gré. Ces muscles sont au nombre de six : quatre droits, dont deux latéraux, l'un interne, l'autre externe; et les deux autres médians, qui sont le droit inférieur et le droit supérieur. Les deux autres muscles sont appelés obliques, et sont distingués en grand et en petit oblique. L'action de ces derniers muscles tend à faire tourner le globe oculaire sur lui-même; l'action des muscles droits sert à le diriger en haut, en bas, en dedans ou en dehors.

Un autre muscle existe encore dans la cavité orbitaire, c'est le muscle palpébral supérieur ou releveur de la paupière ; le resserrement ou l'abaissement des paupières est opéré par un muscle circulaire placé dans l'épaisseur des paupières, et que l'on nomme orbiculaire.

Globe oculaire.

L'organe de la vision a reçu le nom de globe oculaire : ce globe, dans lequel vient se terminer le nerf optique, est formé par des enveloppes membraneuses, et par des humeurs transparentes renfermées dans ces enveloppes, et qui concourent à en faire un instrument d'optique des plus parfaits.

L'enveloppe la plus extérieure et la plus résistante de l'œil se nomme sclérotique : c'est sur elle que s'attachent les muscles qui meuvent le globe de l'œil ; elle est blanche et opaque, et entoure cet organe partout, excepté en avant ; on la désigne vulgairement sous le nom de blanc de l'œil.

La partie antérieure de l'enveloppe du globe de l'œil est au contraire transparente ; elle ressemble à un verre de montre qui serait enchâssé dans une boule creuse et blanche, et elle est appelée cornée transparente.

A une petite distance derrière la cornée transparente, se trouve une espèce de cloison transversale nommée iris, à cause de ses couleurs variées, qui se voient à travers la cornée. Son centre est percé par une ouverture qui est susceptible d'agrandissement ou de diminution, et qui est appelée pupille.

L'espace compris entre la cornée et l'iris est nommé chambre antérieure de l'œil, et se trouve rempli d'un liquide transparent appelé humeur aqueuse.

Derrière la pupille se trouve le cristallin, petite lentille transparente, de forme circulaire; et derrière le cristallin on rencontre une masse diaphane, molle comme de la gelée, qui est appelée humeur vitrée, et qui occupe toute la partie interne du globe de l'œil.

Le nerf optique, qui vient du cerveau, pénètre dans le globe de l'œil à travers la partie postérieure de la sclérotique, et fournit, en s'épanouissant, une membrane molle et blanchâtre, nommée rétine, qui enveloppe en arrière l'humeur vitrée, et qui n'est séparée de la face interne de la sclérotique que par une membrane ordinairement colorée en noir, et appelée choroïde.

Anatomie comparée.

L'organe de la vision une fois distinct (car les animaux inférieurs, les polypes, par exemple, palpent la lumière par toute la surface de leur corps) présente deux modes principaux d'organisation.

Ainsi, tantôt il n'existe au-devant de la rétine, qui est convexe, qu'une espèce de verre convexe en avant, qui ne produit aucune réfraction; mais cette espèce de glace est formée d'un grand nombre de segments tellement disposés, que les rayons l'umineux, perpendiculaires à leur surface, sont seuls admis à traverser le corps transparent et à arriver sur la rétine. L'image, ainsi produite, est plus grande, moins distincte, moins éclairée; mais elle suffit pour saisir facilement les rapports qui existent entre les corps. Tels sont les yeux à *facettes* des insectes; ils sont immobiles.

D'autres fois il existe au-devant de la rétine, qui est concave, un appareil dioptrique; une image fortement éclairée et très-distincte s'y forme : cet appareil est mobile.

Passons rapidement en revue les principales dispositions de l'œil, considéré dans ses diverses parties. *Nombre :* tous les animaux à sang rouge ont deux yeux mobiles, placés dans des cavités osseuses, ou orbites. Certains insectes ont un grand nombre d'yeux. *Situation :* toujours placés à la tête. *Direction :* à mesure que l'on s'éloigne de l'homme, les yeux, qui se dirigent chez lui en avant, se dirigent davantage sur les côtés, et deviennent *averses*. Dans le poisson dit *uranoscope*, ils sont dirigés vers le ciel ; dans le *pleuronecte*, ils paraissent tous deux dirigés du même côté. *Forme totale :* elle dépend du milieu qu'habite l'animal ; ainsi l'œil est presque sphérique chez l'*homme* et les *mammifères*, qui habitent la surface de la terre ; il est aplati en avant chez les *poissons* et autres animaux qui vivent dans l'eau ; enfin, chez les *oiseaux*, il est fort convexe en avant, où il présente quelquefois une espèce de cylindre, terminé par une cornée transparente de très-forte courbure.

Sclérotique. Son épaisseur atteint jusqu'à un pouce dans la baleine. Chez les *oiseaux*, cette membrane est au contraire très-mince ; mais elle se dédouble, en avant, en deux lames, entre lesquelles est reçu un cercle de pièces osseuses disposées en tuiles, et qui lui donnent une grande fermeté.

Cornée. Elle n'existe pas chez les *seiches ;* le cristallin fait saillie au travers de la sclérotique, et n'est recouvert que d'une membrane très-fine et transparente.

Choroïde. Dans un grand nombre d'animaux, cette membrane présente deux lames, l'une *externe*, appliquée contre la sclérotique ; l'autre *interne*, tapissée par la choroïde, et offrant des reflets métalliques divers : on lui donne le nom de *membrane Ruyschienne* (ruminants, chats, etc.) Les deux lames sont séparées en arrière chez les *poissons*, et logent dans leur intervalle la *glande choroïdienne*, d'un rouge vif, de consistance molle, formant un cylindre mince, contourné autour du nerf optique en anneau incomplet : son usage est inconnu.

Iris. Sa couleur, très-variable, dépend de sa face antérieure chez les *mammifères* et les *oiseaux*, où elle est opaque; mais chez les *poissons* elle est si mince et si transparente, qu'elle laisse voir les couleurs de sa face postérieure ou *uvée;* de là ses reflets dorés ou argentés. La figure de la *pupille* est arrondie chez l'homme, allongée transversalement chez les *ruminants,* verticalement chez les *chats*. Chez le *cheval*, elle présente supérieurement cinq festons. Dans la *raie*, le bord supérieur de la pupille offre plusieurs lanières étroites, disposées en rayons et représentant une palmette; en s'abaissant, elles ferment la pupille comme une jalousie. Chez les *perroquets*, les mouvements de l'iris sont tout à fait volontaires.

Rétine. Chez les *mammifères*, cette membrane ne diffère presque pas de celle de l'homme; seulement la *tache jaune* de Sœmmering ne se trouve que chez lui et quelques singes. Chez les *oiseaux*, le nerf optique arrivé à la sclérotique se continue obliquement en une longue queue conique, logée dans une gaîne de même figure; le côté de cette gaîne qui touche l'œil présente dans toute sa longueur une fente étroite, qui laisse passer la substance nerveuse; à cette fente est suspendue une membrane plissée dite *pecten* ou *bourse noire*, qui, chez le vautour, vient s'attacher, par son angle antérieur, à la capsule du cristallin; cette membrane a peut-être pour fonction de modifier la position de cette lentille. Chez plusieurs oiseaux de chant, de vol, et doués par conséquent d'une vue perçante (milan, aigle, faucon), Desmoulins a reconnu que la rétine est plissée, et que ce plissement, qui multiplie les contacts de la lumière, est toujours en raison directe de la longueur de leur vue.

Les *humeurs de l'œil* présentent de nombreuses différences. Parmi les plus importantes, on doit remarquer le cristallin, qui, presque plat chez les *oiseaux*, est sphérique chez les *poissons*.

Parties accessoires. — Muscles. On trouve, chez la plupart des *mammifères*, un muscle qui n'existe pas chez l'homme : c'est le *muscle suspenseur* ou *choanoïde*, en forme d'entonnoir, dont le sommet est fixé au bord du trou optique, et la base à tout l'intervalle que laissent entre eux les quatre muscles droits; il soutient l'œil, qui tend à s'abaisser par suite de la position horizontale de la tête.

Paupières. Chez les *oiseaux* existe une troisième paupière, dite *clignotante*, dont les rudiments seuls se trouvent chez l'homme; elle se meut de dedans en dehors et horizontalement, comme un rideau, à l'aide de deux muscles, le *carré* et le *pyramidal*. Chez les *serpents*, il n'y a point de paupières.

Glande lacrymale. Unique dans l'homme et les singes, elle est double chez les autres mammifères et les oiseaux. La seconde, dite *glande lacrymale interne* ou de *Harderus*, est située au côté interne du globe oculaire, et se termine, par un seul orifice, en dedans de la troisième paupière; plus elle est développée, moins la glande lacrymale externe est volumineuse : les *oiseaux* offrent surtout cette différence. Les animaux qui vivent dans l'eau n'ont pas d'appareil lacrymal.

Mécanisme de la vision.

Lorsque, après avoir étudié les parties constituantes de l'œil, on cherche à comprendre les fonctions que remplit chacune de ces parties, on s'aperçoit que la sensation de la vue est produite par des rayons de lumière qui, partis de différents points, viennent frapper le fond de notre œil, et peignent une image nette de cet objet sur la membrane nerveuse appelée rétine.

La théorie de la vision repose presque entièrement sur celle de la lumière, et elle s'explique par les lois de la réfraction.

Chacun des points de l'étendue d'un corps éclairé envoie à l'œil un cône de rayons lumineux ; chaque cône présente un axe et des rayons obliques à cet axe. Supposons que nous choisissions le cône dont l'axe se confond avec l'axe antéro-postérieur du globe oculaire, c'est-à-dire avec cette ligne qui est perpendiculaire à toutes les surfaces convexes et concaves que l'on rencontre, en procédant de la cornée à la rétine, et examinons ce qui se passe à chacun de ces milieux. Les rayons obliques de ce cône sont réfractés en traversant les différents milieux de l'œil, de manière cependant qu'ils sont réunis autour de leur axe à l'instant où celui-ci parvient à la rétine.

En effet, 1° en traversant la cornée, qui est convexe et plus dense que l'air extérieur, les rayons se rapprochent de la perpendiculaire élevée au point de contact, et deviennent plus convergents ; d'autres rayons sont réfléchis, et forment le brillant de l'œil et les images que l'on aperçoit derrière la cornée.

2° En traversant l'humeur aqueuse, qui est moins dense que la cornée, ils sont réfractés de nouveau et écartés de la perpendiculaire, mais moins cependant que s'ils repassaient dans l'air; de sorte qu'ils conservent toujours un peu de la convergence que leur avait imprimée la cornée. Les rayons qui tombent dans le trou pupillaire sont les seuls qui servent à la vision, tous les autres sont absorbés par l'iris ou réfléchis par lui; ces derniers nous font apercevoir les couleurs diverses de cette membrane. Les rayons qui traversent le cristallin convergent fortement, et se rapprochent de l'axe oculaire. Le cristallin est organisé de manière à corriger l'aberration de sphéricité qui dépend de ce que les bords des lentilles ne concentrent pas les rayons au même point que le centre. Quelques rayons sont encore réfléchis : les uns sortent de l'œil, et concourent à lui donner de l'éclat; d'autres tombent sur la face postérieure et interne de l'iris, espèce de diaphragme coloré en noir, qui absorbe les rayons qui pourraient être réfractés, et altérer alors l'obscurité de l'appareil. A l'aide de ce diaphragme, l'œil peut admettre une plus grande quantité de lumière avec une moindre aberration de sphéricité.

3° Enfin, en traversant l'humeur vitrée, qui a une densité moindre que le cristallin, mais dont la face antérieure est concave, les rayons sont encore réfractés, écartés de la perpendiculaire élevée au point d'incidence, et par conséquent rapprochés de l'axe oculaire. Il semble donc que, pour arriver plus simplement au même but, il suffirait de rendre le cristallin plus réfringent. Mais l'humeur vitrée sert à rendre le champ de la vision plus étendu, en permettant à la rétine de se développer sur sa surface postérieure. Les trois natures de milieux, l'humeur aqueuse, le cristallin et le corps vitré, sont combinées de manière à se compenser et à prévenir l'aberration de réfrangibilité, qui tient à ce que la même lentille concentre, plus ou moins loin de son axe, les rayons de réfrangibilité diverse.

En dernière analyse, il se forme donc sur la rétine une image très-petite, très-éclairée, et par conséquent très-nette. La concavité que forme cette membrane nerveuse la rend apte à se présenter au foyer propre de chaque faisceau lumineux.

La rétine est la partie de l'œil qui reçoit l'impression; elle la transmet au cerveau par le moyen du nerf optique, dont elle n'est qu'un épanouissement : la paralysie de cette membrane entraîne toujours la perte totale de la vue. Ce n'est point par un simple contact que la lumière agit sur la rétine; elle pénètre son tissu demi-transparent, et arrive sur la choroïde, qui, par son enduit noirâtre, en absorbe les rayons.

Malgré les efforts des physiciens et des physiologistes, on n'a encore que des notions très-imparfaites sur l'organe de la vue, et sur le rôle particulier que joue chacune des parties de cet appareil dans l'acte de la vision. A la suite de divers travaux sur les propriétés des rayons calorifiques et chimiques qui accompagnent les rayons lumineux, M. Melloni a été conduit à une explication nouvelle des fonctions de la rétine : son hypothèse a l'avantage de rattacher d'une manière très-heureuse l'action de la lumière sur cette membrane au système des ondulations, et de s'appuyer en outre sur des faits anatomiques nouveaux.

Pour mieux rendre son idée, l'auteur compare l'action des ondulations lumineuses de l'éther sur la rétine, à celle des ondulations sonores de l'air sur un corps élastique. Dans ce système, la rétine vibrerait par *résonnance* sous l'influence des diverses ondulations qui composent le spectre solaire, c'est-à-dire qu'elle entrerait en vibration par suite d'une certaine relation *harmonique* entre l'élasticité de ces groupes moléculaires et la période de l'ondulation incidente. Les ondulations placées hors des limites du spectre ne pourraient, au contraire, développer sur la rétine aucun mouvement vibratoire, parce qu'il n'existerait aucune relation de ce genre. Il y aurait donc, sous ce point de vue, analogie complète entre l'organe de la vue et l'organe de l'ouïe. On sait, en effet, que les limites des sons perceptibles varient d'un individu à un autre, et, chez le même individu, suivant l'âge et l'état de santé, et ne peuvent dépendre en conséquence que de la nature même de l'organe, c'est-à-dire des rapports harmoniques qui peuvent s'établir entre les vibrations de l'air et celles de la membrane de l'ouïe, qui est destinée à les recevoir.

D'après Frauenhoffer, c'est entre l'orange et le jaune que se trouve le *maximum* d'intensité lumineuse : il faudrait en conclure que les ondulations correspondantes à cette partie du spectre sont celles qui ont le plus de rapport avec l'élasticité de la rétine. On ne pourrait s'expliquer sans cela pourquoi, tandis que l'intensité des mouvements vibratoires va en augmentant depuis le violet jusqu'au rouge, comme le montrent les expériences thermoscopiques de M. Melloni, l'intensité de la sensation lumineuse n'augmente que du violet au jaune, et va ensuite en diminuant depuis le jaune jusqu'au rouge.

En suivant toujours l'hypothèse de l'auteur, les substances blanches seront celles qui vibrent avec la même facilité sous l'action des ondulations lumineuses d'une longueur quelconque; les substances colorées seront, au contraire, celles qui vibrent avec plus de facilité sous l'action de certaines ondulations lumineuses. Ainsi, un corps sera rouge, vert ou bleu, selon que son élasticité sera plus *consonnante* avec la période vibratoire des ondulations rouges, vertes ou bleues.

Il suit de là que puisque les ondulations jaunes produisent, par *consonnance*, le *maximum* d'effet sur la rétine, cette membrane doit être jaune et non pas incolore, comme on le pensait jusqu'ici.

C'est en effet ce que M. Melloni a démontré par des expériences très-simples, dans lesquelles il a eu recours aux talents anatomiques du docteur Martino. La couleur jaune de la rétine ne se borne pas à la tache centrale, nommée tache de Buzzi; elle s'étend à toutes les autres parties, qui ne paraissent incolores qu'à cause de leur ténuité.

L'auteur cite, d'après Buzzi, le cas d'un malade atteint d'une jaunisse intense, et qui, sur ses derniers jours, voyait tous les objets fortement colorés en jaune : après sa mort on trouva la rétine complétement jaune, et la tache centrale avait acquis une coloration très-vive. Ce fait prouve que la lumière agit sur la rétine vivante comme sur les autres corps colorés; c'est-à-dire que la couleur jaune de cette membrane lui donne la faculté de percevoir plus énergiquement le jaune que les autres couleurs du spectre.

La comparaison établie plus haut entre l'action des ondes lumineuses sur la rétine, et celle des ondes sonores sur les corps élastiques, fournit un dernier rapprochement. On sait que les instruments de musique deviennent, en général, meilleurs avec l'âge, et que la cause de leur perfection réside en partie dans la propriété qu'ils acquièrent d'entrer en vibration avec la même facilité sous l'action de toutes les ondes sonores, ce qui n'a jamais lieu lorsqu'ils sont neufs. Il en serait de même de la rétine : on observe, en effet, que la tache centrale pâlit et disparaît avec l'âge, et qu'ainsi cette membrane acquiert la faculté d'entrer en vibration avec une égale facilité, sous l'action de toutes les ondes lumineuses du spectre.

Il n'en résulte cependant aucun changement dans la perception des couleurs ; et l'on reconnaît ici la haute prévoyance de la nature : à mesure que la couleur propre de la rétine s'efface, le cristallin, incolore dans le premier âge, prend peu à peu, du centre à la circonférence, une teinte jaune de plus en plus prononcée, qui va jusqu'à celle de l'ambre chez les vieillards de soixante-quinze à quatre-vingts ans. M. Melloni s'est convaincu, par des expériences directes, qu'il s'établit une compensation parfaite entre ces deux changements de teinte. A mesure que la prépondérance du jaune diminue par le fait de la rétine, elle se rétablit par l'action élective qui se développe au passage de la lumière au travers du cristallin ; et c'est ainsi que le blanc reste blanc à nos yeux à toutes les époques de la vie.

Les cônes lumineux envoyés par tous les points d'un objet se croisent dans l'intérieur de l'œil, de manière à former sur la rétine une image renversée de l'objet opposé à l'œil. On a cherché à expliquer de bien des manieres pourquoi, les images se peignant renversées sur notre rétine, nous voyons les objets droits, et dans la position qu'ils affectent réellement au dehors de nous. Voici comment Berckley, évêque de Cloyne, a rendu compte de ce phénomène :

« Quoique l'image de l'objet soit effectivement tracée au fond de l'œil dans une situation renversée, cependant l'âme doit naturellement, et sans le secours d'aucune expérience, la redresser, c'est-à-dire voir en haut l'extrémité supérieure, et voir en bas l'extrémité inférieure ; et, en effet, ces termes de haut et de bas sont des termes relatifs, et qui n'ont de valeur que par le terme auquel nous les comparons : c'est-à-dire que nous jugeons en haut tout ce qui correspond à la voûte céleste, et en bas tout ce qui correspond à la terre. Or, il est bien évident que le ciel se peint dans la partie inférieure du fond de l'œil, et que la terre se peint dans la partie supérieure : dès lors nous rapportons à la voûte céleste l'extrémité de l'objet qui se peint dans la partie la plus supérieure; c'est-à-dire que nous établissons naturellement, entre ces deux extrémités, la relation qu'elles ont, et que nous situons l'objet tel qu'il est réellement. »

L'image est double, et cependant nous voyons simple. Quelques physiologistes expliquent ce phénomène par une disposition anatomique, l'entre-croisement des nerfs optiques. D'autres recourent à des explications physiologiques. Ainsi Buffon admet que l'on voit double dans l'origine, mais que le toucher rectifie l'erreur. Gall prétend que l'on ne voit ordinairement qu'avec un seul œil, et presque jamais avec les deux à la fois. D'autres, enfin, ont invoqué une loi par laquelle la sensation est toujours rapportée à l'extrémité du corps lumineux qui cause l'impression, et par conséquent à l'objet unique qui est éclairé. Une autre loi, admise par quelques savants, c'est que toutes les fois que les points lumineux frappent les points correspondants de la rétine, il n'y a qu'une seule image : des observations multipliées ont prouvé, dans ces derniers temps, que si, dans le strabisme, il y a souvent duplicité des images, c'est que les points correspondants de la rétine ne sont pas affectés.

D'après M. Rochoux, qui s'est occupé avec soin de ce point curieux de l'histoire de la vision, l'influence de la coïncidence des axes visuels pour produire l'unité de la vision est démontrée à quiconque presse du bout du doigt l'un de ses yeux vers le grand angle, en cherchant toujours à voir un même objet. En effet, à peine cette petite manœuvre a-t-elle un peu dérangé la direction des axes, qu'aussitôt l'objet paraît double. Puis, cette ambliopie disparaît aussi promptement qu'elle s'était manifestée, dès que l'œil a repris sa première position. Quant à la similitude des images, quoique beaucoup de physiciens et de physiologistes en aient parlé d'une manière satisfaisante, voici ce qu'en pense le savant médecin dont nous parlons ici :

Pour le moins exercé des anatomistes, dit-il, les yeux bien conformés de l'homme sont d'une égalité si parfaite, que le meilleur opticien ne ferait sans doute pas deux simples lentilles aussi semblables. Par conséquent, les images que chaque objet détermine au fond de ces deux yeux doivent être d'une similitude parfaite. Cela est aussi facile à concevoir qu'il l'est de prouver que deux triangles dont les trois côtés ont une égale longueur sont absolument semblables. Dès lors, qu'il y ait production de deux ou d'un plus grand nombre d'images, l'unité de sensation n'en subsistera pas moins. Ainsi, on passerait mille fois un trait fort délié sur un autre également fin, qu'on n'aurait jamais qu'un trait. Ainsi, on frapperait à la fois la même note sur quatre, sur dix, sur cent pianos parfaitement semblables et d'accord, que le musicien le plus exercé n'entendrait jamais qu'un seul et même son, bien qu'il le perçût en outre avec les deux oreilles. Ainsi les mouches qui ont plusieurs centaines d'yeux de chaque côté de la tête doivent, comme nous, voir les objets simples, sous peine d'y perdre la vue. Tel est l'inévitable résultat de la similitude des images. On va le voir confirmé par l'observation de ce qui arrive quand cette similitude cesse d'avoir lieu.

Si étant au spectacle on regarde d'un œil, avec une lorgnette simple, un objet un peu éloigné qu'on s'efforce en même temps de continuer à voir avec l'autre œil, on aperçoit forcément cet objet double. Si ensuite on cherche à faire coïncider les axes visuels, on parvient, en y mettant un peu de persistance, à voir en avant de l'autre, et beaucoup plus gros, l'objet regardé avec la lorgnette, tandis que, vu avec l'autre œil, il paraît beaucoup plus petit et beaucoup plus éloigné. Vient-on alors à ôter brusquement la lorgnette, la grande image disparaît subitement, ou plutôt semble venir s'emboîter sur le petit objet, et l'on cesse à l'instant de voir double. Un résultat analogue a lieu si on cherche à lire avec les deux yeux en mettant devant un seul une lentille convexe ou concave un peu forte; dans ce cas, on a beau faire : tant qu'on persiste à se servir des deux yeux, on y voit double, et cette ambliopie ne cesse que quand on ôte la lentille qui la produisait.

Voilà comment, par une opposition réciproque, les effets de la dissemblance ne laissent aucun doute sur la réalité des effets que nous avons attribués à la similitude des images.

Presque tout ce qui concerne cette similitude, de même que la coïncidence des axes visuels, peut être aisément démontré au moyen d'une seule et même figure très-simple. Il suffit d'une demi-feuille de papier-écolier pour la tracer, et pour représenter la manière dont une sphère de 0,11 m. de diamètre, placée directement en avant à 0,24 m. de distance, est vue quand on la regarde avec l'œil droit, avec l'œil gauche, ou avec les deux yeux à la fois. Dans les deux premiers cas, il y a bien, de chaque côté, une portion de la sphère que l'œil droit ou l'œil gauche aperçoit seul; mais cette portion ajoutée par chaque œil à la portion intermédiaire que les deux yeux voient l'un et l'autre sur la sphère d'une manière parfaitement identique, ne peut donner lieu à aucune confusion, ni produire l'ambliopie, puisqu'un seul organe aperçoit la différence.

Au surplus, cette différence sans conséquence disparaît par un fort petit éloignement, puisqu'on s'assure, par la figure dont nous parlons, qu'elle est en raison inverse du *cube* des distances. Ainsi la différence dans les images étant exprimée par 1 pour la sphère placée à 0,24 m. sera de 1/64 pour la même sphère à 0,196 m., de 4/096, à moins de quatre mètres d'éloignement; d'où il suit que la similitude d'images par rapport aux objets fort éloignés de nous existe déjà pour ceux qui en sont vraiment près. A l'égard des objets de petite dimension, comme les caractères de l'écriture qui sont toujours vus en entier par les deux yeux à la fois, la similitude des images a lieu dans toute la rigueur du terme.

Quant à l'hypothèse qui consiste à expliquer l'unité de la vision par l'action d'un seul œil, l'autre restant en repos, Gassendi, dont les yeux étaient de force inégale, n'admettait pas qu'il en fût autrement chez les autres. Regardant par cette raison comme impossible la formation d'images semblables, il disait que, pour éviter la confusion à laquelle le défaut de similitude devait conduire quand on se servait simultanément des deux yeux, chaque homme, à son insu, faisait comme lui sciemment, c'est-à-dire regardait avec un seul œil.

Les différences innombrables que présentent les hommes, sous le rapport de l'aptitude qu'ils ont à distinguer un objet de près ou de loin, constitue la myopie et la presbytie. La myopie tient à ce qu'une cornée trop saillante, ou un cristallin trop dense et trop convexe, rapprochent trop brusquement les rayons lumineux. Ainsi, chez les myopes, les humeurs sont trop réfringentes, ou l'œil a une moindre profondeur; les rayons des cônes se réunissent et se croisent avant de tomber sur la rétine. On remédie à ce vice, qui est très-fréquent dans la jeunesse, par l'emploi des verres concaves ou de divergence. Beaucoup de myopes finissent par ne plus avoir besoin de verres : le dessèchement des membranes et la diminution des humeurs, par les progrès de l'âge, amoindrissent la convexité de l'œil, et font sur eux un effet contraire à celui qui a lieu chez les personnes dont le globe de l'œil était d'abord bien conformé.

Les presbytes ont une organisation inverse : ils voient fort loin, attendu que les rayons sont alors divergents, et que l'œil n'a pas besoin d'une grande énergie pour les réfracter et les faire converger sur la rétine. Chez eux, la cornée plus aplatie, le cristallin moins dense ou moins convexe, la rétine trop voisine du cristallin, etc., ne rapprochent pas assez vite les rayons lumineux. On remédie à ce vice, qui est fréquent dans la vieillesse, par l'emploi des verres convexes, qui rapprochent les rayons. Ainsi ces deux états de la vision sont, en quelque sorte, inverses l'un de l'autre : dans le premier cas, les rayons, envoyés par des objets trop éloignés, se réunissent trop tôt avant d'arriver à la rétine; dans le second, les rayons, envoyés par des objets trop proches, arrivent à la rétine avant d'avoir eu le temps de se réunir : dans la myopie, l'image est confuse, parce qu'elle vient de loin; elle est confuse dans la presbytie, parce qu'elle vient de près.

OUÏE.

La fonction de ce sens est de nous donner l'impression

des sons, et de nous faire apprécier la nature des corps, leur distance, leur direction, etc.

L'oreille est l'organe de l'ouïe ; c'est à l'aide de cet appareil que l'animal perçoit les sons que produisent les mouvements vibratiles imprimés aux molécules des corps par la percussion ou par une autre cause : ce mouvement vibratile se communique à l'air ou à tout autre corps aboutissant à l'oreille. L'effet de ces vibrations sur l'oreille se nomme son, ou bruit.

Du son.

L'air est le véhicule du son. Si on suspend une sonnette dans le vide, on n'entend plus de son, quoiqu'on agite la sonnette; on le perçoit au contraire, si on laisse pénétrer un peu l'air; et alors l'intensité du son est toujours en raison directe de la quantité d'air qui entoure le corps en vibration. Le son devient faible à mesure qu'il s'éloigne du corps qui le produit, à cause de l'augmentation non interrompue de la surface d'ébranlement ; mais si la masse d'air dans laquelle le son se propage est contenue dans un cylindre creux, le son conserve à peu près toute sa force : ce fait curieux a été mis hors de doute par les belles expériences de M. Biot. Ce savant physicien eut à sa disposition, dans un aqueduc de Paris, plusieurs tuyaux de fonte qui représentaient, bout à bout, un cylindre creux de neuf cent cinquante et un mètres de long. A cette distance la voix la plus basse était entendue, et l'on distinguait parfaitement les paroles prononcées aussi bas que lorsqu'on parle à l'oreille. Un coup de pistolet tiré à l'ouverture de cette suite de tuyaux fit entendre à l'autre extrémité une explosion considérable, et l'air fut chassé avec assez de force pour éteindre une bougie allumée.

Tous les corps élastiques peuvent produire le son. Les molécules d'air qui sont en contact avec les différents points de ces corps reçoivent des mouvements semblables à ceux de ces points : elles vont et reviennent avec eux. Chaque molécule communique le mouvement à celle qui est derrière, celle-ci à une troisième, et ainsi de suite.

Il est facile de prévoir que le son ne doit pas se faire entendre au même instant, pour des observateurs placés à des distances différentes. Cela s'observe, en effet, dans l'explosion des armes à feu ou de la foudre. La lumière devance le coup d'un laps de temps d'autant plus grand, que l'observateur est plus éloigné du corps qui a produit le choc.

Le son se réfléchit à la manière de la chaleur et de la lumière, en faisant un angle d'incidence égal à celui de réflexion. Dans le cas de réflexion confuse, le son n'est qu'une résonnance; c'est, au contraire, un écho, lorsqu'il est reproduit distinctement : en effet, ces échos sont monosyllabiques ou polysyllabiques, selon qu'ils rendent nettement une ou plusieurs syllabes.

On cite en Angleterre l'écho du parc de Woodstock, qui répète vingt syllabes pendant la nuit et dix-sept pendant le jour. On cite aussi le château de Simonette en Italie, qui répète quarante fois un son.

Appareil auditif.

L'appareil de l'ouïe est double, et placé symétriquement de chaque côté de la tête; chaque appareil est logé dans l'intérieur de l'un des os du crâne, nommé temporal. La portion de l'os temporal qui le renferme est extrêmement dure, et a reçu pour cette raison le nom de rocher.

L'appareil de l'ouïe est très-compliqué dans sa scruture,

et peut être divisé en trois parties principales, que les anatomistes appellent l'oreille externe, l'oreille moyenne et l'oreille interne. C'est dans cette dernière partie que sont placés les filets du nerf acoustique, et que les sons doivent arriver.

L'oreille externe se compose du pavillon de l'oreille et du conduit auditif.

Le pavillon de l'oreille est une espèce de lame cartilagineuse et très-élastique qui entoure l'entrée de l'appareil auditif, et présente chez beaucoup d'animaux la forme d'un cornet propre à diriger les sons vers l'intérieur de l'oreille; cornet très-imparfait, légèrement concave en dehors quand il n'est pas aplati par nos coiffures, presque libre dans toute sa circonférence, et tenant à la tête par un pédicule assez large. Sa surface tournée en dehors est irrégulière, et offre plusieurs éminences et plusieurs enfoncements : l'*hélix*, repli qui borde l'oreille en arrière, séparé par un sillon de l'*anthélix*, saillie demi-circulaire qui est entourée par l'hélix, et qui circonscrit lui même la cavité profonde de la conque; le *tragus*, petite éminence triangulaire qui, formant en avant la circonférence de la conque, semble s'avancer dans sa cavité, l'*antitragus*, éminence opposée, qui, se portant vers la précédente, resserre l'ouverture du conduit auriculaire qui occupe le fond de la conque, et en dedans du tragus par lequel elle semble protégée; enfin le lobule, qui termine l'oreille en bas. Le conduit auditif ou auriculaire pénètre à un pouce environ de profondeur, en se courbant légèrement en arc, et finit à la membrane du tympan qui en forme le fond.

Le pavillon est formé d'une peau mince, très-adhérente, qui est garnie de poils au tragus et à l'antitragus; d'un cartilage élastique de la même forme à peu près que le pavillon, et qui est fixé à la tête de plusieurs manières; par des adhérences au muscle occipito-frontal, seul capable de lui imprimer des mouvements sensibles chez l'homme; et par cinq petits muscles répandus sur plusieurs points du cartilage, et qui paraissent plus propres à lui imprimer une certaine tension qu'à le mouvoir.

Ainsi que nous venons de le voir, chez l'homme le pavillon de l'oreille présente plusieurs saillies et enfoncements ou anfractuosités, dues au plissement de la lame cartilagineuse qui le forme. Le canal auditif externe est une espèce de tube qui commence au fond d'une partie évasée du pavillon nommée conque, et s'enfonce dans l'os temporal; il est béant à son extrémité externe, mais aboutit intérieurement à une espèce de cloison membraneuse nommée membrane du tympan, qui le sépare de la caisse.

On appelle caisse du tympan une petite cavité de forme irrégulière qui est creusée dans le rocher, et qui se trouve entre le conduit auditif et l'oreille interne. Elle est remplie d'air, et ce fluide y arrive par un conduit nommé trompe d'Eustache, qui s'ouvre à la partie supérieure de l'arrière-bouche.

La membrane du tympan est très-mince, et tendue à l'entrée de la caisse comme la peau d'un tambour; elle sert à faciliter la transmission des sons de l'extérieur jusqu'au fond de l'appareil auditif, et aussi à modérer les sons trop intenses; car elle est disposée de façon à pouvoir se tendre ou se relâcher, et, en se tendant, elle transmet moins bien les sons.

On remarque aussi dans l'intérieur de la caisse une chaîne transversale formée par quatre petits osselets nommés, à raison de leur forme, le marteau, l'enclume, l'os lenticulaire, et l'étrier. Le marteau appuie sur la membrane du tympan, et donne attache à des muscles qui, en se contractant, peuvent le faire presser plus ou moins fortement sur elle, et la protéger.

Du côté interne de la caisse il existe deux petites ouvertures qui sont bouchées par des membranes tendues comme celle du tympan, et qui conduisent dans l'oreille interne. L'une d'elle, appelée la fenêtre ovale, est en contact avec la base de l'étrier; l'autre, nommée fenêtre ronde, est située un peu plus bas. Enfin la caisse communique aussi avec un grand nombre de cellules creusées dans la substance du rocher.

Le labyrinthe, troisième division plus reculée encore que l'oreille moyenne, se compose de trois pièces différentes, situées l'une devant l'autre. L'antérieure est *le limaçon,* la postérieure l'ensemble des *canaux demi-circulaires :* l'intermédiaire est appelée *vestibule*, parce que les autres s'y ouvrent comme les portes de plusieurs pièces dans un vestibule.

Le limaçon ressemble très-bien à la coquille d'un limaçon, dont la cavité intérieure serait partagée par une cloison ou lame spirale en deux rampes ou galeries intérieures, également spirales, communiquant l'une avec l'autre au sommet et en dedans de la coquille, tandis qu'à la base au contraire l'une des rampes aboutit au vestibule et se nomme rampe vestibulaire, l'autre à la fenêtre ronde de la caisse du tympan fermée par une membrane, et se nomme rampe tympanique.

Le vestibule est une petite cavité irrégulièrement arrondie, où débouchent la rampe vestibulaire du limaçon, les canaux demi-circulaires et la fenêtre ovale. Ces canaux, toujours au nombre de trois dans les animaux où on les observe, s'ouvrant dans la partie postérieure du vestibule, s'en éloignent en arrière, puis reviennent s'y ouvrir encore, après avoir décrit un demi-cercle.

Le labyrinthe renferme un périoste très-fin chez l'adulte, le labyrinthe membraneux, la périlymphe, les otoconies, et les extrémités du nerf auditif.

C'est le vestibule et les nerfs acoustiques qui constituent la partie essentielle de l'appareil auditif; les autres parties que nous venons d'énumérer sont destinées à perfectionner cet appareil, et peuvent, pour la plupart, être détruites, même chez l'homme, sans qu'une surdité complète résulte nécessairement de leur perte; elles manquent aussi chez un grand nombre d'animaux. Le sens de l'ouïe n'existe pas isolé et spécial chez les êtres inférieurs de l'échelle, dont la surface entière du corps paraît recevoir l'impression des vibrations de l'air; ce sens existe chez tous les vertébrés et dans plusieurs mollusques, les seiches en particulier. Un nerf dit *acoustique*, se divisant dans une pulpe gélatineuse, enveloppée d'une membrane fixe et élastique, constitue la partie essentielle et fondamentale de l'appareil, qui se complique, d'ailleurs, de différentes manières, comme on va le voir.

Anatomie comparée.

Oreille externe. La *conque* manque chez les poissons, les reptiles et les oiseaux. Chez les oiseaux de nuit, ou poltrons, un ensemble de plumes forme une sorte d'entonnoir, qui joue le rôle de conque. Chez les mammifères, elle offre de nombreuses formes, et une mobilité souvent très-grande. Le méat *auditif externe* manque dans les poissons et les reptiles; il est très-court dans les oiseaux.

Oreille moyenne. La caisse du tympan manque chez les poissons à branchies libres, et chez plusieurs reptiles;

toutes les fois qu'elle existe, elle présente deux orifices au moins : l'un qui répond au méat externe, l'autre à l'oreille interne. Le premier n'est pas toujours formé par une membrane : elle est plane et située à fleur de tête. Chez les oiseaux, sa convexité est tournée en dehors; chez les mammifères, en dedans.

Les *osselets*, au nombre de quatre chez les mammifères, et disposés comme chez l'homme, conservent les mêmes noms que chez lui, quoique présentant des différences de formes. Dans les oiseaux, on ne trouve qu'un osselet formé de deux branches coudées; la plupart des reptiles en présentent deux, qui répondent au marteau et à l'enclume : on n'en trouve pas dans les poissons.

Oreille interne. Dans les *écrevisses*, l'on ne trouve, pour tout appareil auditif, qu'une petite bourse renfermée dans un cylindre écailleux, ouvert par les deux bouts; l'un reçoit les filets nerveux, l'autre les ondulations de l'air et existe à la base des grandes antennes. Dans les *poissons* à l'espèce de sac précédent s'ajoutent trois canaux demi-circulaires ; le sac renferme quelques osselets, qu'il ne faut pas confondre avec les véritables osselets du tympan, qui n'existent pas chez eux. Dans les *reptiles*, les *crocodiles*, et les *lézards* en particulier, aux parties précédentes s'ajoute un commencement de limaçon, sous forme de cône, légèrement arqué, et à une seule rampe. Dans les *oiseaux* et les *mammifères*, le limaçon s'isole davantage, et présente deux rampes qui font deux tours et demi de spire chez l'homme, un et demi dans les cétacés, et trois et demi dans le cochon d'Inde.

Mécanisme de l'ouïe

Quant aux usages de chacune de ces parties, on pense que le pavillon remplit l'office du cornet acoustique, recueillant les sons et les réfléchissant sur la membrane du tympan; Boerhaave a avancé que les courbures étaient géométriquement disposées de manière à réfléchir toutes les ondes sonores dans le conduit auditif. Le conduit auditif externe sert à garantir la membrane du tympan de l'action trop directe de l'air et des agents extérieurs; les poils et le cérumen remplissent le même but. Lorsque le son est parvenu à la membrane du tympan, celle-ci, à raison de sa nature sèche et vibratile, partage promptement les oscillations sonores.

La caisse du tympan sert à propager les ondes sonores, soit par la chaîne des osselets, soit par les parois, soit surtout par l'air qu'il contient.

Les expériences de Savart portent à croire que les vibrations qui frappent le pavillon se propagent aussi, par l'intermédiaire de son cartilage, aux portions cartilagineuses et osseuses du conduit auriculaire, et par là à la membrane du tympan et à la portion osseuse de la paroi externe de la caisse. Aussi lui paraît-il probable que le pavillon et le conduit auditif ont pour usage de présenter une large surface aux ondulations aériennes, d'entrer en vibration sous leur influence, et de contribuer à augmenter les ébranlements des parties de la membrane du tympan avec laquelle le conduit auditif a un contact immédiat.

Quoi qu'il en soit, il paraît impossible de douter des vibrations de cette membrane; car Savart annonce les avoir déterminées sur le cadavre, en approchant un disque en vibration très-près de la membrane, et parallèlement à sa surface mise à nu. Il dit aussi s'être assuré qu'en tendant le muscle interne du marteau comme on tend la membrane tympanique elle-même, il devient plus difficile d'y produire des vibrations; et il est conduit à penser que les usages de ce petit muscle sont de préserver l'organe de l'ouïe contre les trop fortes impressions des sons. Comme d'ailleurs la membrane du tympan chez l'homme est très-peu étendue, il paraît impossible que les sons perceptibles se trouvent jamais à l'unisson avec ceux que la membrane pourrait rendre si on l'ébranlait directement. On a donc, comme l'a fait remarquer M. le professeur Gerdy, commis une erreur lorsqu'on a prétendu que le muscle du marteau la tendait ou la relâchait, pour la mettre à l'unisson avec les sons qui frappent notre oreille. Comment concevoir d'ailleurs qu'elle puisse être à l'unisson avec chacun des sons que nous entendons à la fois? N'est-il pas beaucoup plus probable que sa tension varie pour augmenter ou diminuer l'amplitude de ces excursions et, par conséquent, l'intensité de ses vibrations?

La paroi externe de la caisse, vibrant dans sa portion osseuse et dans sa membrane, qu'elle enchâsse comme l'est un verre de montre par le couvercle, transmet ses ébranlements à l'air et aux osselets. Que l'air de la caisse les partage, c'est ce qui ne peut être mis en doute, quand on songe à la vibratilité de l'air et à l'étendue de ces points de contact avec la paroi externe de la caisse, et particulièrement avec la membrane du tympan. Quant à la propagation des vibrations aux osselets, ce phénomène ne paraît pas moins certain. Si l'on fixe une verge de bois ou une lame mince à la surface d'une membrane tendue sur une petite caisse, de manière que la verge se prolonge du centre à la circonférence de la membrane et même au delà, on pourra voir, en approchant de cet appareil, comme l'a fait Savart, un corps en vibration, que la membrane produit, avec du sable répandu sur sa surface, des figures très-régulières ; que la verge vibre aussi, lors même qu'elle a des dimensions assez considérables.

Cette expérience prouve, par analogie, que les vibrations de la membrane du tympan se propagent aux osselets ; mais il suffit que les vibrations aient été démontrées dans cette membrane, pour que l'on ne puisse en douter.

L'air de la caisse ébranlé doit communiquer les vibrations à la partie interne de la cavité, à la membrane de sa fenêtre ronde, à l'étrier, et par cet osselet à la membrane de la fenêtre ovale, à la trompe d'Eustache, aux cellules mastoïdiennes, à celle du rocher et à l'air qu'elles renferment. M. Essert prétend que la trompe est destinée à permettre le déplacement de l'air ébranlé, et que son occlusion, s'y opposant, devient la cause de la surdité.

Les osselets, de leur côté, forment une sorte de tige osseuse, solide, qui transmet à la membrane de la fenêtre ovale, avec plus de force et de rapidité, les ébranlements qu'elle éprouve. Ils sont disposés et agissent, malgré leurs articulations, comme une pièce de bois qui, traversant un appartement, unirait ses deux portes opposées, et permettrait aux coups frappés à l'une de retentir directement à l'autre, dans un appartement plus profond ou plus reculé.

La paroi interne de la caisse et les membranes de ses fenêtres ronde et ovale, ébranlées, doivent à leur tour agiter la périlymphe qui remplit le labyrinthe, la division la plus reculée de l'organe de l'ouïe.

La périlymphe agitée doit à son tour entrer en vibration à la manière des liquides, et ébranler immédiatement les extrémités du nerf auditif à nu dans le limaçon et médiatement les extrémités du même nerf dans le vestibule, par l'intermédiaire du labyrinthe membraneux, où elles s'épanouissent, se terminent, et reçoivent ainsi médiatement ou immédiatement l'impression du son.

Les ondulations sonores n'agissent pas seulement sur le pavillon pour se propager, 1° par l'air et les parois du conduit auriculaire à la paroi externe de la caisse ; 2° par les parois de sa circonférence, l'air et les osselets qu'elle renferme à la paroi interne ; et 3° par cette paroi au labyrinthe, où s'épanouissent les extrémités du nerf auditif ; ces ondulations agissent encore sur les parties molles et sur les os de la tête, qui communiquent à leur tour au temporal et à l'organe de l'ouïe, renfermé dans son intérieur, les ébranlements qu'ils reçoivent. Ces vibrations se propagent ainsi avec d'autant plus de succès par les os de la tête, qu'ils sont plus minces, et rendus plus caverneux par les cellules dont ils sont creusés.

La trompe gutturale de l'oreille, qui s'ouvre dans le pharynx, introduit et renouvelle sans cesse l'air dans la cavité du tympan ; elle est l'analogue du trou percé sur la caisse d'un tambour, et sans lequel l'air n'éprouverait aucun mouvement vibratile.

VOIX.

Pour compléter l'étude des fonctions de relation, il est indispensable de parler de la voix, et de cette faculté précieuse qui a été donnée à l'homme dans son plus grand degré de perfectionnement, la parole, qui est le produit des modifications que reçoit la colonne d'air dans l'intérieur de la bouche, par les actions combinées du voile du palais, des joues, de la langue et des lèvres.

La voix consiste dans la production d'un son par le larynx : un grand nombre d'organes prennent part à cette fonction, mais celui qui en est spécialement le siége, c'est le larynx, espèce de boîte cartilagineuse qui, par son extrémité supérieure, s'ouvre dans le pharynx par une ouverture sur laquelle s'applique un petit cartilage nommé épiglotte, lequel joue un rôle important dans la déglutition, et par son ouverture inférieure communique avec la trachée-artère, qui n'est, en quelque sorte, que son prolongement. Le larynx est l'organe essentiellement producteur de la voix ; il est situé à la partie antérieure et inférieure du pharynx ; il présente sous la peau, chez les sujets maigres, une saillie très-apparente, à laquelle le vulgaire donne le nom de pomme d'Adam, et qui est formée par le cartilage thyroïde. La grandeur de cet organe varie selon les âges ; mais, toutes proportions gardées, elle est plus considérable dans l'homme que dans la femme.

Le larynx est indispensable à la production de la voix. Un animal peut être privé de cette faculté, si on lui ouvre la trachée-artère ; car alors l'air, pouvant sortir à travers cette issue accidentelle, ne reçoit plus les vibrations qui lui auraient été imprimées par le larynx. Cet organe a été regardé par les physiologistes comme agissant, dans la production de la voix, de la même manière qu'un instrument à anche, dont les tons sont d'autant plus aigus que les lames sont plus raccourcies, et d'autant plus graves qu'elles sont plus longues. Si l'on prend le larynx d'un animal quelconque, et qu'on y pousse de l'air au moyen d'un soufflet, par la trachée-artère, en ayant soin de comprimer cet organe de manière que les lèvres de la glotte se touchent, à l'instant il se produira un son parfaitement analogue à la voix de l'animal. Cette expérience, faite sur des larynx humains, a donné lieu à la production artificielle de la voix humaine.

Anatomie comparée.

Le larynx n'existe que chez les animaux dont la respiration s'effectue par des poumons, par conséquent dans les *mammifères*, les *oiseaux* et les *reptiles*.

Mammifères. Ils n'ont qu'un seul larynx, placé au sommet de la trachée-artere. Chez les *quadrumanes*, existent deux espèces de sacs membraneux qui communiquent tantôt avec la partie supérieure du larynx, au-dessus de la glotte, en sorte que la voix retentit dans ces sacs, décrits pour la première fois par *Camper;* tantôt avec la partie inférieure, au-dessous de la glotte, en sorte que l'air qui distend ces poches en est repoussé par leurs fibres musculaires, et traverse la glotte.

Dans l'*alouatte* ou *singe hurleur*, le corps de l'hyoïde, dilaté en vessie, communique par une ouverture avec le fond des ventricules du larynx; de là l'effrayant volume de la voix de ces singes. Dans les *solipèdes*, l'âne en particulier, il existe également au larynx des cavités secondaires ou *diverticules.* Dans les *cétacés*, dont la gueule toujours béante engouffre des torrents d'eau et des bancs entiers de poissons, le larynx n'a pu être protégé qu'en l'élevant à l'instar d'une pyramide, sur les côtés de laquelle l'eau s'écoule.

Oiseaux. Chez ces animaux existent deux larynx : l'inférieur, et le principal, forme la voix, comme l'on s'en assure en enlevant la partie supérieure du cou à l'animal, qui cependant pousse des cris. A l'angle de bifurcation des bronches primitives, existe un rétrécissement dont les bords sont garnis de deux espèces de lèvres membraneuses, dont le bord libre et élastique est dirigé vers le haut; l'orifice qu'elles limitent ainsi est de plus séparé en deux, soit par une traverse osseuse dirigée d'avant en arrière, soit seulement par l'angle de réunion des deux bronches; ces deux replis sont tendus et mis en mouvement par des muscles. Sous ce dernier rapport, on distingue le larynx qui n'a pas de muscles propres ou intrinsèques, et dont la glotte ne change que par suite des mouvements d'élévation ou d'abaissement de la trachée, que lui impriment des muscles particuliers, et le larynx qui a des muscles intrinsèques, tantôt une seule paire (*faucon*, *aigle*, *oiseaux de rivage à bec faible*), tantôt trois paires (*perroquets*), tantôt cinq paires (*oiseaux chanteurs*). Comme dépendances du larynx inférieur, signalons, à la partie voisine de la trachée, des dilatations égales, inégales, cartilagineuses ou osseuses, qui rendent la voix rauque, grave, et plus ou moins sourde (*canards harles*, les *mâles* seulement). Enfin le corps même de la trachée, constituant une partie du tuyau musical, est remarquable dans les oiseaux par ses cartilages à anneaux complets, et par la faculté qu'il a de s'allonger et de se raccourcir. Le *larynx supérieur* est réduit à une espèce de fente longitudinale, limitée par deux pièces osseuses qui ne peuvent que se rapprocher et s'écarter, mais jamais ni se tendre ni se relâcher; l'épiglotte manque; elle est remplacée par des prolongements pointus placés sur les lèvres de la glotte, et disposés de manière à empêcher les aliments de pénétrer dans les voies aériennes.

Reptiles. Leur larynx unique manque d'épiglotte, et se compose de pièces analogues à celles du larynx supérieur des oiseaux. Dans les batraciens, le larynx est remarquable : une barre transversale porte de chaque côté un grand anneau, origine des bronches, car chez ces animaux il n'y a pas de trachée; sur les deux extrémités de cette barre s'articulent deux pièces ovales, convexes en dehors, concaves en dedans, et semblables à deux corps de timbales; sur le bord inférieur de chacune d'elles est tendue, en dedans, une membrane qui coupe à angle droit la direction de l'air, et joue le rôle de corde vocale, tandis que les deux évasements des deux pièces ovales forment les ventricules. Outre cet appareil extrêmement sonore, les grenouilles mâles ont deux sacs, qui s'ouvrent chacun par un petit trou dans le fond de la bouche, et qui, lorsqu'ils sont gonflés, font saillir la peau de chaque côté sous l'oreille.

SOMMEIL.

Les actions de la vie que nous venons d'étudier ne peuvent pas se reproduire d'une manière continue : après quelque temps d'exercice, les organes sentants réclament un repos ou une interruption momentanée de leur communication avec les objets extérieurs; c'est ce repos que l'on nomme sommeil.

C'est sans aucun fondement que l'on a assimilé le sommeil à la mort, en disant qu'il en était l'image. Dans cet état, en effet, il n'y a cessation d'action que de la part des organes de la vie de relation, tandis que les fonctions nutritives s'exercent alors avec plus de liberté et d'énergie. Il semble que le sommeil soit un état d'effort des organes nutritifs; car les hommes qui, après leurs repas, se livrent à des exercices violents, sont généralement affectés d'une faiblesse qui les rend très-sujets aux maladies, et qui leur permet rarement d'atteindre le terme ordinaire de la vie. A raison de cette faiblesse, le sommeil chez eux est beaucoup plus profond, il est aussi d'une nécessité plus pressante; et ces hommes ne peuvent pas veiller plusieurs jours de suite sans s'exposer à des maladies graves.

Deux traits caractérisent le sommeil : la perte de toute influence de la volonté sur les actes de la vie de relation qui peuvent encore se produire, et la réparation du système nerveux, qui recouvre ainsi son aptitude à agir. Des bâillements fréquents annoncent le sommeil ; les idées deviennent confuses, la vue se trouble, les paupières se ferment; les sons, les odeurs et le goût ne produisent plus d'impression ; le toucher est obtus. La fatigue, la débilité, un murmure monotone, le silence, l'obscurité et l'inaction provoquent le sommeil.

Limité par l'habitude, il est prolongé chez l'enfant; court, léger et interrompu chez le vieillard ; l'adulte le goûte pendant six à huit heures d'une manière profonde, à moins que l'imagination, la mémoire, et quelquefois des jugements imparfaits assoupis, ne viennent l'agiter par des rêves. Les rêves, qui tiennent à un état intermédiaire entre la veille et le repos, peuvent se compliquer de somnambulisme. Il y a somnambulisme lorsqu'à l'action conservée du cerveau se joint celle de la locomotion et de la voix : on a rassemblé une foule de faits curieux relatifs aux somnambules, mais je ne crois pas convenable de les rapporter ici. Il y a rêve seulement lorsque l'imagination, la mémoire et quelquefois le jugement sont dans un état de veille pendant que les autres facultés sont engourdies.

On ignore la cause prochaine du sommeil ; on a voulu l'expliquer soit par l'affaissement des lames du cervelet, redressées, dit-on, pendant la veille; soit par l'accumulation du sang qui comprime la masse du cerveau, soit par l'épuisement du fluide sensitif et moteur que la nature nous accorde pour un temps précis, après lequel une nouvelle sécrétion devient indispensable. Mais aucune de ces explications n'est absolument vraie, et longtemps encore la même obscurité doit envelopper l'histoire entière des phénomènes des sensations, soit qu'ils s'accomplissent, soit qu'ils s'interrompent, ou qu'ils soient troublés par les maladies.

FONCTIONS DE NUTRITIONS.

Tous les êtres vivants, et eux seulement, ont la faculté de se nourrir, c'est-à-dire de renouveler sans cesse les matériaux dont leur corps se compose, en s'appropriant une partie des substances qui les environnent, et en rendant au monde extérieur des parties de leur propre substance. Lorsque ce mouvement intérieur s'arrête sans retour, ces êtrès meurent, et leur corps ne tarde pas à se détruire complétement. La durée de ce mouvement nutritif a toujours une limite déterminée; la mort est donc une suite nécessaire de la vie.

Ainsi, tout être passe du simple au composé en s'enrichissant graduellement de nouvelles compositions, et tout être retourne du composé au simple pour rendre ses éléments à la nature.

L'assimilation permanente des molécules nutritives dans la texture de l'animal ou du végétal, par un mouvement continuel de composition et de décomposition, échappe elle-même à nos sens; mais l'existence nous en est révélée par des faits nombreux et faciles à constater.

Cette assimilation s'accomplit par trois ordres d'actions bien distinctes : la digestion, la respiration et la circulation.

Les plantes, avons-nous dit, absorbent directement les substances qui doivent servir à l'entretien et à l'accroissement de leur corps. Mais chez les animaux il en est autrement : les matières alimentaires, avant d'être mêlées à la substance des organes, doivent subir une certaine préparation, au moyen de laquelle leur composition et leurs propriétés sont changées; en un mot, elles ont besoin d'être digérées.

ALIMENT.

On donne ce nom à toute substance naturelle, solide ou liquide, propre à réparer les pertes que fait le corps, et à y entretenir la force et la santé.

L'homme est omnivore. Quand les faits ne prouveraient pas cette assertion, elle serait démontrée par son organisation et la structure de son appareil digestif. Destiné par le Créateur à peupler l'univers, il avait besoin de cette organisation spéciale, qui le rend indépendant des lieux et des climats.

Malgré cette faculté qu'a l'homme de se nourrir indistinctement de végétaux et d'animaux, il est néanmoins soumis, sous ce rapport, à l'influence des climats; de sorte que tel aliment, très-convenable pour lui dans un pays, cesse de l'être dans un autre. En général, plus on s'avance vers le nord, et plus on remarque le besoin, on pourrait dire la nécessité d'une nourriture animale.

Sous les tropiques, où les substances sucrées et amilacées sont seules recherchées, et où les nourritures stimulantes et animales répugnent autant qu'elles sont nuisibles, nous voyons naître le riz, la patate, le maïs, le manioc, le millet, l'arbre à pain, et tous les fruits aqueux et mucilagineux.

En quittant cette zone, nous entrons dans celle où croît le froment, et déjà la nature prévoyante unit à la fécule, dans cette graminée, un principe particulier (le gluten), doué de toutes les propriétés des substances animales, puisque son analyse fournit de l'azote et de l'ammoniaque : c'est donc par un passage gradué, et pour ainsi dire insensible, que la nature fournit à l'homme ce qui lui est nécessaire. Dans la zone dont nous parlons, il préfère encore les aliments végétaux; mais ces végétaux contiennent un principe qui les rapproche des substances animales : et cela n'a pas lieu seulement pour le blé; on le trouve encore dans la châtaigne, qui fait l'unique ressource de quelques provinces montagneuses de la France et de l'Italie : ce n'est plus du gluten que contient cette dernière substance, c'est de l'albumine, mais dans des quantités considérables.

On commence à manger de la viande dans les pays qui se trouvent entre l'Atlas et la Méditerranée. Cette consommation devient plus grande en Espagne, plus considérable en France; elle est énorme en Angleterre et dans le nord de l'Allemagne; enfin, dans les régions rigoureuses et glacées, l'alimentation purement animale est la seule qui puisse faire surmonter l'influence débilitante du froid. Le Groënlandais, le Kamtchadale, etc., dévorent les phoques et les ours marins; leur pain n'est composé que de chair de poissons desséchés et pulvérisés; ils boivent l'huile de baleine, et ils assaisonnent ces différents mets avec des poissons dans lesquels la putréfaction, déjà avancée, a développé une grande quantité d'ammoniaque.

Cette nécessité d'un régime particulier, suivant les climats, se démontre par la facilité plus ou moins grande qu'ont eue à s'établir, dans certaines localités, des sectes religieuses : celles qui prescrivent le régime pythagoricien ont pris naissance dans l'Inde, et y subsistent encore, mais elles n'ont pas pu s'établir d'une manière permanente, plus au nord, même en Grèce et en Italie. Nous pouvons en dire autant de la religion catholique, relativement à l'abstinence qu'elle prescrit en certains temps.

L'histoire du moyen âge nous apprend que cette obligation de l'abstinence fut un des plus grands obstacles qui s'opposèrent pendant longtemps à l'établissement de cette religion dans le Nord, et que le précepte de l'abstinence n'y a jamais été strictement observé.

Depuis que l'on donne un peu de viande aux prisonniers, on ne remarque plus chez eux la même mortalité. On dit qu'en Suède et en Norwége une condamnation au pain pour toute nourriture équivaut à un arrêt de mort, et qu'il suffit pour cela de deux ou trois mois de réclusion.

On voit par ce court aperçu la nécessité de modifier les aliments suivant les climats; et si cela est vrai pour la population prise en masse, à plus forte raison faut-il le faire lorsqu'il s'agit d'ouvriers dont on exige un grand déploiement de forces. Le nègre et l'Arabe, transportés dans nos régions, ont besoin de la même nourriture que nos artisans, dont ils partagent les travaux; et lorsque ces derniers passent dans les climats des autres, ils compromettraient leur existence s'ils ne modifiaient pas leur manière de vivre.

Ici vient se placer le récit d'une observation fort curieuse faite sur soi-même par un médecin, dans le but de constater les effets du carême, c'est-à-dire des jeûnes et des maigres continués pendant quarante jours.

« J'ai jeûné, dit M. X., d'un bout à l'autre du carême, les dimanches exceptés, puisque la religion les excepte, c'est-à-dire, je ne mangeais qu'à midi (je me levais, terme moyen, à six heures). Ce repas de midi était mon dîner, composé d'œufs, de poissons, de légumes et de dessert, à l'exception des trois derniers jours de la semaine sainte, où l'on ne mange plus d'œufs. Le soir, de huit à neuf, je faisais une collation consistant en fromage, confitures, compotes ou fruits secs. Je ne profitais pas pour ce repas de la permission de prendre du lait, laquelle n'est accordée que dans certains diocèses. Quant à la quantité de la nourriture, j'ai toujours satisfait mon appétit, ne pouvant faire autrement d'ailleurs, vu les fatigues de notre profession.

« Il va sans dire que je n'ai point dû manger de pluviers, poules d'eau, macreuses et autres oiseaux aquatiques, regardés comme aliments maigres. Par leur rareté, ces mets sont réservés à certaines bouches privilégiées et ne sauraient entrer dans une expérience faite pour le grand nombre. Et puis, quels qu'aient été les motifs de l'Église, ces chairs, les plus animalisées de toutes, ne sauraient être, pour nous médecins, des aliments de carême. L'Église l'a compris, je suppose, et, sans rétracter ses prescriptions, laisse volontiers tomber celle-là en désuétude.

« A ce propos, on peut lire une controverse sur un oiseau nommé *pilet*, dans un *Traité des aliments de carême*, par Nicolas Andry, conseiller, lecteur et professeur royal, etc.; Paris, 1713, deux volumes in-12. On y voit comme quoi les révérends pères bénédictins du Tréport furent dénoncés à leur évêque, l'archevêque de Rouen, au sujet du *pilet*, dont ils croyaient pouvoir user avec conscience. Sur ce, interdiction du pilet, de par l'évêque ; réclamation des pères bénédictins; puis, réunion d'un certain nombre de médecins, ce qu'on appellerait aujourd'hui une commission. « On y apporta plusieurs *pilets*. On en mit un à la broche ; on en fit cuire un dans une casserole à sec, un troisième fut disséqué. On examina avec toute l'attention possible la nature de ces animaux par rapport à leur habitation, à leur nourriture, à leur graisse, à leur sang, etc. » On trouva que la graisse est une huile véritable, ainsi qu'il est dit quelques lignes plus haut. On ne dit pas si la docte assemblée daigna goûter du pilet; bref, on conclut que le *pilet* est poisson, et doit être mis au rang des aliments maigres.

« Tous les dix jours, continue le Dr X., je me pesais à jeun, pour constater la diminution ou l'accroissement de mon embonpoint. J'ai pris toutes les précautions possibles pour rendre ces pesées à peu près exactes. Elles avaient lieu à la même heure, avec les mêmes vêtements; et je notais le plus ou le moins d'humidité du temps, puisqu'il en résulte une différence assez notable de poids pour la personne et pour les vêtements.

« Aux mêmes époques, tous les dix jours, je constatais l'état de ma force, au moyen d'une romaine. J'avais deux cordes passées, l'une dans l'anneau de suspension de la romaine, l'autre dans le crochet; je saisissais chacune d'une main, et j'exerçais des tractions en sens opposé. Autre procédé : je faisais, de l'une des cordes, un étrier, dans lequel je passais mon pied droit, et je tirais sur l'autre avec ma main droite. Ce double essai n'était pas inutile, et l'on verra que les résultats obtenus par l'un et par l'autre n'étaient pas toujours d'accord.

« Je notais journellement ce qui a trait à l'appétit, aux digestions, aux évacuations alvines et urinaires, au sommeil, à l'état général de bien-être ou de malaise, soit physique, soit moral.

« Le carême passé, j'ai continué mes observations pendant le mois suivant, pour me donner un second point de comparaison, et pour constater, d'autre part, si l'usage du gras à Pâques, après le jeûne et l'abstinence du carême, ne donne pas lieu à quelque incommodité, à un accroissement subit dans la nutrition, enfin à un bouleversement quelconque.

« Or, voici le tableau de mes pesées, qui commencent au 17 janvier. Il en manque une, celle du 26 janvier, que j'ai oublié de noter. J'y ai joint en regard le tableau qui constate l'état de ma force, d'après la romaine. Quoi qu'il en soit, mon poids moyen, la seule chose que j'eusse besoin de connaître, était bien alors de 60 à 60 kilog. $^1/_2$, comme l'indiquent les pesées du 17 janvier et du 12 février. Quant à ma force moyenne, elle est peut être un peu au-dessus de ce que donnent les essais du 26 janvier et du 12 février. Si l'on visait à une appréciation rigoureuse, il y aurait aussi une correction en plus à faire aux premiers résultats, mes forces agissant de plus en plus favorablement à mesure que j'apprenais à me servir de la romaine, tandis qu'au commencement il y avait tout à la fois maladresse et souffrance : la corde me faisait mal aux doigts.

PESÉES.		FORCE.	
Dates.	Poids.	Traction avec les deux mains.	Traction avec la main droite sur le pied droit.
17 janvier 1839.	60 kil.		
26 —		18 kil.	40 kil.
12 février (veille du carême)	60 $^1/_2$	20 — 21	40 — 41
23 —	60 $^1/_4$	20 — 22	40 et au delà.
5 mars.	60 $^1/_4$	20	40 et au delà.
15 —	60 $^3/_4$	23	41
25 —	60	24	44
31 mars (Pâques)	60 $^1/_2$	20	42
10 avril.	60 $^1/_2$	19	44
21 —	60 $^3/_4$	20	43 — 44
1er mai.	60 $^3/_4$	18	48

« Ce tableau parle de lui-même, et malheureusement pour l'expérimentateur il ne dit pas grand'chose. Dix jours de maigre et d'abstinence me laissent avec le même poids exactement qu'à la veille du carême. Dix autres jours se passent, j'ai perdu un quart de kilogramme, soit une demi-livre. Encore dix jours, j'ai regagné et au delà ce que j'avais perdu : je pèse 60 kilog. $^3/_4$, plus que je n'ai jamais pesé dans les deux mois écoulés du 17 janvier au 15 mars, et autant qu'à Pâques. Puis je retombe à 60, comme au 17 janvier, pour me retrouver ensuite six jours après, à Pâques, le 31 mars, exactement au même point qu'au commencement du carême. J'y reste dix jours, puis j'engraisse les vingt jours suivants.

« De même pour ce qui regarde la force musculaire. Suivant la première colonne, celle qui indique le résultat de la traction des deux mains en sens opposé, après dix jours de carême j'ai gagné quelque peu : au lieu de 20 à 21, je vais de 20 à 22, puis je retombe à 20. Ensuite je gagne pendant vingt jours, j'arrive à 23, à 24; au bout du carême, je retombe à 20. Dix jours après Pâques, j'ai encore perdu; je suis à 19. En dix jours, je viens à 20. Enfin au bout de dix autres jours, au 1er mai, je ne vais plus qu'à 18, au point de départ; en d'autres termes, je me retrouve ce que j'étais au 26 janvier.

« Les résultats de la deuxième colonne, celle qui se rapporte à la traction de la main droite et du pied droit en sens opposé, suivent d'abord à peu près la même progression. Je reste presque au même point pendant les deux premières dizaines de carême; je me relève un peu à la troisième, beaucoup à la quatrième (44). Puis les résultats diffèrent de ceux de la première colonne. Je me retrouve à Pâques à 42, sensiblement au delà du point de départ (40-41). Je regagne quelque chose pendant les vingt premiers jours du mois suivant, et reviens à 43, 44, comme dix jours avant Pâques. Enfin, je gagne surtout énormément à la fin d'avril, et j'arrive à 48. Et cela, tandis que pour la traction des mains je suis descendu beaucoup au-dessous du point de départ, à 18!

« Je ne pousse pas plus loin cette analyse stérile, et je n'établis pas la comparaison entre les forces et les pesées : seulement, on verra d'un coup d'œil que la force n'a pas toujours suivi l'embonpoint, ce qui n'a rien de surprenant. J'ajoute que dans l'ensemble on entrevoit que le retour au gras m'a fait quelque bien.

« L'appétit n'a pas été chez moi notablement influencé par le carême. En relisant mes notes de cette époque, j'y vois avec une sorte de satisfaction que s'il m'arrivait de manquer d'appétit une fois ou deux, c'est-à-dire à un repas ou deux, en dix jours, c'était beaucoup; encore cela a-t-il eu lieu en carême plus rarement que dans le mois précédent, où je dînais fréquemment en ville, et surtout pendant le mois suivant, par des raisons différentes. Après quarante-six jours de maigre d'une part, j'avais un grand dégoût pour les fruits secs et autres mets de collation, qui, dans ma vie, revenaient nécessairement à certains jours; d'autre part, les aliments gras, quoique j'en usasse avec modération, me nourrissaient vraisemblablement davantage; et j'arrivai après cinq jours à un état de satiété et d'inappétence, qui se prolongea sauf quelques intervalles, pendant dix ou douze jours.

« Je n'ai pas remarqué que ma digestion fût ni plus ni moins facile, ni plus ni moins pénible, pendant le carême : je suppose, d'après mes observations habituelles, qu'elle était plus prompte : je ne l'ai pas noté. Les rares et légères souffrances d'estomac que j'ai notées se rencontrent indifféremment pendant le carême ou dans le mois suivant. Le mois qui avait précédé fait nécessairement exception, à cause des dîners en ville, que chacun supporte, quand ils se répètent, beaucoup moins facilement qu'un carême; et c'est ce qui m'arriva.

« Le maigre échauffe, dit-on; on entend par là qu'il constipe : à plus forte raison le jeûne joint au maigre. C'est aussi ce que j'ai éprouvé, et voici dans quelle proportion. Du 13 janvier au 13 février, mois qui a précédé le carême, il ne s'est passé que trois jours sans que j'allasse à la selle; il n'y en a eu que deux du 31 mars au 1er mai, mois qui a suivi la pâque; dans les quarante-six jours du carême il y en a eu neuf, jamais deux de suite. Cela n'a rien d'effrayant pour la santé, et je n'en souffrais pas. Je dois dire qu'à ma connaissance la constipation est beaucoup plus opiniâtre, et par conséquent beaucoup plus incommode, chez un grand nombre de personnes. Pour moi, l'exercice en plein air, inséparable de notre profession, tempérait sans doute l'influence du régime.

« La disposition inverse, la diarrhée, n'a eu lieu chez moi qu'à deux reprises, un jour chaque fois, dans le mois qui a précédé le carême; qu'un seul jour dans le mois après Pâques, et point du tout en carême. Un jour seulement il y a eu deux selles naturelles, ce qui est rare pour moi. Je note aussi en carême quelques coliques passagères par l'usage des pruneaux, même des meilleurs, quand j'en mangeais en certaine quantité ou à plusieurs repas.

« Le sommeil, généralement bon chez moi, l'a été moins en carême. J'ai noté sommeil agité ou interrompu neuf fois dans le mois qui a précédé le carême, neuf dans celui qui l'a suivi, et dix-neuf fois en carême. Bien des causes autres que la nourriture influent sur le sommeil. Mais les influences de ce genre ont été rares pour moi en carême, où j'ai mené une vie paisible ; et très-multipliée, au contraire, dans le mois précédent, comme chacun peut s'en rendre compte, à cause des dîners et des soirées. De sorte qu'en conclusion, l'alimentation m'a paru être pour quelque chose dans ce résultat. C'est, du reste, la seule chose qui pourrait me faire croire à une digestion moins facile.

« En somme, et en raisonnant maintenant sur les appréciations vagues, il est vrai, qui ressortent de la simple sensation, c'est une pauvre nourriture que le maigre, je dis le plus recherché et le meilleur, pour l'homme habitué à manger de la viande. Et indépendamment des mesures fournies par la balance et le dynamomètre, dans le point spécial qui vient d'être noté, comme en toute autre chose, il se retrouve sans cesse au-dessous de lui-même.

« Le jeûne énerve bien autrement, cela se devine. La fin de mes matinées, principalement depuis dix heures, heure habituelle du déjeuner, s'écoulait pour moi très-péniblement, dans une sorte de torpeur, d'hébêtement et de somnolence, que je combattais difficilement, malgré la présence des consultants. J'étais aussi à ce moment, et même tout le jour, quoique à un moindre degré, plus sensible au froid que de coutume. »

Il est démontré par ce qui précède, et par beaucoup d'autres faits qu'on ne pourrait pas rapporter ici, que, dans nos climats, la nourriture doit être mixte, c'est-à-dire composée de végétaux et d'animaux.

Il est un point très-important dans les règles du régime, pour tirer tout le parti possible de la nourriture, sous le rapport des forces et de la santé : il consiste à régler les aliments de telle sorte, qu'on les prenne toujours aux mêmes heures et dans les mêmes quantités. C'est ce qui résulte de l'observation des soldats dans leur casernement, et surtout des prisonniers, lorsqu'ils sont convenablement traités; ces deux classes d'individus engraissent sous l'influence d'un régime qui ne leur suffirait pas s'ils le prenaient tantôt à une heure, tantôt à une autre, et surtout s'ils le prenaient par jour dans des quantités différentes. Les militaires ont observé la même chose pour les chevaux de cavalerie.

L'homme qui travaille beaucoup a non-seulement besoin d'une quantité suffisante d'aliments, mais il faut de plus que cette quantité occupe dans son estomac un certain espace; sans cela, il éprouve un malaise qui nuit autant au déploiement de ses forces qu'une alimentation insuffisante. Ceci nous explique la préférence que donnent la plupart de nos ouvriers à ces pains grossiers qui, sous un volume donné, contiennent beaucoup moins de principes nourriciers que des pains plus recherchés; ces derniers passent rapidement dans leur estomac, et laissent revenir plus promptement le sentiment du besoin. Il faut avoir été privé pendant quelque temps d'aliments solides, pour connaître et apprécier cette influence mécanique d'une substance solide peu ou point nutritive.

Nous avons dit que l'homme, par son organisation, avait besoin d'aliments végétaux et animaux, et que plus il s'approchait des régions du Nord, plus il fallait faire dominer les premiers dans l'ensemble du régime. Il en est de même pour un grand nombre d'animaux : ne donnez que de la fécule pure à un chien, à une souris, à un chat, ils ne la digéreront pas, et périront en peu de temps; ajoutez à cette fécule une petite quantité de substance animale, et à l'instant vous développerez tous ses principes nutritifs.

On n'admet généralement, a dit un savant physiologiste, comme substances alimentaires que celles qui appartiennent aux règnes animal et végétal ; les substances minérales qui entrent dans la composition de nos mets, telles que le sel marin, le salpêtre et un petit nombre d'autres sels, ne sont considérées que comme assaisonnement et comme ne contribuant en rien à la nutrition. Quelques physiologistes même prétendent que les animaux carnivores périraient bientôt s'ils étaient réduits à n'avoir pour nourriture que des substances ne contenant pas d'azote.

Cette dernière assertion s'appuie sur des expériences directes, par lesquelles on a démontré que des chiens auxquels on ne donnait que du sucre, de la gomme, du beürre, de l'huile d'olives, etc., et de l'eau distillée, mouraient d'inanition au bout d'environ un mois. Ces animaux étaient très-convenablement choisis pour de telles expériences, puisqu'ils se nourrissent exactement de la même manière que l'homme.

D'un autre côté, cependant, on sait que des peuplades entières de l'Afrique centrale ne vivent, pendant plusieurs mois consécutifs, que d'une gomme qu'elles recueillent sur certains arbres, et qu'on connaît dans le commerce sous les noms de gomme arabique et de gomme du Sénégal. Les récits de plusieurs voyageurs nous ont également appris que les nombreuses caravanes qui, chaque année, partent des côtes de la Barbarie, et traversent le grand désert, pour se rendre à Tombouctou, n'ont pour aliments, pendant toute la durée de ce long voyage, que cette substance dont elles ne consomment même qu'une quantité peu considérable ; et pourtant ce régime frugal n'altère en rien la santé de ces marchands nomades. Sans insister plus longuement sur cette question particulière de l'insuffisance réelle ou prétendue des substances végétales comme aliment unique de l'homme et des animaux carnivores, il peut être néanmoins curieux de faire voir que le règne minéral lui-même a fourni, dans tous temps et dans des contrées différentes, des aliments à l'homme, qui souvent les a employés moins par nécessité que par goût.

Le peu d'étendue de la partie du globe que connaissaient les anciens, et le petit nombre d'observateurs et de savants qui, dans leurs voyages, s'occupassent alors de recueillir des renseignements sur la manière de vivre des peuples qu'ils nommaient barbares, sont cause que les écrivains de l'antiquité ne nous fournissent que des indications peu précises sur le point qui nous occupe. Cependant Pline le naturaliste parle d'un ragoût nommé *alica*, qui était un mélange de maïs et d'une espèce de terre, laquelle se trouvait entre Pouzzoles et Naples sur le mont Luncage, (*Leucogœi colles*); et il cite un décret d'Auguste qui ordonnait de payer annuellement de sa cassette, aux Napolitains, une somme de vingt mille sesterces, pour prix de la fourniture de ce minéral.

Breislaz, dans sa topographie physique de la Campanie, annonce avoir retrouvé au même lieu la terre désignée par Pline, et avoir reconnu que c'était du plâtre très-pur. Apicius, dans son traité sur l'art culinaire, indique deux procédés différents pour la préparation de l'*alica* : on voit aussi dans Athénée, et dans Eustache le scoliaste, que si les Grecs ne mangeaient pas le plâtre, ils l'avalaient du moins mêlé avec du vin de Zante.

C'est à ces notions incomplètes que se réduit ce que nous trouvons sur ce sujet dans les anciens auteurs ; mais beaucoup de voyageurs et de savants ont, dans les temps modernes, présenté des faits de *géophagisme* plus positifs, et qu'on ne saurait révoquer en doute. M. Stephano Camilli a publié, il y a quelques années, un mémoire où il a rassemblé les renseignements qui se trouvent épars dans les ouvrages de Gumilla, Giorgi, Pallas, Malte-Brun, Labillardière, MM. de Humboldt et Bompland, et autres.

Valmont de Bomare et l'Encyclopédie rapportent qu'en Espagne et en Portugal les dames éprouvent un très-grand plaisir à mâcher du *bucaro*, sorte d'argile d'une couleur jaune rougeâtre, qui, après avoir subi une espèce de fermentation, communique aux liquides avec lesquels on la mêle une saveur et une odeur très-agréables.

Cysat, auteur d'une description du lac de Lucerne, raconte qu'un tonnelier de cette ville tomba dans un précipice dont il n'eut le bonheur de sortir qu'après plus de cinq mois, et que, durant cette longue captivité, il n'eut pour se nourrir qu'une efflorescence minérale qui se trouvait sur les parois des rochers.

Les ouvriers qui exploitent les mines près de Kelbre, en Thuringe, mangent habituellement, étendue sur du pain, en guise de beurre, une sorte d'argile connue sous le nom de *moelle de pierre*, en allemand *stimmark :* cette terre est si fine, que la plus petite quantité d'eau suffit pour la convertir en bouillie. On trouve aussi, suivant Giorgi, dans la Sibérie, sur des couches de schiste alumineux, une substance appelée *beurre de roche*, dont les habitants font une grande consommation, et qu'ils regardent comme un spécifique contre la diarrhée. Au Kamtchatka, près du fleuve Olontora, et dans divers autres lieux, les Tonguses et les Russes eux-mêmes mangent une autre variété d'argile, tantôt seule, tantôt délayée dans de l'eau ou dans du lait. Cet aliment ne les incommode pas; et même la légère constipation qu'il occasionne est salutaire à ces peuples, qui, au printemps, consomment une très-grande quantité de poisson. Locoitz, chimiste qui a analysé cette argile, a trouvé qu'elle se composait de parties à peu près égales de terre ferrugineuse et de terre alumineuse, et d'un peu de fibres végétales et d'eau.

Dans les contrées situées sur le Volga, le Kama et l'Oural, on mêle, dans les temps de disette, avec le pain ordinaire, une espèce de plâtre en poudre, qui porte le nom de *farine de roche* ou farine céleste. On a fait usage, en Saxe, dans des circonstances semblables, d'une ressource analogue; mais il est vrai de dire que les gens qui ont eu recours à cet aliment en ont presque toujours éprouvé de mauvais effets; ce qui peut-être tenait au défaut d'habitude.

On retrouve dans l'Indoustan un usage semblable à celui que nous avons signalé en Espagne. Parmi les terres qui servent de nourriture aux indigènes, nous citerons particulièrement l'argile du Mogol, connue sous le nom de *terre de Patna*. Elle est d'une couleur grise jaunâtre, et sert à fabriquer des vases d'une forme délicate et d'une extrême légèreté, dans lesquels l'eau contracte une odeur et une saveur agréable : ces vases, dont les parois sont très-minces, s'imprègnent de la liqueur qu'ils contiennent, et les femmes indiennes, après les avoir vidés, les cassent et en mangent les fragments avec avidité, surtout lorsqu'elles sont enceintes. De petits gâteaux de forme carrée et de couleur rougeâtre, appelés par les Indiens *teneampa*, sont journellement exposés en vente dans des villages de l'île de Java, situés entre Sourabaja et Samarang. Ces gâteaux ne sont formés que d'une argile bonne à manger, et un peu ferrugineuse. Quelquefois on étend cette terre en feuilles minces, que l'on roule ensuite en petits cornets, et qu'on fait griller sur le feu : dans cet état, elle porte le nom d'*ampo*. Cette préparation, qui dessèche la langue et a un goût fade et une odeur de brûlé, n'est guère recherchée que par les femmes enceintes ou atteintes de la maladie que les médecins désignent sous la dénomination de *pica*, ou par quelques hommes qui veulent diminuer leur embonpoint.

Un autre fait plus curieux encore, c'est que les habitants de la Nouvelle-Calédonie, pour apaiser la faim qui les tourmente, dévorent de gros morceaux d'une sorte de talc friable, dans lequel Vauquelin a trouvé une forte proportion de cuivre.

Les nègres de la Guinée sont habitués à faire usage d'une terre jaunâtre qui, dans leur idiome, s'appelle *cahouac* ; et tel est le goût qu'ils ont pour cet aliment, que, transportés aux Indes occidentales, leur premier besoin est de chercher une substance analogue. Mais, quoique en Afrique cette nourriture n'ait aucun inconvénient pour leur santé, elle semble aux Antilles leur être pernicieuse, à cause de la différence du climat, ou de celle de la terre. Aussi les gouverneurs de la Martinique ont-ils défendu sévèrement l'usage du *cahouac* ; mais il n'est pas de châtiment qui puisse forcer les noirs à s'en abstenir. Les femmes indiennes occupées à fabriquer des vases de terre profitent de cette occasion pour avaler fréquemment des morceaux de craie ; et il est souvent nécessaire, après les pluies, d'enfermer les enfants, pour les empêcher de manger de la terre.

MM. Spix et Martius, dans leur voyage au Brésil, ont observé la manie qu'ont les femmes et les enfants qui habitent les bords du rio San Francisco, de manger du mortier, du charbon, du drap, du bois et de la terre, à laquelle ils trouvent que la petite quantité de salpètre qu'elle contient donne un goût agréable.

Mais de tous les exemples de *géophagisme* connus jusqu'à ce jour, il n'en est pas de plus remarquables ni de plus authentiques que ceux dont parle MM. de Humboldt et Bompland. Dans un village de l'Amérique du Sud, habité par les Ottomaches, ils ont observé que ces Indiens, qui ne cultivent aucuns végétaux, se nourrissent de poissons et de tortues lorsque les eaux sont basses; mais lorsque la pêche devient impossible, à cause de la crue périodique des fleuves, ce qui dure environ trois mois, ils mangent presque uniquement une terre à potier, grasse, douce au toucher, d'une couleur jaunâtre, et mêlée d'une petite quantité d'oxyde de fer, qu'ils tirent de certains bancs situés sur les bords de l'Orénoque et de la Méta. Ils pétrissent cette terre, qu'ils savent très-bien distinguer des autres espèces d'argile, et en forment des boulettes de quatre à six pouces de diamètre, qu'ils font griller sur un feu léger, jusqu'à ce que la surface ait pris une teinte rougeâtre; puis les humectent de nouveau avant de les manger. Les deux voyageurs trouvèrent dans les cabanes de ces Indiens d'amples provisions de ces boulettes amoncelées en forme de pyramide; et le frère Ramon Bueno, qui vivait depuis douze ans parmi eux, leur attesta qu'un Ottomache en mange par jour une livre, et que sa santé n'en est nullement altérée. Ces peuples dirent eux-mêmes à MM. de Humboldt et Bompland que pendant toute la saison des pluies cette argile formait leur principale nourriture, et qu'ils en trouvent la pâte si délicate, qu'ils en mangent même dans la saison où ils ont du poisson abondamment. Cependant, au temps de la crue des fleuves, ils y joignent, quand ils le peuvent, un lézard, un petit poisson, ou une racine de fougère. Du reste, ces hommes, qui ont un teint d'un brun cuivré, sont assez gras et robustes. Le père Gumilla, dans son Histoire de l'Orénoque, a prétendu que les boulettes d'argile qui servent de nourriture aux Ottomaches contenaient un mélange de farine de maïs et de graisse de crocodile ou d'alligator; et le célèbre et profond physiologiste Haller a révoqué en doute l'assertion que ce peuple puisse impunément se nourrir de terre. Mais le missionnaire Ramon Bueno et le frère Juan Gonzalès ont affirmé à MM. de Humboldt et Bompland que les boulettes d'argile ne contenaient pas de graisse de crocodile, et que dans ce pays on ne connaissait pas le maïs. D'ailleurs Vauquelin a fait l'analyse de quelques-unes de ces boulettes, et n'y a trouvé aucune trace de substances animales ou végétales.

On peut donc considérer l'usage de manger de la terre comme presque généralement adopté dans une grande partie des régions situées entre les tropiques. Dans ces contrées brûlantes, l'homme éprouve un besoin irrésistible de dévorer, non une terre alcaline ou calcaire qui serve à neutraliser les acides de l'estomac, mais une terre bolaire, grasse, et d'une forte odeur.

M. Camilli, dans le mémoire que nous avons indiqué plus haut, rappelle encore que beaucoup de vers et plusieurs mollusques se nourrissent de terre, et même que parmi les oiseaux et les mammifères il en est qui présentent une disposition au *géophagisme* beaucoup plus marquée que chez l'homme.

DE L'ACTION NUTRITIVE DES ALIMENTS.

Cette question embrasse les plus hautes difficultés de la

fonction de la nutrition, et depuis plusieurs années elle divise les esprits les plus élevés. Depuis longtemps les chimistes ont signalé dans les animaux trois matières azotées neutres, remarquables, soit par un grand nombre de propriétés communes, soit par leur abondance dans les solides ou les liquides de l'économie, soit enfin par leur présence dans tous nos aliments essentiels : ces matières sont la fibrine, l'albumine et la caséine ; l'albumine qui fait partie du blanc d'œuf, la fibrine qui forme la portion coagulable du sang, la caséine qui constitue la partie animale du lait.

Dans un essai de physiologie chimique soumis, il y a dix-huit mois, au jugement du public, MM. Boussingault et Dumas avaient posé en principe que l'albumine, la caséine et la fibrine existent dans les plantes ; que ces matières passent toutes formées dans le corps des herbivores, d'où elles sont transportées dans celui des carnivores ; que les plantes seules ont le privilége de fabriquer ces trois produits, dont les animaux s'emparent, soit pour les assimiler, soit pour les détruire, selon les besoins de leur existence.

M. Dumas a étendu ces principes à la formation des matières grasses, qui, selon lui, prennent complètement naissance dans les plantes, et qui viennent jouer dans les animaux le rôle de combustible ou même quelquefois un rôle transitoire. Il a enfin reconnu la nécessité de grouper ensemble tous les corps de la chimie organique qui jouissent de la propriété de passer à l'état d'acide lactique par la fermentation, qui, comme les sucres et les fécules, entrent pour une part importante dans l'alimentation de l'homme et des animaux, et ne sont produits réellement que dans les plantes, par les forces de la végétation.

C'est l'ensemble de ces vues et de ces conséquences que M. Dumas a résumé dans le tableau suivant :

Le végétal	L'animal
produit des matières azotées neutres,	consomme des matières azotées neutres,
Des matières grasses,	Des matières grasses,
Des sucres, fécules, gomme;	Des sucres, fécules, gomme;
Décompose l'acide carbonique,	Produit de l'acide carbonique,
L'eau,	De l'eau,
Les sels ammoniacaux;	Des sels ammoniacaux;
Dégage de l'oxygène,	Absorbe de l'oxygène,
Absorbe de la chaleur,	Produit de la chaleur,
Absorbe de l'électricité,	Produit de l'électricité,
Est un appareil de réduction,	Est un appareil d'oxydation,
Est immobile.	Est locomoteur.

Un oiseau granivore trouve dans le blé tous les éléments de sa nourriture. Un chien trouve dans le pain les matières que son organisation exige pour vivre et se développer. Une jument qui allaite peut non-seulement trouver dans l'orge et dans l'avoine les matériaux nécessaires à son existence, mais aussi la substance au moyen de laquelle se forme la caséine qui se trouve dans son lait. Les céréales doivent donc, indépendamment des matières amylacées ou sucrées qu'elles contiennent, offrir à l'organisation animale les moyens de se procurer les substances azotées neutres que tout animal renferme, et que, suivant M. Dumas, il ne peut créer.

Dans les cas où l'amidon, la dextrine et le sucre disparaissent de l'aliment, ils sont remplacés par des matières grasses, comme cela se voit dans l'alimentation des carnivores. On voit enfin que l'association des matières azotées neutres, avec les matières grasses et les matières sucrées ou féculentes, constitue la presque totalité des aliments des animaux herbivores.

D'après cette théorie, les aliments ingérés doivent offrir en nature les principes gras retrouvés chez les animaux; la proportion de l'engraissement représente la proportion des matières grasses des aliments; enfin, la nutrition perd le caractère d'une élaboration propre de l'organisme, pour n'être plus qu'un moyen de transport des principes nutritifs formés par les végétaux.

Nous l'avons dit, beaucoup de savants se sont émus à l'annonce d'un système aussi contraire aux idées reçues jusqu'à ce jour; et de graves objections ont été élevées par MM. Liebig, Magendie et Thénard. Ce dernier l'a surtout attaqué par des raisons déduites, à la fois, de la chimie et de la physiologie. Cet illustre savant ne regarde pas comme définitives les analyses des matières alimentaires; selon lui, les termes de *matières grasses* assimilent des substances nutritives très-dissemblables, car on ne peut admettre une identité réelle entre les produits de ce genre empruntés, par exemple, au foin et au lait, bien que l'analyse chimique y découvre les mêmes éléments. Est-on bien sûr d'ailleurs que les éléments reconnus jusqu'ici dans ces substances expriment définitivement leur composition intime? Et pourquoi ne croirait-on pas que plusieurs de ceux qui les distinguent, même chimiquement, se dérobent quant à présent à tous les efforts de l'analyse? Si ce doute est permis à l'égard des substances inorganiques, combien l'est-il davantage à l'égard des produits si compliqués de l'organisation!

Le point de vue physiologique présente, suivant M. Thénard, des obstacles beaucoup plus sérieux à l'établissement de la nouvelle théorie. La constitution chimique des corps organisés est loin de renfermer tout le secret de leur action. Les sécrétions animales sont douées d'un genre d'activité qui échappe aux appréciations de la chimie. Ces sécrétions n'agissent pas en effet par leurs éléments pris isolément; elles agissent en vertu du concours de leurs principes. Qui pourrait regarder comme une même chose le lait, le sang, la bile, quoique, à part quelques principes spéciaux, ils soient réductibles à des éléments identiques? Ce qu'on dit de leur action considérée en général doit s'appliquer également à leur manière de se comporter dans l'engraissement. Ce n'est pas tel ou tel principe seulement qui contribue à engraisser les animaux, c'est le concours, l'ensemble, la composition intégrale de l'aliment. Nous voyons, a dit le savant académicien, les animaux nourris exclusivement avec une seule substance, fût-elle très-animalisée, comme la fibrine, par exemple, dépérir bientôt et succomber même sous l'influence de ce système d'alimentation; non parce que la substance ingérée manque de tel ou tel principe spécial, mais uniquement parce qu'elle n'est pas pourvue du caractère de complexité dans lequel doit résider surtout la vertu alimentaire. Si la fibrine elle-même offre cet inconvénient, que doit-on attendre des matières alimentaires plus simples? M. Thénard a insisté, dans sa discussion contre la théorie de M. Dumas, sur l'état particulier dans lequel se trouvent les corps organisés et vivants, état particulier qui soustrait leurs fonctions aux explications empruntées à la chimie; sur l'imperfection inévitable des données analytiques d'après lesquelles on détermine les principes de l'alimentation; sur la nécessité enfin de la complexité des substances destinées à servir de nourriture. La plupart de ces idées, senties ou exprimées par les physiologistes, se trouvent ainsi garanties par une autorité des plus imposantes.

DIGESTION.

La digestion a pour objet la transformation des aliments en un liquide nutritif particulier, nommé chyle.

On peut diviser les phénomènes de la digestion : 1° en ceux qui la précèdent et la préparent, tels que l'appétition, la préhension des aliments, la mastication, l'insalivation et la déglutition; et en *digestifs* proprement dits : ce sont la chymification, la chylification, l'absorption du chyle, etc., etc.

FAIM.

La *faim* est une sensation interne dont le siége est rapporté à l'estomac, et qui nous sollicite à prendre des aliments. Les époques de son retour sont en raison de la quantité d'aliments prise et de l'activité digérante. Elle présente divers degrés, désignés sous les noms d'*appétit*, de *faim*, de *satiété*, de *boulimie* ou faim insatiable. Le *pica* est une faim qui s'applique à des aliments insolites. A la suite d'une abstinence prolongée jusqu'à ce que mort s'ensuive, on observe les phénomènes suivants : la capacité de l'estomac diminue; on ne voit, dans sa cavité, qu'un peu de salive mêlée à quelques bulles d'air, et à un peu de mucus, de bile et de suc pancréatique; ce viscère reçoit moins ou plus de sang qu'à l'ordinaire; la bile s'accumule dans la vésicule et s'y épaissit; toutes les fonctions se ralentissent; il n'y a d'exception que pour l'absorption, tant externe qu'interne, qui semble s'efforcer de suppléer à ce que n'apporte pas l'alimentation; enfin, l'estomac, entièrement vide et quelquefois comme corrodé, est affaissé sur lui-même; la faim devient une douleur toujours plus déchirante; le plus souvent un délire furieux éclate; et la mort a lieu, tantôt au milieu d'horribles souffrances, tantôt dans une agonie calme, et d'autant plus promptement que l'individu est plus jeune et plus robuste.

La faim résulte de l'action successive de trois parties nerveuses, du cerveau, des nerfs conducteurs, et enfin de ceux de l'estomac, qui est le siége spécial de cette sensation. La huitième paire exerce sur elle une grande influence. L'animal auquel on a pratiqué la section de cette paire ne cherche plus de lui-même les aliments; ou bien si on les lui met dans la bouche, il en prend outre mesure, et semble n'éprouver ni faim ni satiété.

On a voulu expliquer le sentiment de la faim par l'irritation que le suc gastrique accumulé exerce sur les parois de l'estomac; par le frottement des houppes nerveuses qui se trouvent en contact dans l'état de vacuité; par la contraction fatigante des fibres musculaires de cet organe; par les tiraillements que le foie et la rate, qui ne peuvent plus s'appuyer sur l'estomac, exercent sur le diaphragme, etc.

SOIF.

La *soif* varie dans son intensité selon diverses circonstances dans lesquelles a lieu une soustraction plus ou moins grande des liquides de l'économie. L'abstinence des boissons amène chez l'homme un sentiment de sécheresse et de constriction au pharynx et à la base de la langue : ces parties-là deviennent chaudes, rouges et gonflées; la salive est rare et visqueuse; il y a excitabilité de toutes les fonctions, et le malheureux succombe au milieu d'un délire frénétique. Les chimistes ont constaté, sur des animaux, que le sérum du sang est d'autant moindre que l'abstinence des boissons est plus prolongée. Il existe quelque incertitude sur le siége de la soif : ce serait l'arrière-gorge, selon les uns; l'estomac, selon d'autres. Remarquons aussi que cette sensation peut être apaisée (à la différence de la faim) par toute introduction de boisson dans le sang, quelle que soit la voie par laquelle est faite cette introduction. L'amiral Anson a obtenu ce résultat par l'application de vêtements mouillés sur la peau, et M. Dupuytren, en injectant, dans les veines des animaux, du petit-lait, de l'eau, etc.

DIGESTION.

La digestion s'opère, ainsi que l'absorption qui en est la suite, dans le *canal intestinal*, qui n'est autre chose qu'une continuation de la peau rentrée à l'intérieur, et qui, dans la plupart des animaux, est pourvue de deux orifices, la bouche et l'anus. Les parois de ce canal sont donc composées en général des mêmes parties que la peau extérieure : seulement elles sont modifiées pour offrir une surface éminemment absorbante, c'est-à-dire qu'elles ont les qualités qui distinguent les membranes muqueuses. Des fibres musculaires, les unes droites, les autres transversales, entourent ces parois du côté intérieur; elles sont les analogues de celles qui composent la couche interne de la peau.

Dans les animaux mammifères, ce canal forme beaucoup de replis, en sorte qu'il dépasse toujours en longueur celle du tronc. Dans l'homme, il est égal à six ou sept fois cette longueur. Dans les animaux herbivores, son étendue relative est beaucoup plus considérable.

Plusieurs organes servent à l'acte de la digestion : par eux les substances étrangères à l'animal s'introduisent dans les voies digestives, changent de qualité, et fournissent un composé nouveau, propre à sa nourriture et à son accroissement. Pour mieux faire comprendre les actions digestives, il est utile de les étudier séparément dans divers points de la cavité alimentaire : comme ces divers points sont le siége d'opérations distinctes, on les a désignés par des dénominations spéciales, et l'on a divisé l'histoire de la digestion en :

Préhension des aliments,
Mastication,
Insalivation,
Déglutition,
Action de l'estomac ou chymification,
Action des intestins ou chylification,
Absorption du chyle.

PRÉHENSION DES ALIMENTS.

Les organes de la préhension des aliments sont, chez l'homme, les membres supérieurs et la bouche. La main de l'homme lui sert à saisir les aliments liquides et solides, pour les porter ensuite à sa bouche; ainsi que lui, d'autres animaux se servent de leurs membres antérieurs pour prendre les aliments : tels sont entre autres le singe et le chat. Mais la plupart ne peuvent employer leurs membres à cet usage, et sont obligés de prendre leurs aliments directement avec la bouche. Chez eux les lèvres sont les seuls organes de préhension; mais quelquefois la nature a suppléé à cette privation par le développement d'organes particuliers, tels que la trompe des éléphants, la langue des fourmiliers, la pompe de certains insectes.

La bouche est une cavité de forme ovale, limitée en haut par le palais et la mâchoire supérieure ; en bas, par la langue et la mâchoire inférieure ; sur les côtés, par les joues ; en arrière, par le voile du palais et le pharynx ; en avant, par les lèvres. Elle varie de dimension suivant l'âge et les individus ; elle peut s'agrandir en tous sens : de haut en bas, par l'abaissement de la langue et l'écartement des mâchoires ; de côté, par la distension des joues ; et d'avant en arrière, par le prolongement des lèvres et l'abaissement du voile du palais.

Pour que les aliments solides puissent être avalés et digérés avec facilité, il faut qu'ils soient préalablement divisés en fragments très-petits. Cette division mécanique a lieu dans l'intérieur de la bouche ; elle s'opère à l'aide des dents, et porte le nom de mastication.

MASTICATION.

Les dents sont de petits corps extrêmement durs, qui ressemblent à des os, et qui garnissent le bord de chaque mâchoire ; elles doivent leur dureté, en premier lieu à la substance osseuse et éburnée qui en constitue la base ; et en second lieu, à une couche d'émail que certains anatomistes ont comparée au diamant pour la résistance, et qui est limitée à la partie des dents qui fait saillie en dehors des maxillaires.

Ces deux parties composantes des dents, l'émail et l'ivoire, n'ont été l'objet d'aucun doute, d'aucune contestation parmi les anatomistes, par la raison qu'elles sont particulièrement délimitées, et que chacune d'elles a des caractères physiques et chimiques qui les différencient et les distinguent. Mais quand on a cherché à pénétrer dans leur structure intime, quand on a voulu se rendre compte de leur composition microscopique et de leur développement, les opinions se sont alors partagées, et aucune d'elles, jusqu'à ce jour, n'a offert cet ensemble de preuves qui portent la conviction dans tous les esprits.

En ce qui concerne, en effet, l'étude microscopique des dents, les uns ont considéré ces corps comme un composé de fibres solides diversement arrangées, selon qu'on les examine dans une dent simple ou composée. Les autres ont pensé que ces fibres étaient creuses, tubulées; qu'elles forment des espèces de canalicules remplis soit de matière calcaire, soit du fluide sanguin, soit même d'un liquide incolore; et tous les anatomistes, à l'exception peut-être de Malpighi, ont donné, comme caractère spécifique du tissu dentaire, l'absence des aréoles, qui dénotent dans les autres organismes la présence du tissu cellulaire. MM. Nasmith et Richard Owen ont avancé, au contraire, que l'aréolité est le caractère primordial et fondamental des dents : ils admettent cette disposition celluleuse tant dans l'émail que dans l'ivoire.

Les dents sont formées par le développement de germes qu'on commence à apercevoir, chez le fœtus, pendant le second mois : ces germes, considérés comme des follicules membraneux de forme olivaire, très-petits d'abord, s'accroissent rapidement. La cavité d'un follicule, de même forme que lui, en occupe toute l'étendue; cette cavité est remplie d'un liquide incolore, limpide, dont la consistance est un peu épaisse, sans être visqueuse. Plus tard le follicule se remplit d'une espèce de papille vasculaire et nerveuse, qui est d'abord de la forme du follicule. L'un et l'autre s'accroissent jusqu'à l'époque de l'ossification, et prennent peu à peu la forme de la couronne de la dent.

L'ossification des germes ainsi formés commence du

troisième au sixième mois, se montrant au sommet des papilles dentaires sous forme de petites écailles osseuses. Il n'en existe qu'une seule pour chaque incisive ou canine : quant aux molaires, il y en a autant qu'elles doivent présenter de tubercules distincts.

L'os ou ivoire de la dent se forme le premier, à mesure que la couronne de la dent augmente. L'émail se forme d'abord à sa surface, et en descendant jusqu'au collet de la dent. Il est composé de granulations distinctes ; en se réunissant, elles forment une couche très-mince, qui, peu à peu, augmente d'épaisseur et de dureté.

Après la formation de l'émail, la dent continue à croître, en dedans par la production de nouvelles couches osseuses ; la cavité dentaire diminue de largeur et s'allonge en même temps que la racine qui embrasse le pédicule de la pulpe.

A mesure que le développement de la dent se fait dans le follicule, celui-ci finit par se détruire, ainsi que la gencive à laquelle il adhère, et dont le percement est le résultat de la pression continuelle qui s'exerce sur elle ; il se fait d'ordinaire autant d'ouvertures qu'il existe de tubercules à la dent qui doit sortir.

On distingue dans les dents deux parties : l'une située au dehors, l'autre en dedans de la mâchoire. La partie qui ressort se nomme couronne ; celle qui est emboîtée dans les ouvertures pratiquées dans chaque mâchoire, et qui se rétrécit de plus en plus vers son extrémité, se nomme racine ; chaque racine remplit exactement le trou qui la reçoit, et que l'on nomme alvéole. Une alvéole est simple ou divisée en plusieurs cavités, suivant que la dent qu'elle reçoit a une ou plusieurs racines. Les racines des dents servent à les fixer solidement dans les mâchoires, dont le bord est revêtu d'une membrane fibreuse, nommée gencive.

On distingue trois espèces de dents, savoir : 1° les dents incisives, dont le bord, droit et tranchant, est propre à couper les aliments; 2° les dents canines, qui s'élèvent en forme de cône pointu et servent à déchirer les aliments; 3° les dents molaires, dont la forme est presque cubique chez l'homme, et dont la couronne très-large et inégale sert à broyer les aliments, comme le feraient des meules de moulins; enfin, ces dernières sont à leur tour de deux espèces : les petites ou fausses molaires, et les grosses molaires. Les dents incisives occupent le devant de la bouche; les canines viennent ensuite, et les molaires occupent les parties latérales et postérieures des mâchoires. La manière dont elles sont fixées dans leurs alvéoles respectives varie. Les dents incisives ont une racine simple; les dents canines et les deux premières molaires ou petites molaires n'ont également qu'une racine; les grosses molaires ont deux, trois, et quelquefois même quatre racines.

Anatomie comparée.

Les véritables dents n'existent que dans trois classes de vertébrés, les *mammifères*, les *reptiles* et les *poissons*. M. Geoffroy Saint-Hilaire dit avoir remarqué à la base du bec de plusieurs oiseaux des tubercules qui, selon cet auteur, ne seraient que des dents avortées. Toutes les espèces renfermées dans les trois classes mentionnées ne sont pas pourvues de dents; elles manquent chez le fourmilier, le pangolin, la baleine, la tortue, l'esturgeon; tandis que quelques invertébrés en présentent, les échinodermes en particulier.

On distingue trois sortes de dents : 1° les *dents sim-*

ples, comme chez l'homme, dont l'ivoire est enveloppé de toutes parts par l'émail, et n'en est pas pénétré ; 2° les *dents demi-composées*, dont la base est simple, mais dont la couronne présente des sortes de replis qui pénètrent à une certaine profondeur (molaires des ruminants) ; 3° les *dents composées*, qui ont des replis tellement profonds, qu'ils semblent former autant de dents simples, agrégées et serrées les unes contre les autres (molaires de l'éléphant). La partie inorganique ou sécrétée des dents se compose d'ivoire, d'émail et de ciment : cette substance, qui ne se trouve pas chez l'homme, est moins dense que les deux précédentes ; elle recouvre l'émail des dents composées, et finit, en s'épaississant, par souder les lobes qui constituent cette espèce de dents.

Chez l'homme, on compte trente-deux dents continues ; chez les *quadrumanes*, trente-deux et quelquefois trente-six non continues, parce que les canines très-développées se logent dans les intervalles de dents voisines.

Dans les *carnassiers*, existent trois sortes de dents : incisives, canines et molaires ; celles-ci sont tantôt tuberculeuses, tantôt tranchantes, tantôt hérissées de pointes (*insectivores*). Dans les *carnivores*, grosses et longues canines ; six incisives très-courtes ; molaires tranchantes ou tuberculeuses, dont la seconde, munie d'un talon, prend le nom de carnassière.

Dans les *rongeurs* (lièvre), point de canines ; deux ou quatre incisives longues et tranchantes ; molaires munies de saillies transversalement disposées.

Dans les *solipèdes* (cheval), six incisives à chaque mâchoire ; six molaires ; canines nulles, ou, si elles existent, toujours séparées des molaires par un intervalle où l'on place et maintient le mors.

Dans les *ruminants,* six incisives en bas; point de dents à la mâchoire supérieure, dont les gencives sont dures et cornées ; pas de canines en général ; molaires à rainures longitudinales.

Dans les *reptiles*, tantôt pas de dents (chéloniens), tantôt des dents. Chez les ophidiens venimeux, existent des dents mobiles, percées d'un canal aboutissant à une vésicule remplie de venin.

Dans les *poissons,* l'on trouve des dents sur toutes les parties de la bouche : on les appelle maxillaires, palatines, linguales, vomériennes, etc.

Chez quelques animaux *articulés*, les dents sont placées dans l'estomac (écrevisse).

Lorsque les aliments ont été introduits dans la bouche de la manière déjà indiquée, une cloison mobile appelée voile du palais, et placée en travers, au fond de la bouche, s'abaisse de façon à fermer cette cavité en arrière, et à empêcher qu'ils soient avalés immédiatement ; d'autre part, les mâchoires s'écartent et se rapprochent alternativement, et, par les mouvements de la langue et des joues, les aliments sont continuellement ramenés entre les dents, qui les divisent. Lorsque ces substances ne présentent que peu de résistance, la mastication peut s'opérer à l'aide des incisives, des canines ou des petites molaires ; mais pour le cas contraire, elles doivent nécessairement être portées entre les grosses molaires, pour y être écrasées.

INSALIVATION

Pendant que les aliments sont divisés par la mastication, ils s'imbibent de certains liquides contenus dans la bouche ; et c'est ce phénomène auquel on donne le nom d'insalivation.

Ces liquides abondent dans la bouche; ils sont fournis par de petites glandes que l'on observe à l'intérieur des joues, à l'union des lèvres et des gencives, sur le dos de la langue, sur le voile du palais, et surtout par les six glandes salivaires qui sont placées dans la bouche ou dans ses parois, et qui portent le nom de glandes parotides, sous-maxillaires et sublinguales.

Le liquide fourni par ces trois sortes de glandes porte le nom de salive. Par les mouvements de mastication dont nous avons parlé, ce liquide coule dans la bouche, et donne aux aliments une mollesse qui rend plus facile leur sortie de cette cavité, et leur permet de pénétrer dans le pharynx pour être avalés.

Les joues, les lèvres et la langue aident beaucoup l'insalivation des aliments, en les retenant dans la bouche, en les ramenant sous les dents, et en les mélangeant avec la salive : la quantité de ce liquide est en rapport avec la saveur des substances alimentaires, et avec leur nature sèche ou humide.

DÉGLUTITION.

C'est ce passage des aliments de la bouche jusqu'à l'estomac, que l'on appelle déglutition. Pour qu'elle ait lieu, la langue promène sa pointe dans tous les coins de la bouche ; elle y recueille les portions d'aliments qui y sont placées, et les mouvements de cet organe, combinés avec ceux des joues et des lèvres, les réunissent en une seule masse sphérique, que l'on appelle bol alimentaire.

Au même moment, le voile du palais, qui jusque-là avait été baissé, se relève en arrière, et laisse béante l'ouverture que l'on nomme isthme du gosier. Les piliers du voile du palais, qui sont situés de chaque côté de cette ouverture, se relâchent, et agrandissent le passage; et le bol alimentaire, pressé par la langue, pénètre dans l'arrière-bouche ou pharynx, et descend vers l'estomac.

Le pharynx ne communique pas seulement avec la bouche et l'œsophage; les fosses nasales s'y ouvrent aussi, et c'est à sa partie inférieure que se trouve le commencement du canal par lequel l'air pénètre dans la poitrine. Pendant la déglutition cette dernière ouverture se ferme, et une espèce de soupape nommée épiglotte, qui la recouvre, s'abaisse pour empêcher les aliments d'y pénétrer; mais quelquefois cependant cet accident arrive, et on avale de travers.

Le voile du palais, en se plaçant obliquement, empêche aussi le bol alimentaire de pénétrer dans l'ouverture postérieure des fosses nasales; enfin, la partie inférieure de l'arrière-bouche et le conduit qui y fait suite ont la faculté de se dilater et de se contracter alternativement, pour faire place au bol alimentaire, et pour se resserrer ensuite sur lui et le pousser en bas; et c'est par ces dilatations et ces resserrements successifs que l'aliment est porté jusqu'à la cavité de l'estomac. Le canal placé entre la cavité de l'estomac et le pharynx se nomme œsophage, et l'ouverture qui fait communiquer ce canal avec l'estomac se nomme cardia.

CHYMIFICATION.

C'est par l'œsophage et le cardia que chaque portion de l'aliment arrive dans l'estomac, espèce de poche membraneuse qui a la forme d'une cornemuse, et qui est placée en travers, à la partie supérieure du ventre ou abdomen, vers le point appelé vulgairement le creux de l'estomac. Au fur et à mesure de leur introduction, les aliments se placent les uns à côté des autres; la contraction du cardia les empêche de remonter vers la bouche, et le resserrement de la portion de l'estomac, en communication avec l'intestin, les empêche pendant un certain temps de passer outre.

Lorsque, par suite d'une alimentation trop considérable ou de l'état maladif de l'estomac, cet organe ne peut plus se prêter à la distension que leur présence nécessite, les choses ne se passent pas ainsi : le cardia se relâche, et les aliments, remontant de l'œsophage dans le pharynx, et du pharynx dans la bouche, sont expulsés par des contractions de l'estomac, auxquelles on a donné le nom de vomissements.

Quand, au contraire, l'estomac remplit librement ses fonctions, il devient le théâtre d'une série d'actions qui ont pour but de dénaturer les aliments qu'il contient, et de les réduire en une pâte d'un gris rougeâtre et d'une résistance assez molle, à laquelle on a donné le nom de chyme. Ces actions sont : l'augmentation de la chaleur, la compression des aliments, et surtout leur mélange avec un liquide particulier versé dans l'intérieur de l'estomac, et appelé suc gastrique. Ce liquide, qui est acide, provient de diverses petites glandes qui sont logées dans l'épaisseur des tuniques de l'estomac.

Anatomie comparée.

L'estomac, cavité caractéristique de l'animal, présente trois grandes formes : 1° l'estomac *simple*, qui n'a qu'une cavité; 2° l'estomac *compliqué*, ayant plusieurs loges incomplètes, dont les membranes conservent la même apparence; 3° l'estomac *composé* de différentes poches, ayant chacune des membranes d'apparence différente. Nous allons examiner ce viscère chez quelques animaux.

Chez les *ruminants*, l'estomac se compose de quatre poches : 1° la *panse, herbier* ou *double*, qui est couverte de papilles larges et plates, et tapissée d'un épiderme; 2° le *bonnet*, présentant des mailles polygones, dont les aires sont hérissées de papilles plus fines que celles de la panse, et recouvertes d'épiderme; 3° le *feuillet*, qui offre de larges feuillets recouverts de papilles semblables à des grains de millet; 4° la *caillette*, qui est dépourvue d'épiderme; sa muqueuse est molle, lubrifiée, et présente de larges plis; un orifice, muni d'un rebord valvulaire et musculeux, sépare cette cavité de la précédente; l'œsophage s'insère sur la partie droite de la panse, et communique en même temps, au moyen d'une gouttière, avec le bonnet et le feuillet (1).

Chez les *oiseaux*, l'on trouve trois cavités ; mais les deux supérieures ne sont que des dilatations de l'œsophage : ce sont le *jabot* et le *ventricule succenturié*. Le *jabot* est situé au bas du cou, où on l'aperçoit quand il est distendu par des aliments. Le *ventricule succenturié*, ou *jabot glanduleux*, présente des glandes nombreuses et considérables, qui forment de petits cylindres perpendiculaires à la surface de la membrane, et serrés de manière à imiter un pavé. L'*estomac proprement dit*, ou *gésier*, est globuleux, un peu comprimé sur les côtés; sa membrane musculeuse est formée de deux muscles très-forts, rouges, et dont les fibres rayonnent autour de deux tendons aplatis qui occupent les faces latérales du viscère;

(1) Pl. 13, fig 4.

la membrane interne est formée par une espèce de gelée, dure comme de la corne (1).

Chez les *reptiles* et les *poissons*, l'estomac ne présente rien de remarquable; sa forme est très-diversifiée.

Parmi les *mollusques*, l'*aplysie* présente un estomac des plus remarquables. On y trouve : 1° un jabot en spirale; 2° un gésier cylindrique, épais, garni intérieurement d'une armure, consistant en douze pyramides rangées en quinconce, demi-cartilagineuses, et dont les pointes se touchent au milieu de l'organe, en sorte qu'il ne reste qu'un très-petit intervalle pour le passage des aliments; 3° un troisième estomac, qui est armé d'un grand nombre de petits crochets pointus et dirigés du côté du gésier : le quatrième estomac est nu.

Dans les *crustacés décapodes* (écrevisse), l'estomac est soutenu par un appareil osseux, en forme d'appendices costiformes, et qui sert à porter cinq dents qui, placées près du pylore, ne laissent rien passer sans le soumettre à la mastication : ces pièces osseuses sont mises en mouvement par des muscles extrinsèques et intrinsèques parfaitement distincts.

Dans les *astéries* ou *étoiles*, on trouve un estomac muni de dix appendices ou cœcums, deux pour chaque branche.

Pour aider à la chimification, les parois de l'estomac s'appliquent sur les aliments, qu'elles embrassent étroitement. Cette contraction fixe et immobile, appelée péristole, se soutient pendant tout le temps nécessaire à la chymification. Cette opération s'effectue successivement

(1) Pl. 13, fig. 5.

de la périphérie au centre de la masse alimentaire, par couches concentriques, de l'épaisseur d'une ligne environ. A mesure que la couche chymeuse est formée, le mouvement de péristole la fait glisser vers le pylore, avec d'autant plus de facilité que le chyme est une pâte beaucoup moins consistante et plus liquide que le bol alimentaire. Cette couche étant expulsée, l'estomac se resserre sur celle qui était subjacente; celle-ci fuit à son tour, et cet effet se continue de la même manière jusqu'à ce que tous les aliments contenus dans l'estomac soient entièrement chymifiés. Le chyme se forme autour des parois de l'estomac, et jamais on n'en a trouvé dans le centre de la matière alimentaire.

Ainsi que nous l'avons dit, la chymification commence à s'opérer une heure et demie après l'ingestion des aliments, et l'on peut évaluer la durée de ce phénomène de quatre à cinq heures pour un repas ordinaire; mais ce temps varie selon la constitution de l'individu, selon la nature des aliments, leur grosseur, leur préparation culinaire, etc.

Des expériences faites sur ce sujet ont établi qu'un aliment séjourne d'autant plus longtemps dans l'estomac qu'il est plus nutritif; que les substances animales sont plus aisément et plus complétement altérées que les substances végétales : ces dernières traversent, en effet, quelquefois impunément toute la longueur du tube digestif. Il résulte des mêmes expériences que les substances grasses ou albumineuses sont les moins digestibles; que les caséeuses et les fibrineuses le sont davantage; et enfin que les gros morceaux sont les moins facilement digérés. La chair bouillie est plus digestible que la chair rôtie. Les aliments qui déplaisent à l'estomac sont rejetés aussitôt sans altération, et ceux au contraire qui le flattent sont digérés avec facilité. On sait que le froid appliqué extérieurement sur ce viscère suspend son action, tandis qu'une chaleur modérée l'accélère.

De tout temps les physiologistes ont été partagés d'opinion sur l'essence et l'étendue de la digestion stomacale : nous avons dit qu'on en a cherché la cause dans la coction, dans la fermentation, dans la putréfaction, dans la trituration, dans la macération et dans la dissolution chimique des aliments.

Une importance exclusive a été accordée tour à tour à une ou à plusieurs de ces hypothèses, et la dernière surtout a dû le grand crédit dont elle jouit encore aux expériences célèbres de Spallanzani. Ce savant physiologiste, en disséquant des oiseaux, parvint à extraire une abondante quantité de suc gastrique, soit en introduisant une petite éponge dans leur jabot et en l'y laissant séjourner quelques heures, pour l'en retirer ensuite tout imprégnée de ce liquide, soit par la compression de leurs glandes œsophagiennes. Il plaça ce suc gastrique dans de petits vases, avec des aliments convenablement divisés; il développa autour de ces vases une température analogue à celle de l'estomac pendant la vie; et la masse alimentaire fut digérée artificiellement, et se réduisit en une matière analogue à la pâte chymeuse, produit de semblables substances alimentaires introduites dans le corps d'un animal pris pour terme de comparaison.

Depuis Spallanzani, des faits nouveaux sont venus corroborer l'explication qu'il a donnée des phénomènes digestifs; et l'on s'est assuré que le suc gastrique, filtré continuellement par les glandes de l'estomac, est une liqueur plus active et plus pénétrante que la salive; qu'il attaque les principes constitutifs des aliments, qu'il les décompose, et les met dans l'état d'une dissolution complète.

MM. Sandras et Bouchardat ont publié, dans ces derniers temps, des recherches très-intéressantes sur la digestion de certaines substances alimentaires. Suivant ces habiles et savants expérimentateurs, la fonction de l'estomac consiste, pour la fibrine, albumine, caséum, gluten, à les dissoudre au moyen de l'acide chlorhydrique. Cet acide suffit, quand il est dilué au demi-millième, pour la dissolution des matières précitées, tant qu'elles sont crues : si elles ont subi la coction, l'acide chlorhydrique dilué ne les dissout plus dans les appareils de verre ; et, puisqu'on les trouve dissoutes dans l'estomac vivant, les auteurs en concluent qu'il se passe alors dans l'estomac vivant autre chose qu'une simple dissolution par l'acide chlorhydrique dilué; seulement la présence de l'acide chlorhydrique paraît toujours indispensable.

Pour les matières albumineuses, la digestion et l'absorption se font presque exclusivement dans l'estomac ; le reste de l'intestin n'offrant presque plus de cette dissolution dont l'abondance dans l'estomac est constatée. C'est aussi dans l'estomac que se fait la dissolution de la fecule; ce principe ne semble pas, dans l'état ordinaire, se transformer en sucre. Il n'est pas suffisamment démontré qu'il passe à l'état d'amidon soluble; toutefois, les auteurs ont constaté sa transformation en acide lactique.

L'absorption de cette partie des aliments a semblé moins exclusivement bornée à l'estomac que celle de l'absorption des matières albumineuses, ce qui serait d'accord avec les dispositions particulières des intestins chez les animaux non carnivores. La graisse n'est point attaquée dans l'estomac; elle passe dans le duodénum à l'état d'émulsion, au moyen des alcalis fournis par le foie et le pancréas. Cette émulsion se trouve en abondance dans tout le reste de l'intestin.

Enfin le chyle a paru un peu moins abondant, mais semblable, chez des animaux tués à jeun, et chez ceux qui ont été nourris de matières albumineuses ou de fécule. Il n'a présenté de différences marquées que chez ceux qu'on avait nourris de graisse : ce principe immédiat s'y est trouvé en proportion considérable.

En poursuivant ces recherches, MM. Sandras et Bouchardat sont arrivés à des conclusions qui peuvent être résumées ainsi :

1. Quelle que soit la nature des aliments, la quantité de corps gras existant dans le sang a été à peu près la même. Cette quantité est toujours très-minime; les sangs les plus riches en corps gras n'en contiennent pas plus de 2 à 3 trois millièmes.

2. Quand l'animal a ingéré de l'huile, la graisse de son sang est plus liquide : quand il a pris des corps gras d'un point de fusion élevé, la graisse contenue dans son sang est moins fusible.

3. L'acide stéarique, encore reconnaissable dans le sang des carnivores nourris avec du suif, s'y transforme en acide margarique.

4. La graisse du sang des animaux carnivores contient toujours un ou plusieurs acides volatils, produits très-probablement de l'oxydation des matières ingérées.

On n'a pas pu déterminer nettement si ces corps gras sont des acides butyrique, caprique ou caproïque, ou d'autres analogues, parce que la quantité qui avait été obtenue était toujours excessivement faible, et que les produits ont paru très-complexes. Mais ce qui ressort de ces faits, c'est que les corps gras passent, par une série d'oxydations successives, sous différents états où la solubilité du composé sodique qui les forme est incessamment augmentée.

5. Outre les acides gras volatils, il existe un produit gras constant dans le sang des carnivores, qui provient probablement de l'altération des matières grasses : c'est la cholestérine, graisse neutre d'un point de fusion très-élevé, qui ne peut être brûlée dans le sang, et doit nécessairement être éliminée.

6. Les corps gras que le foie sépare ont un point de fusion constant, quelle que soit la nature de la graisse ingérée ; ils consistent essentiellement en cholestérine, en acide oléique et margarique, unis avec la soude. C'est donc le foie qui est chargé d'éliminer de l'économie l'excédant des graisses existant dans le sang.

Aidé par les douces contractions des fibres musculaires de l'estomac, par les mouvements alternatifs du diaphragme et des muscles abdominaux, par l'action modérée de tout le corps, par l'air que contiennent les aliments, par la chaleur animale, par les breuvages mêlés aux nourritures solides, le suc gastrique achève ce qu'avait commencé la mastication et ce qu'avait ébauché la salive ; il opère, sur la pâte qu'il imprègne, une métamorphose plus ou moins rapide et régulière, selon la force ou la faiblesse de l'estomac, le choix des aliments, et d'autres circonstances.

Lorsque les aliments ont été suffisamment altérés, soit par la trituration que produisent les resserrements de l'estomac sur lui-même, soit par le mélange des sucs gastriques, et que leur décomposition est assez avancée pour qu'il soit impossible de les reconnaître, l'ouverture inférieure de l'estomac, nommée pylore, qui jusque là avait été étroitement resserrée, se dilate pour donner passage à la pâte chymeuse.

Près du pylore est une valvule qui paraît avoir pour usage d'apprécier l'altération que doivent subir les aliments avant de passer dans le duodénum.

CHYLIFICATION.

Le pylore fait communiquer la cavité de l'estomac avec le canal intestinal.

On donne ce nom à un long tube membraneux qui est contourné sur lui-même, et qui, par son extrémité inférieure, s'ouvre au dehors; il est logé tout entier dans la cavité de l'abdomen ou ventre, et se compose de deux parties bien distinctes : la première, très-étroite, appelée intestin grêle, est le lieu où s'achève la digestion; la seconde, boursouflée et assez vaste, est nommée gros intestin, et sert comme de réservoir pour le résidu de la digestion qui doit être rejeté au dehors.

Anatomie comparée.

La longueur de l'intestin est très-considérable : chez les animaux qui se nourrissent exclusivement de chair, elle est d'environ deux ou trois fois la longueur du corps; et chez ceux qui se nourrissent de matières végétales, elle est en général au moins de douze à quinze fois cette longueur : chez le bœuf, sa longueur est d'environ vingt fois celle du corps et chez le mouton, vingt-six à vingt-huit fois cette longueur; chez l'homme, qui est omnivore, l'intestin a ordinairement sept fois la longueur du corps.

En général, la *longueur* de l'intestin, soit grêle, soit

gros, est d'autant plus étendue que l'animal se nourrit davantage de substances végétales, *et vice versa*. Dans l'*homme*, elle est à la longueur du corps :: 1 : 7; dans la *noctule*, espèce de chauve-souris très-carnassière, on trouve la proportion de 1 : 2; dans le *bélier*, au contraire, celle de 1 : 27. Chez le *têtard* ou larve de la grenouille, qui se nourrit de végétaux, elle est :: 1 : 10; chez la *grenouille*, au contraire, qui se nourrit d'animaux, elle est de 1 : 2.

En général, la longueur va en diminuant des mammifères aux poissons; et lorsque la longueur du canal intestinal d'un animal s'éloigne beaucoup de celle que présente le canal des animaux très-voisins, dont les habitudes sont cependant les mêmes, l'on observe que la largeur est bien différente; elle est d'autant plus grande que l'intestin est plus court.

Cet organe chez les oiseaux est loin de présenter des différences aussi nombreuses que chez les mammifères. Ses formes, sa structure, sa position même dans l'abdomen, sont semblables pour la plus grande partie des espèces.

La première portion de l'intestin grêle des oiseaux, que l'on peut regarder comme formant le duodénum, se porte d'abord d'avant en arrière, puis revient d'arrière en avant jusque vis-à-vis le pylore; ensuite le canal intestinal fait un nombre plus ou moins grand de circonvolutions en spirale, et finit par se diviser vers l'anus. Cette portion, qui se détache du paquet des circonvolutions pour longer la colonne vertébrale et se terminer à l'anus, reçoit ordinairement à son origine deux cœcum, rarement un seul, dont les orifices s'ouvrent à cet endroit. Elle est toujours plus dilatée que toute la partie du canal intestinal qui la précède; elle augmente même de diamètre en approchant de sa terminaison.

C'est par ce caractère d'être plus large que le reste de l'intestin, qu'elle peut encore être reconnue, même lorsque les cœcums n'existent pas. La forme de ceux-ci varie un peu. L'intestin grêle offre un diamètre à peu près le même dans toute son étendue; cependant il diminue par degré depuis son commencement jusqu'à la fin. Le tube intestinal présente généralement une cavité unie sans boursouflure (à l'exception de l'autruche). La membrane interne est souvent couverte, à sa surface, d'un beau velouté, dont les filaments sont toujours plus longs et plus fins dans le duodénum que vers la fin de l'intestin grêle ou dans le rectum. (Il est remarquable que le cœcum des oiseaux ne soit pas privé de villosités; mais elles y sont toujours beaucoup moins déliées ou plus grossières que dans l'intestin grêle : elles manquent dans le cœcum des mammifères.) Dans le duodénum de l'aigle, les villosités sont toujours fines et dressées comme les soies d'une brosse. La musculeuse est quelquefois peu marquée; la celluleuse de même.

Les reptiles ont tous un canal intestinal fort court, dont la plus grande partie, d'un diamètre beaucoup plus petit que le reste, répond à l'intestin grêle des mammifères, et dont l'autre, généralement très-dilatée en comparaison de la première, peut être comparée au gros intestin de ces mêmes animaux. L'une et l'autre sont presque toujours séparées par une valvule circulaire plus ou moins saillante dans la cavité du gros intestin; cette valvule n'est qu'un prolongement de l'intestin grêle.

Il est impossible, vu la diversité du canal intestinal des poissons, de présenter aucune généralité sur sa forme, sa structure et sa distribution. On peut cependant établir que ce canal intestinal est ordinairement assez court, et que la cavité interne est lubrifiée par le suc abondant qu'y répand une couche glanduleuse. Dans quelques espèces de cette dernière classe, et chez une grande partie des animaux sans vertèbres, le tube digestif finit par n'être plus qu'un canal droit qui s'étend de la bouche à l'anus. Ce dernier orifice, qui chez les animaux supérieurs occupe constamment la partie postérieure du corps, se trouve quelquefois placé dans les inférieurs très-près de la bouche (1).

De cette disposition on passe à une autre fort remarquable, où l'appareil digestif n'est plus qu'un sac percé d'une seule ouverture, qui fait à la fois l'office et de bouche et d'anus (la plupart des zoophytes). Dans les derniers des animaux, il n'y a plus de vaisseaux dans les diverses parties du corps, et la nutrition ne s'opère plus que par imbibition.

On trouve dans les parois des intestins des fibres musculaires qui, en se contractant, poussent devant elles les matières contenues dans ce tube; les mouvements qu'elles exécutent sont nommés vermiformes, parce qu'ils ressemblent à ceux d'un ver qui rampe; à l'extérieur, les intestins sont enveloppés d'une membrane très-fine appelée péritoine, qui sert aussi à les fixer dans le ventre.

La première partie de l'intestin grêle, celle qui fait immédiatement suite à l'estomac, a été nommée duodénum; c'est dans sa cavité que se passe l'acte le plus important de la digestion, c'est-à-dire le changement du chyme en un liquide rosé, d'une consistance égale à celle de l'empois, et que l'on nomme chyle. Pour passer à cet état, le chyme, qui sort incessamment de l'estomac, est

(1) Pl. 10, fig. 3.

pénétré par une liqueur que l'on nomme la bile, et qui est le produit d'une grosse glande placée dans le voisinage de l'estomac, et que l'on nomme *foie*.

FOIE.

Cet organe important, situé dans la partie droite de la cavité du ventre, reçoit dans sa substance une assez grande quantité de sang, et il en extrait le fluide dont nous avons parlé (la bile). Ce fluide s'amasse peu à peu dans une petite poche adhérente à la surface inférieure du foie, et que l'on nomme la vésicule du fiel. Des canaux qui proviennent soit de cette vésicule, soit du foie lui-même, se réunissent pour former un conduit qui perce les parois du duodénum, et verse dans sa cavité la bile qui le parcourt. Ces canaux sont nommés hépatiques et biliaires.

M. le Dr Amussat a établi, par les expériences délicates et nombreuses auxquelles il s'est livré sur le *mécanisme du cours de la bile dans les canaux biliaires* :

1° Que la vésicule et les canaux biliaires sont pourvus de fibres charnues, et que non-seulement cet appareil se vide par la pression qu'exercent sur lui les organes voisins, mais probablement aussi par une action propre et particulière à tous les réservoirs et canaux contractiles. Il est, du reste, fort difficile de constater les contractions de la vésicule biliaire, par l'expérimentation directe sur les animaux vivants.

2° Que la véritable disposition des valvules cystiques, qui n'existent que chez l'homme et le singe, est en spirale ou en hélice plus ou moins régulière. Cette disposition avait déjà été indiquée par Ruisch, et oubliée. Cette espèce de valvule ou de sphincter paraît avoir le double usage de favoriser l'ascension de la bile et d'empêcher la sortie trop brusque de ce liquide;

3° Que l'orifice du canal cholédoque dans l'intestin, par son étroitesse comparée à la capacité du canal, est la cause physique qui force la bile à remonter contre son propre poids dans la vésicule. C'est encore un fait de plus qui prouve que les phénomènes physiques jouent un grand rôle dans les fonctions de nos organes.

4° Que la véritable situation de l'appareil biliaire, l'homme étant debout, ne permet pas que, dans l'état de vacuité de l'estomac et des intestins, la bile puisse couler par son propre poids dans la vésicule, comme on l'avait supposé sans vérifier le fait.

5° Que chez tous les animaux dépourvus de canaux hépato-cystiques la bile remonte contre son propre poids; que c'est par la disposition physique de l'orifice du canal cholédoque que ce phénomène a lieu. La valvule cystique favorise l'ascension de la bile et en modère la sortie; et la vésicule, par la pression abdominale et probablement aussi par une action propre de la tunique musculeuse, chasse la bile. Le cholédoque lui-même, pourvu aussi d'une tunique musculeuse, doit concourir à faire passer la bile dans le duodénum.

L'anatomie comparée confirme complétement le résultat de ces recherches sur l'homme, et montre surtout que, par des moyens variés, la nature peut atteindre le même but sur les différentes espèces d'animaux. Mais c'est toujours l'étroitesse de l'orifice duodénal du cholédoque qui est la cause principale du phénomène de reflux de la bile dans la vésicule; même sur les animaux quadrupèdes, la disposition de l'appareil biliaire est telle que la bile doit toujours remonter contre son propre poids, comme sur l'homme, pour refluer vers la vésicule.

Les expériences sur les animaux vivants prouvent qu'on ne peut faire contracter la vésicule comme la vessie urinaire par aucun moyen ; cependant elle se contracte ou se resserre évidemment, puisqu'elle se vide en peu de temps, mais d'une manière insensible, sous les yeux de l'expérimentateur. Les canaux biliaires, au contraire, se contractent très-visiblement sur les oiseaux, et plus fortement même que les intestins. L'orifice du cholédoque est très-petit, et dans quelques oiseaux la bile coule goutte à goutte, comme distillée et projetée.

Anatomie comparée.

Dans les *mammifères*, le foie ne présente de différences notables que dans sa forme, le nombre et la profondeur de ses lobes. Ainsi, les *rongeurs* présentent quatre lobes. Dans les *ruminants*, il est presque entier. Dans les *oiseaux*, le foie est généralement plus volumineux que dans les mammifères; il est formé de deux lobes presque égaux. Dans les *reptiles*, il est proportionnellement encore plus volumineux ; il est presque entier, à quelques exceptions près ; et tandis que chez les animaux précédents il est d'un rouge-brun, il est jaune chez les reptiles. Dans les *poissons*, il est très-volumineux, jaunâtre et souvent lobé; c'est ainsi que dans la *carpe* le foie a de très-longues divisions qui remplissent tous les intervalles des circonvolutions intestinales. Chez tous les vertébrés, la veine-porte existe.

Dans les *mollusques*, le foie existe, mais sans veine-porte. Dans le *poulpe* (*sepia octopodia*), on trouve, entre les deux lobes de l'organe, la *bourse* qui produit l'encre particulière à ces animaux. Dans les *crustacés*, le foie consiste en une immense quantité de cœcum jaunes et arborisés. Dans les *insectes*, on ne trouve plus que quelques vaisseaux jaunâtres qui flottent dans un liquide transparent. Dans les vers, on ne rencontre plus d'organe analogue au foie.

La *vésicule biliaire* n'existe pas chez tous les animaux munis d'un foie. Parmi les *mammifères*, elle manque chez plusieurs *rongeurs*, chez l'*éléphant*, le *chameau*, etc. Parmi les *oiseaux*, elle manque chez le *perroquet*, l'*autruche*. Elle existe dans tous les reptiles et manque chez plusieurs poissons. La loi de son existence n'est pas encore trouvée : cependant, en général, elle existe presque toujours chez les animaux qui se nourrissent de matières animales. Chez les *singes* seuls, ainsi que chez l'homme, le col de la vésicule présente une valvule en spirale. Chez le *bœuf*, le *bélier*, etc., il existe des canaux dits *hépato-cystiques*, qui vont directement du foie à la vésicule, et qui ne s'observent pas chez l'homme. La distance du pylore, à laquelle le canal cholédoque s'ouvre, est variable; sa loi n'est pas bien connue; et c'est à tort qu'on a dit qu'il s'ouvrait d'autant plus près du pylore que l'animal était plus vorace et carnivore.

Une autre glande située près de l'estomac, et nommée pancréas, verse de son côté le suc qu'elle sécrète dans la cavité du duodénum, et participe aussi à la confection du chyle, dont nous avons maintenant à parler.

CHYLE.

Le chyle est la matière nutritive modifiée, transformée dans le tube digestif, et absorbée par les vaisseaux lymphatiques de ce dernier. C'est la première forme affectée par la substance alimentaire destinée à réparer les pertes de l'organisme : elle est permanente chez les animaux inférieurs dont le chyle ne diffère pas du sang proprement dit ; mais elle est temporaire chez les animaux plus élevés dont le chyle ne tarde pas à se convertir en sang.

La connaissance du chyle se lie historiquement à celle des vaisseaux qui le contiennent : la coloration qu'il donne à leurs parois favorisa leur découverte, mais il fallut de nombreux tâtonnements pour que leur existence ne fût plus sujette à contestation, et surtout pour que leurs usages fussent rigoureusement déterminés.

S'il est vrai qu'Aristote ait entrevu les vaisseaux chylifères ou lactés, ainsi que le prétendit Aselli, pour donner à ses découvertes l'appui d'une grande autorité ; si Érasistrate et Hérophile les aperçurent réellement, ainsi que l'affirme Galien, on peut avancer du moins que la nature de leur contenu ne fut pas soupçonnée, puisque Galien lui-même a prétendu que les substances alimentaires étaient absorbées dans le tube intestinal par les veines mésaraïques ; opinion qui partagea l'heureux sort de la plupart des assertions de ce grand médecin, et régna dans les écoles jusqu'au milieu du seizième siècle.

La théorie de Galien touchant l'absorption de la substance alimentaire par les veines était tellement enracinée, qu'Eustachi, dominé par son influence, considéra comme une veine le canal thoracique qu'il avait découvert chez le cheval. En 1622, Gaspard Aselli, professeur à Pavie, reconnut le premier l'existence du chyle, et constata que cette humeur s'écoulait à la suite d'une piqûre faite à l'une des lignes blanchâtres du mésentère.

En 1628, des médecins d'Aix examinèrent, à l'invitation de Gassendi, le mésentère d'un supplicié auquel on avait fait prendre des aliments quelques heures avant sa mort, et reconnurent ainsi l'existence du chyle chez l'homme; mais ce ne fut qu'en 1649 que J. Pecquet, pendant le cours de ses études médicales à Montpellier, observa le chyle dans son réservoir, et montra le trajet parcouru par ce liquide depuis l'intestin jusqu'à la veine sous-clavière gauche. Depuis cette époque, importante dans la science, les recherches se dirigèrent beaucoup plus sur la disposition anatomique et sur la structure des vaisseaux qui renferment le chyle, que sur cette humeur elle-même.

Il a fallu arriver jusqu'au commencement de ce siècle pour acquérir des notions particulières sur le chyle; la voie a d'abord été ouverte par les chimistes. Ainsi Vauquelin, Reurs et Emmert Marcet ont fait connaître leurs recherches; puis les chimistes associés aux expérimentateurs ont apporté des documents d'un nouvel ordre, comme on le voit dans les ouvrages de Tiedemann et Gmelin, de MM. Leuret et Lassaigne sur la digestion. Les micrographes ont aussi fourni leur contingent; aujourd'hui, c'est aux médecins à profiter de ces matériaux isolés, à les rectifier, à les coordonner, à les compléter et à juger enfin le parti qu'on peut en tirer pour leur propre science, qui reçoit les lumières de toutes les autres.

Disons quelques mots de la manière de recueillir le chyle. La profondeur et l'exiguïté des vaisseaux qui contiennent ce liquide s'opposent à ce qu'il puisse être obtenu exempt de tout mélange et en quantité suffisante, à la suite des lésions accidentelles chez l'homme vivant. Les exemples dans lesquels on a cru reconnaître un écoulement spontané de chyle, à la suite d'une lésion intestinale, n'ont pas du tout servi à l'étude de ce liquide : peut-être même eût-il été nécessaire de les présenter avec plus de détails, pour les faire accepter comme réels. Aussi n'a-t on pu observer régulièrement le chyle humain que chez les sujets morts subitement après le repas ou chez les suppliciés. « L'occasion nous a été offerte, dit M. le professeur Bouisson, de recueillir du chyle sur un homme qui s'était suicidé après un repas copieux. L'examen détaillé auquel nous nous sommes livré ne nous a fait découvrir aucune différence appréciable entre le chyle humain et celui des animaux carnassiers. Cette ressemblance diminue l'importance des circonstances exceptionnelles où l'on a pu observer minutieusement le chyle de l'homme, et permet d'accorder plus de confiance aux données de la physiologie expérimentale, qui vient heureusement en aide pour établir ou compléter nos expériences sur ce point. »

M. Magendie conseille d'étrangler l'animal sur lequel on veut recueillir du chyle, ou de lui couper la moelle épinière lorsque la digestion est en pleine activité ; de lui inciser la poitrine dans toute sa longueur et de passer un stylet armé d'une ligature au-devant de la colonne vertébrale, de manière à embrasser à la fois l'aorte, l'œsophage et le canal thoracique le plus près possible du cou. On renverse ou l'on casse les côtes du côté gauche, et l'on aperçoit le canal thoracique accolé à l'œsophage. On en détache la partie supérieure, qu'on a ensuite le soin d'éponger pour absorber le sang ; on l'incise, et le chyle coule dans le vase destiné à le recevoir. Pour augmenter la quantité du liquide, il faut favoriser son cours en pressant la masse intestinale et le système chilifère abdominal. De cette manière, dit M. Magendie, on en fait continuer l'écoulement quelquefois pendant un quart d'heure.

On peut encore inciser d'un seul coup le thorax au niveau des cartilages du côté gauche et de la paroi abdominale antérieure. L'air se précipite dans la poitrine en affaissant le poumon ; on accélère la mort de l'animal en comprimant le cœur avec la main. L'incision du diaphragme, des espaces intercostaux, le renversement des côtes, sont rapidement exécutés, et le canal thoracique est mis à découvert dans toute son étendue. Il est alors facile de lier ce dernier sur plusieurs points, et de circonscrire avec les ligatures des espaces dans lesquels on recueille le chyle, pour examiner les différences qu'il affecte suivant les divers points de son trajet.

On a également obtenu du chyle en quantité convenable pour l'observation, en tranchant subitement la tête des jeunes animaux au moment de la digestion, et en allant à la recherche des veines sous-clavière et jugulaire. L'incision de ces vaisseaux, faite avec précaution, conduit à l'embouchure du canal thoracique, d'où on voit le chyle s'écouler avec assez d'abondance, quand on exerce une pression sur l'abdomen.

D'après les belles recherches consignées par Cuvier dans son *Anatomie comparée*, le chyle est un liquide blanc, opaque et laiteux dans les mammifères, généralement diaphane dans les autres classes des vertébrés, qui remplit successivement les vaisseaux lymphatiques des intestins, des mésentères, et le canal thoracique.

Sa couleur varie suivant la nature des aliments et la partie de ses réservoirs dans laquelle on l'observe. Il est moins opaque et un peu plus diaphane dans les *mammifères herbivores ;* il est plus opaque et plus blanc dans les *carnivores ;* il prend quelquefois une teinte rosée, surtout dans le canal thoracique. Celui des *oiseaux* est généralement transparent; cependant M. Duméril a vu les vaisseaux chyliferes d'un pic-vert, qui s'était nourri de fourmis, remplis d'un chyle blanc opaque.

M. Lauth l'a constamment trouvé transparent et sans couleur dans les *dindons*, les *poules*, les *hérons*, les *cigognes*, les *goëlands*, les *oies sauvages* ou *domestiques*, les *canards*, etc.

Chez les *reptiles*, il est d'un beau blanc de lait extrêmement pur, et sans aucune nuance de bleu ou de jaune. Ces exemples prouvent que le chyle n'est pas toujours diaphane dans les trois classes inférieures des vertébrés.

Les *poissons* l'ont aussi d'un blanc limpide.

Sa saveur est douce ou un peu salée. Sa pesanteur spécifique est moindre que celle du sang.

Comme la lymphe et le sang, le chyle charie des globules de forme et de dimensions déterminées, suivant les espèces ou les groupes plus élevés. Ces globules sont bien distincts des particules de graisse auxquelles MM. Tiedemann et Gmelin attribuent exclusivement la couleur et l'opacité du chyle.

Les *globulins* du chyle ont été entrevus par Leuwenhoeck, qui admettait qu'il en fallait six pour former un globule de sang; ils ont encore été mentionnés par Eller; et depuis, mieux connus par Hewson, Wagner, Muller, E. Burdach et Donné. On les observe dans les vaisseaux chylifères, et surtout dans les ganglions mésentériques et la partie inférieure du canal thoracique; mais on les retrouve aussi dans les derniers points du trajet du chyle, et jusque dans le sang. Les globulins commencent à subir, dans les ganglions mésentériques, l'influence particulière qui les dispose à augmenter de volume : à partir de ce point, ils s'enveloppent de couches albumireuses. Toutefois, ce développement n'est sensible qu'au delà des ganglions; dans l'épaisseur même de ces derniers, on n'observe pas encore de véritables globules à noyau.

Home, qui dit avoir examiné le chyle des ganglions mésentériques extraits d'un cadavre humain, prétend bien que les globules qu'il renfermait étaient d'un volume variable, et que quelques-uns égalaient ceux du sang. Mais il est probable que ces derniers n'étaient autre chose que des globules sanguins eux-mêmes, provenant des capillaires sanguins, divisés pour rechercher le chyle dans l'épaisseur des ganglions. Ce n'est qu'au sortir de ces derniers que l'on aperçoit les globules proprement dits, dont le volume paraît à l'œil trois ou quatre fois plus considérable que celui des globulins, et va d'ailleurs en s'accroissant jusqu'à ce que la transformation du chyle en sang soit opérée.

Les globulins sont clairs, demi-transparents; ils paraissent sphériques, égaux à leur surface; leur diamètre est environ de $\frac{16}{10000}$ de ligne, selon Wagner. Ils sont insolubles dans l'eau et dans l'éther, et disparaissent par l'action de l'ammoniaque.

Le *volume* des globules chyleux s'accroît insensiblement depuis l'origine jusqu'à la fin du canal thoracique; il a été, au reste, diversement estimé. D'après Hewson, ces globules sont plus petits que ceux du sang; ils ont le même volume que les globules lactés, selon Prevost et Dumas; et ils varient en dimension suivant les espèces animales, d'après les observations de Muller. Les résultats micrométriques ne sont pas non plus identiques. Wagner estime que chez l'homme leur diamètre est de $\frac{10}{10000}$ de ligne; Valentin le réduit à $\frac{21}{10000}$; Prevost et Dumas disent qu'il est d'un trois centième de millimètre. Cette divergence dans les résultats s'explique, soit par la différence réelle que présente le volume des globules chez différents animaux, soit par les variations de leur développement, suivant la hauteur du canal thoracique à laquelle on a recueilli le chyle. Ce qui reste démontré, c'est que les globules chyleux les plus développés n'ont pas encore atteint le diamètre des globules sanguins. Pour faire exactement cette appréciation, on a déposé, au milieu d'une goutte de chyle extraite de la fin du canal thoracique d'un chien, et étalée sur le verre à observation, une gouttelette de sang du même animal : alors, en changeant les rapports du porte-objet avec le foyer du microscope, on a reconnu très-facilement la différence de dimension, en même temps que la différence de coloration.

Les globules du chyle diffèrent, en général, des globules sanguins par leur forme sphérique et leurs plus petites dimensions. Déjà MM. Leuret et Lassaigne avaient remarqué qu'ils avaient cette forme sphérique dans les *oiseaux*, tandis que leurs globules sanguins sont elliptiques.

Parmi les *mammifères*, les globules du chyle ont été trouvés de forme sphérique dans le *chat*, le *chien*, le *lapin*, le *veau* et la *chèvre*. On sait que ceux de leur sang sont aplatis ou lenticulaires.

On ne connaît pas d'observations sur leur grandeur relative dans les *oiseaux* et les *reptiles*; mais dans les *poissons*, M. Wagner a trouvé ceux du *barbeau* et de l'*ammocète* ayant le quart et le tiers du plus grand diamètre des globules elliptiques de leur sang.

Le chyle, considéré chimiquement, présente beaucoup de ressemblance avec le sang. Comme ce dernier liquide, il se sépare, hors de ses réservoirs, en deux parties, l'une solide ou le caillot, composée essentiellement de fibrine, et l'autre liquide, qui est un sérum semblable à celui du sang, contenant les mêmes sels; le feu et les acides le coagulent, et il décèle, par ces changements, sa nature albumineuse.

Il se manifeste de plus, à sa surface, une substance qui paraît comme une crème, et qui est de la nature de la graisse.

La première bonne analyse du chyle est celle faite par Vauquelin en 1811, avec le liquide extrait du canal thoracique du cheval. Une incision du canal vers son milieu donna un chyle rosé, et une autre incision à l'une de ses branches sous-lombaires donna un chyle blanc.

Le chyle blanc avait l'aspect du lait; le caillot qui s'en est séparé était blanc et opaque; le sérum était alcalin, se coagulant par les acides, l'alcool, la chaleur, et retenant un corps gras que ce chimiste compare à la partie grasse du cerveau.

Le caillot s'est comporté comme la fibrine du sang; mais sa texture fibreuse, son élasticité, sa ténacité, étaient moins prononcées; il était plus complétement soluble dans la potasse. On dirait que cette matière est le passage de l'albumine à l'état de fibrine, telle qu'on la trouve dans le sang.

Le *chyle rougeâtre* ne différait du chyle blanc que par la couleur; l'un et l'autre contenaient de la potasse, du chlorure de potassium, des phosphates de fer et de chaux.

On doit à M. le docteur Marcet, entre autres, les résultats suivants sur la connaissance du chyle extrait des chiens nourris tantôt de substances animales, tantôt de substances végétales.

1° Les sels du chyle sont dans la proportion de neuf parties sur mille.

2° Le chyle provenant de substances végétales paraît fournir trois fois plus de carbone que le chyle produit de substances animales.

3° Le chyle végétal peut se conserver plusieurs semaines et même plusieurs mois sans se putréfier; le chyle animal commence à se putréfier au bout de deux ou trois jours.

4° Le chyle animal est toujours laiteux; il s'en sépare une matière onctueuse, semblable à de la crème, qui vient nager à la surface; son coagulum est opaque, et a une teinte rosée.

5° Le chyle végétal est presque toujours transparent ou à peu près, comme le sérum ordinaire; son coagulum est presque incolore, et ressemble à une huître; enfin sa surface ne se recouvre pas d'une substance analogue à la crème.

6° L'élément principal de la matière animale du chyle est l'albumine; mais le chyle animal contient en outre des globules d'une substance huileuse qui ressemble parfaitement à de la crème.

7° On reconnaît très-bien l'existence du fer dans le résidu du chyle distillé à feu nu; il y est mêlé aux substances salines et au charbon.

Le chyle examiné dans les chylifères et le canal thoracique du cheval et du mouton, par MM. Prevost et Leroyer, était d'un blanc opalin. L'air le rougit légèrement dans le vaisseau où on le reçoit, et où il se forme bientôt un caillot qui nage dans le sérum.

Une once de chyle de *mouton* a formé un caillot, lequel a pesé, étant sec, 0,424 gr.

Ce caillot, plus soluble que la fibrine dans les alcalis, était composé de globules blancs, adhérents entre eux, et de 0,0033^{mm} de diamètre. Cependant il s'est comporté comme la fibrine avec les divers réactifs.

Le sérum a pesé, après la dessiccation à un feu doux, 2,332^{grm}. Lavé à l'eau chaude, il s'en est dissous 0,106^{grm}. d'une matière identique avec la gelée.

Ces savants en concluent qu'on retrouve dans le chyle les éléments nutritifs que renferment les aliments.

Suivant MM. Leuret et Lassaigne, 10,200^{grm} contiennent de l'albumine; de la soude; du chlorure de sodium; du phosphate de chaux; une matière colorante rouge; une matière jaune soluble dans l'alcool; de la fibrine, 0,050 ou 4,91 pour 1000.

Quel que soit l'animal dont le chyle a été extrait, il présente toujours ces mêmes substances. Il y a, de plus, de la matière grasse, mais qui ne s'y rencontre pas toujours.

Les proportions de la fibrine varient d'ailleurs beaucoup, suivant que le chyle appartient à un *carnivore* ou à un *herbivore*. Le chyle de *brebis*, suivant MM. Tiedemann et Gmelin, contiendrait, sur 1,000 parties, au moins 2,40 et au plus 8,20 de fibrine; celui de *chien* au moins 1,70 et, au plus, 5,60. Ce dernier résultat se rapproche beaucoup de celui obtenu par MM. Leuret et Lassaigne.

MM. Macaire et Marcet fils (*Ann. de chim. et de phys.* t. LI, p. 371) ont donné une analyse élémentaire comparée du chyle du *chien* et du *cheval*, et conséquemment d'un mammifère carnassier et d'un mammifère herbivore, de laquelle il résulte que le chyle du chien et celui du cheval contiennent :

CHYLE DU CHIEN.		CHYLE DU CHEVAL.
Carbone.	55,2	55,0
Oxygène.	25,7	26,8
Hydrogène.	6,6	6,7
Azote.	11,0	11,0

Cette analyse montre une bien grande ressemblance dans la composition de l'un et de l'autre chyle.

Nul doute que la composition du chyle ne soit modifiée par la nature des aliments; mais les dernières expériences de MM. Macaire et Marcet fils prouveraient cependant que cette composition serait plus constante, plus uniforme qu'on ne l'avait pensé, entre autres d'après les expériences de M. Marcet père.

Cependant il faut se rappeler que M. Magendie a démontré que le chyle provenant du sucre contient peu de fibrine; que la graisse est en plus grande quantité dans le chyle provenant de l'huile.

Toutes ces expériences prouvent que la nature des aliments, que les proportions et la nature des éléments nutritifs qu'ils contiennent, doivent avoir une certaine influence sur les proportions des éléments constituants du chyle, et même un peu sur leur nature; puisque le chyle peut contenir de la graisse, ou n'en pas avoir dans sa composition.

Mais à cet égard, comme à beaucoup d'autres, la science paraîtra encore bien imparfaite, si l'on réfléchit combien les observations et les expériences ont été rares, et si l'on fait attention au petit nombre d'animaux vertébrés sur lesquels on les a faites. Elles devraient être singulièrement multipliées, surtout dans les trois classes des *oiseaux*, des *reptiles* et des *poissons*, où elles manquent presque absolument.

C'est au mélange du chyme avec les deux fluides le suc pancréatique et la bile, qu'est due la formation du chyle. Dans ce mélange, le chyme se sépare en deux portions : l'une liquide, c'est le chyle; l'autre solide, formée par le résidu impropre à la nutrition, et devant être expulsée du corps. Le chyle se précipite à la surface de l'intestin, pour y être absorbé par les petits vaisseaux qui viennent s'y ouvrir; ces vaisseaux sont nommés chylifères, à cause du fluide qu'ils charrient. Plus la pâte chymeuse s'avance dans le tube intestinal, plus elle se trouve dépouillée du chyle qu'elle contient; et quand elle arrive dans le gros intestin, elle peut être impunément rejetée hors du corps, car elle ne contient plus rien de nutritif.

Au moyen de la digestion, la partie nutritive des aliments est transformée, comme nous l'avons vu, en un liquide propre à se mêler au sang, et à pénétrer avec lui dans toutes les parties du corps; mais le chyle ainsi formé est renfermé dans les intestins, et nous avons maintenant à examiner comment il peut s'échapper du tube digestif et pénétrer dans les vaisseaux sanguins.

Ce transport du chyle est effectué par une fonction particulière que l'on nomme, ainsi que nous l'avons déjà vu, absorption.

L'absorption du chyle est opérée par des canaux particuliers, nommés vaisseaux chylifères, qui naissent dans la substance des organes comme les racines d'un arbre, et, après s'être réunis en un gros tronc, vont, comme nous l'avons dit, déboucher dans les veines.

Ces vaisseaux, d'abord extrêmement déliés et en très-grand nombre, s'unissent entre eux et forment des canaux plus gros, qui à leur tour se réunissent, traversent des corps d'une structure particulière, que l'on nomme glandes mésentériques, et vont s'ouvrir dans une petite poche membraneuse, appelée réservoir de Pecquet, du nom de l'anatomiste qui l'a le premier décrite. Enfin ce réservoir se continue avec le canal thoracique, qui remonte au-devant de la colonne vertébrale, et va s'ouvrir près du cœur dans une grosse veine située au-dessous de la clavicule, du côté gauche, et nommée, à cause de sa position, veine sous-clavière gauche.

Le chyle, ainsi mêlé au sang, sert au renouvellement de ce liquide, qui, à son tour, sert à nourrir tous les organes.

Maintenant que nous sommes arrivés, par l'étude des actions digestives, à la connaissance du chyle, de ce fluide réparateur qu'elles sont destinées à élaborer, recherchons, par un autre appareil, le secret des modifications nouvelles que subira le chyle lui-même.

Pour favoriser son rapprochement avec l'air atmosphérique, la voie la plus courte était de le mêler avec le sang veineux, qui, lui aussi, a besoin de se revivifier au contact de ce fluide : ce but est rempli par un mélange qui a lieu dans la veine sous-clavière gauche. Mais comment le sang veineux et le chyle mêlés arrivent-ils dans l'appareil de revivification, c'est ce que nous allons apprendre par l'étude de la respiration, après avoir mentionné un phénomène qui a une assez grande importance dans l'organisation animale : l'absorption.

ABSORPTION.

L'absorption s'exerce, dans le canal alimentaire, sur les aliments ou les boissons ; à la surface de la peau et des membranes muqueuses, sur les substances étrangères avec lesquelles ces membranes sont accidentellement mises en contact.

Ainsi, tous les points du corps peuvent être le siége de l'absorption, qui, comme nous venons de l'indiquer, n'est autre chose que l'ensemble des actions par lesquelles sont recueillis les matériaux nutritifs tant externes qu'internes, et sont fabriqués les fluides qui serviront eux-mêmes de base à la composition du *sang*.

Le phénomène de l'absorption a été étudié, dans ces dernières années, par plusieurs savants physiologistes. Il n'est pas possible de passer sous silence, entre tous ces travaux considérables, ceux de MM. Panizza et de Kramer sur ce sujet. Une longue série d'expériences les ont amenés à établir les faits suivants :

1° Les substances organiques assimilables, telles que l'amidon, se décomposent sous l'influence des forces digestives, de telle manière qu'il est impossible de les retrouver dans le sang, dans les urines et dans les matières fécales.

2° Les substances minérales inassimilables, mais peu solubles dans les humeurs (émétique, kermès minéral, sulfate de fer, etc.), se retrouvent en telle abondance dans les fécès, qu'elles semblent n'avoir pas été absorbées.

3° Les substances minérales inassimilables lorsqu'elles sont solubles dans les humeurs (nitrate de potasse, iodure de potassium, etc.), se découvrent facilement dans les urines. Elles sont d'une entière innocuité.

Dans d'autres travaux physiologiques entrepris avec M. de Kramer, M. Panizza a constaté les résultats curieux que nous allons énumérer :

1° Le nitre le chlorate de potasse, l'iodure de potassium, l'émétique, le kermès et l'éthiops minéral, l'éthiops antiminéral, le chlorure de barium, le fer métallique, le sulfate et le carbonate de fer, le chlorure et le nitrate d'argent, passent dans le torrent de la circulation, en sorte que l'on trouve dans le sang et les urines des métaux, tels que le mercure, le fer, l'antimoine, l'argent. M. de Kramer a donné de ce fait une théorie dans laquelle il considère les sels ammoniacaux, les phosphates, etc., qui se trouvent dans le tube digestif, comme servant de *menstrue* à ces métaux. Il a observé d'ailleurs que les urines, à l'état normal, contiennent toujours une très-petite quantité de fer, de cuivre et *probablement* de manganèse, qu'il suppose provenir des ustensiles de cuisine.

2° L'absorption s'opère beaucoup plus rapidement par les voies respiratoires que par les voies digestives, fait déjà signalé par Mayer; et M. Panizza pense que les miasmes et les principes contagieux sous forme gazeuse pénètrent dans l'organisme par les canaux aériens plutôt que par toute autre voie. Il tire enfin de ses expériences des conclusions conformes en certains points à ce que nous observons en France sur la puissance des médicaments en fumigations, et donne à cette formule thérapeutique une importance toute nouvelle.

3° Toutes les substances ne passent pas avec la même facilité dans le sang. Celles qui sont insolubles ou peu solubles dans nos humeurs sortent presque en totalité dans le tube digestif, s'y entassent; et si elles ne sont pas excitées convenablement, elles peuvent devenir une cause mécanique de maladies; d'où M. Panizza déduit que, pour obtenir des effets thérapeutiques puissants, il faut, au lieu d'augmenter les doses, les atténuer, et chercher à rendre les substances plus solubles. Il explique encore par le même fait pourquoi les médicaments en solution sont plus efficaces que sous forme pilulaire ; pourquoi les sels neutres agissent mieux que les sels avec excès de base ; et pourquoi les sels avec excès d'acide sont plus actifs que les sels neutres.

4° Quelle que soit la substance employée et son degré de solubilité, elle est trouvée plus facilement dans les urines que dans le sang ; soit que, disent MM. Panizza et de Kramer, les matériaux plastiques du sang la cachent ; soit parce que le sang l'élimine sans cesse. Toute substance absorbée se retrouve plus tardivement et plus difficilement dans la lymphe que dans le sang.

Quant aux agents de l'absorption, l'ensemble des expériences des deux observateurs italiens donne des résultats conformes à ceux qui ont été obtenus en France par quelques physiologistes, et particulièrement par MM. Magendie et Ségalas ; c'est-à-dire que cette fonction est exercée à peu près exclusivement par les veines. Ainsi, après les travaux d'Aselli, de Weslingius, de Bartholin, de Rudbeck, de Jolysse, des deux Hunter, de Hewson, de Cruickshank et de Mascagni, qui avaient intronisé les vaisseaux lymphatiques dans la science, et faisaient loi depuis plus de deux siècles, voici les veines, que ces grands hommes avaient déshéritées, pour ainsi dire, de toute part dans l'exercice des fonctions et la production des maladies, réhabilitées de nouveau en physiologie et en pathologie. Il est désormais certain que deux faits favorables aux veines ressortent des expériences de M. Panizza : 1° le rapide passage dans les urines des substances absorbées par l'estomac ou par le poumon ; 2° la promptitude et la facilité avec lesquelles on trouve dans le sang ces substances, difficiles à trouver dans la lymphe. M. Panizza semble avoir surpris les veines sur le fait même de l'absorption; il a introduit dans un cas de l'acide hydrocyanique, dans l'autre une solution d'iodure de potassium dans une anse intestinale chez des chevaux vivants; et presque aussitôt il a trouvé ces deux corps dans les veines qui partaient de ce point du tube digestif.

Nous devons, pour compléter l'histoire de l'absorption, exposer les différences que présentent l'absorption veineuse et l'absorption lymphatique.

Elles ont cela de commun que l'une et l'autre ne reçoivent que des matériaux dissous dans l'eau ou solubles dans les liquides de l'organisme, propriété sur laquelle repose l'emploi de certains remèdes dans les empoisonnements. L'absorption des matières dissoutes dans l'eau est plus lente que celle des matières gazeuses, volatiles, ou des substances dissoutes dans ces matières. L'existence des corpuscules qu'on rencontre dans le chyle et dans la lymphe ne contredit pas l'assertion précédente, car ces corpuscules ne se trouvent pas dans le chyle avant l'absorption. Il en est de même du pus que l'on rencontre dans les vaisseaux : le pus se forme dans les vaisseaux eux-mêmes, ou d'autres fois il pénètre dans leur intérieur après qu'ils ont été plus ou moins détruits. Dans les cas d'absorption purulente bien constatée, on n'a pas démontré, dans la matière absorbée, l'existence de corpuscules purulentes.

L'absorption veineuse est plus prompte que l'absorption lymphatique. Si, après avoir lié sur une grenouille l'artère et la veine crurales, et avoir coupé le nerf, on plonge la cuisse dans une solution de strychnine, l'action du poison ne se manifeste qu'au bout de plusieurs heures. Les vaisseaux lymphatiques et chylifères ne paraissent susceptibles que d'absorber la lymphe et le chyle; ce sont les vaisseaux capillaires sanguins qui sont chargés d'absorber les substances étrangères à l'organisme.

On n'a émis que des hypothèses sur l'origine des vaisseaux lymphatiques; il n'est nullement prouvé qu'ils se continuent directement avec les capillaires sanguins; il paraît au contraire que les vaisseaux lymphatiques forment des réseaux fermés de toute part, situés plus superficiellement que les capillaires sanguins, et d'un diamètre plus large que ces derniers.

Quant aux lois de l'absorption, l'imbibition seule ne suffit pas pour expliquer les phénomènes de l'absorption. L'endosmose et l'exosmose paraissent jouer un grand rôle dans l'économie animale, comme on peut s'en convaincre par l'étude des sécrétions. Ici la forme de la glande et la disposition de ses canaux sont indifférentes; et l'on est porté à admettre que ce sont les matériaux du sang qui diffèrent d'avec les produits sécrétés. D'un autre côté, comme les liquides passent d'autant plus facilement à travers une membrane qu'ils sont plus étendus, une glande que le sang parcourt rapidement ne peut contenir qu'un produit riche en eau et en matières facilement solubles (les reins), tandis qu'une glande dans laquelle le sang chemine lentement sécrétera des produits visqueux (le foie).

L'absorption se fait avec une prodigieuse rapidité. Supposons que la surface de l'estomac et de l'intestin grêle soit égale à celle de la peau (soit 12 pieds carrés), plusieurs livres d'eau pourront s'étendre sur cette surface; le cercle circulatoire étant accompli en 2 minutes environ, on peut admettre que, dans 3 minutes, 5 livres de sang passeront par le système capillaire de l'intestin. Si elles n'absorbent que la 20e partie de leur poids d'eau, 4 onces de ce liquide arriveront dans la circulation de 3 minutes en 3 minutes, 5 livres en une heure, 120 livres en 24 heures. Ceci explique le fait rapporté par Tiedmann, d'un jeune homme qui buvait par jour jusqu'à 48 litres d'eau sans se trouver incommodé.

Les absorptions se distinguent, 1° en *absorption digestive*, qui se fait dans l'appareil digestif, sur les aliments et les boissons, soit par les vaisseaux *chylifères*, soit par les *veines*. Les veines absorbent plus spécialement les boissons et les substances étrangères, telles que les substances colorantes, odorantes et salines; les vaisseaux chylifères absorbent spécialement les aliments, et très-rarement les substances étrangères. 2° L'*absorption respiratoire* agit au dedans des poumons sur l'air de la respiration. 3° L'*absorption interstitielle* ou *décomposante* reprend dans tous les organes du corps un certain nombre de leurs matériaux, pour que son volume n'augmente pas indéfiniment, et que la décomposition équilibre en lui la composition. C'est cette absorption interstitielle qui diminue le thymus après la naissance, etc.

LYMPHE.

Disons quelques mots de la composition de la lymphe : cette humeur est peu différente du chyle, et l'analyse chimique y a retrouvé à peu près les mêmes éléments.

La lymphe est un liquide transparent incolore ou verdâtre, ou rosé, ayant une saveur salée; sa pesanteur spécifique, relativement à celle de l'eau, est de 1022,28.

On y découvre, dit M. Duvernoy, des globules analogues à ceux du chyle.

M. Jean Müller, entre autres, a observé que ceux de la *grenouille* étaient quatre fois plus petits que ses globules sanguins; qu'ils étaient sphériques et non aplatis comme ces derniers.

La lymphe a une composition chimique analogue à celle du sang : abandonnée à elle-même, elle se sépare en une partie liquide ou sérum, que l'on peut comparer à celui du sang, et en un caillot filamenteux composé de fibrine.

La lymphe de l'*homme* a été observée par M. J. Müller chez un jeune homme qui avait une blessure au pied. Elle s'est bientôt séparée en sérum et en un caillot, réticulaire. Le microscope a fait voir dans cette lymphe des globules plus petits et moins nombreux que ceux du sang, dont les uns étaient attachés au caillot et les autres flottaient librement dans la partie de la lymphe restée liquide.

Le caillot blanc, élastique, se formait évidemment par la solidification d'une matière dissoute auparavant dans la lymphe. Cette matière ainsi dissoute était de la fibrine.

On doit à M. Chevreul l'analyse suivante de la lymphe du *chien*, tirée du canal thoracique de l'animal, après un jeûne de cinq jours. La pesanteur spécifique de ce liquide était de 1022,28, son odeur, celle du sperme, et sa couleur rosée.

1000 parties contenaient :

Eau.	926,4.
Fibrine.	004,2.
Albumine.	061,0.
Carbonate de soude. . . .	001,8.
Muriate de soude.	006,1.
Phosphate de chaux et de magnésie, et carbonate de chaux.	000,5.

MM. Leuret et Lassaigne ont obtenu des résultats analogues pour la lymphe du cheval.

Elle se compose :

Sur 1000 parties, de :

Eau.	925,
Albumine.	57,36
Fibrine.	3,30
Chlorure de sodium, — de potassium — Soude Phosphate de chaux }	14,34

Reuss et Emmert ont trouvé la lymphe inodore, avec une faible saveur analogue à celle du sérum. Elle se coagule, suivant ces chimistes, au bout de quinze à vingt minutes, en une gelée limpide, tremblotante et incolore, qui se contracte sur elle-même, et nage dans un liquide jaunâtre. Le caillot ainsi formé est la fibrine du sang. Quatre-vingt-douze parties de lymphe ne donnent qu'un grain de caillot sec. Le liquide desséché ne fournit que 3 $\frac{3}{4}$ d'albumine.

Ainsi que nous venons de le démontrer, la lymphe est une humeur formée de matériaux saisis dans la profondeur de toutes les parties, et de la réunion de tous les sucs produits par l'organisation tout entière. Ces sucs, versés dans des surfaces qui n'ont aucune communication au dehors, augmenteraient indéfiniment, si l'absorption ne les reprenait à mesure que la sécrétion les a produits. Il est bien évident que le résultat d'une réunion de fluides si disparates, et qui n'ont rien de commun que la source d'où ils proviennent, c'est-à-dire le sang, ne saurait présenter une composition aussi spéciale que celle de la lymphe, si elle n'était modifiée par les organes qui la recueillent et par ceux qui la charrient.

Toutefois, les physiologistes sont loin de s'accorder sur cette origine multiple de la lymphe : les uns pensent qu'elle consiste seulement dans les sucs sécrétés, d'autres y ajoutent les éléments usés qui abandonnent les organes ; suivant une troisième opinion, la partie séreuse du sang, arrivée aux dernières extrémités des vaisseaux particuliers dans lesquels il circule, passerait dans les vaisseaux lymphatiques, au lieu d'être reprise par les veines.

Ce qu'il y a de certain, c'est que la lymphe n'existe pas comme fluide avant qu'on ne la voie dans les vaisseaux absorbants qui la recueillent, et qu'elle n'est visible qu'après qu'elle en a franchi les radicules. Elle s'avance alors à travers les nombreux ganglions qui lui servent de point de repos ; ou, après s'être sans doute perfectionnée, elle se rend soit dans le canal thoracique, où nous avons vu qu'elle se mêlait avec le chyle, soit dans un grand vaisseau lymphatique situé sur la colonne vertébrale du côté opposé au *canal thoracique*, et aboutissant dans la veine sous-clavière droite, qui lui correspond.

Tous les points du corps peuvent être le siége d'une absorption plus ou moins rapide; c'est par ce phénomène que les liquides injectés dans l'estomac se retrouvent, peu de temps après, mêlés au sang veineux. Seul, il peut expliquer comment des poisons placés sur les lèvres, sur l'œil, ou sur une petite écorchure de la peau, pénètrent dans l'intérieur du corps, et donnent la mort avec la même rapidité que s'ils eussent été introduits directement dans l'estomac.

RESPIRATION.

La respiration est l'acte des fonctions nutritives dans lequel les produits des absorptions, le chyle et le sang veineux, sont changés en un fluide éminemment nutritif et réparateur. Cette conversion se fait sous l'influence de l'air atmosphérique.

Lorsque, par une circonstance quelconque, la respiration d'un animal est arrêtée, il survient un trouble très-grand dans toutes ses fonctions; l'animal tombe dans un état d'asphyxie, ou de mort apparente, et bientôt après la vie s'éteint complétement. L'air est indispensable à tous les êtres vivants, aux plantes comme aux animaux; et lorsqu'ils en sont privés, les uns et les autres ne tardent pas à mourir.

AIR.

L'air entoure la terre d'une couche de plus de quinze lieues d'épaisseur : il constitue ainsi l'atmosphère, qui nous presse de toutes parts, se trouve en contact immédiat avec nos parties vivantes, et remplit toutes les cavités de notre corps qui communiquent à l'extérieur.

L'air est un gaz permanent, qui offre les propriétés chimiques de l'oxygène et de l'azote, dont il est composé en majeure partie. Il ne sera pas inutile de dire quelques mots de ces deux gaz.

Oxygène. Découvert en 1774 par Priestley, l'oxygène fut appelé *air vital*, *air déphlogistiqué*. Les réformateurs de la nomenclature lui donnèrent le nom qu'il porte aujourd'hui, et qui signifie *générateur des acides*.

Nous savons aujourd'hui que l'oxygène n'est plus le seul corps simple qui puisse donner naissance à des acides; le soufre, le chlore et quelques autres partagent cette propriété avec lui.

L'oxygène présente tous les caractères des fluides aériformes permanents. Il est sans couleur, odeur ni saveur. Sa pesanteur spécifique est un peu plus grande que celle de l'air : elle est exprimée par 1,1026 ; celle de l'air étant prise pour unité, un litre de ce gaz pèse en grammes 1,4318 ; sa solubilité dans l'eau est égale à 0,042 en volume.

On a cru longtemps que la compression de l'oxygène donnait lieu à un dégagement de lumière ; mais dans ces derniers temps il a été prouvé que cette lumière était due à l'inflammation d'une petite quantité d'huile, dont il est difficile d'éviter l'emploi dans les appareils dont on se servait pour faire cette expérience.

L'oxygène se combine avec tous les autres corps simples, ce qui fait que les combinaisons où il entre sont extrêmement nombreuses.

La propriété qu'il a d'entretenir la vie des animaux et la combustion le distingue aussi de tous les autres corps simples. Quelques corps, comme le soufre et le chlore gazeux, peuvent donner lieu à des combinaisons avec dégagement de calorique et de lumière : il y a loin de ce phénomène à celui qui se passe dans une véritable combustion.

Quand la plupart des corps brûlent dans l'oxygène, le dégagement de lumière et de calorique est si grand, que la vue peut à peine en supporter l'éclat. Une spirale en fil de fer, à laquelle on a attaché un morceau d'amadou allumé, plongée dans un flacon contenant ce gaz, présente un phénomène des plus curieux : le fer brûle en lançant des étincelles de tous côtés, et la température est portée à un si haut degré, que le métal tombe en gouttelettes dans le fond du vase, et le briserait, si l'on n'avait la précaution de le garantir par une couche d'eau.

Presque toutes les substances naturelles contiennent de l'oxygène; mais jamais on ne le rencontre à l'état de liberté, il est toujours combiné à d'autres corps. Il forme les 66 centièmes de l'eau, et le cinquième environ de l'air atmosphérique.

On peut se le procurer de plusieurs manières, qui varient selon l'état de pureté auquel on le désire. Dans les arts, on chauffe dans des cornues de grès le peroxyde de manganèse, qui est très-abondant, et l'on reçoit le gaz dans des vases appropriés. Dans les laboratoires, où l'on a souvent besoin de ce gaz très-pur, on décompose le chlorate de potasse par la chaleur dans des cornues de verre.

C'est à la connaissance de l'oxygène que remonte la théorie chimique actuelle, qui a fait faire de si rapides progrès à la science. Lavoisier prouva, par les expériences les plus précises, que les métaux combinés à l'oxygène formaient les chaux métalliques, considérées alors comme le métal auquel on avait enlevé le *phlogistique :* on avait oublié ce fait fort curieux, observé par Jean Rey en 1630, que le plomb calciné au contact de l'air augmentait de poids en passant à l'état de chaux de plomb; et, d'après l'explication que l'on donnait de la formation des métaux par leur combinaison avec le phlogistique, celui-ci devait avoir une pesanteur négative : hypothèse qu'ont soutenue encore pendant longtemps les derniers partisans de la théorie de Stahl.

Azote. L'azote peut être regardé comme le congénère de l'oxygène. Il joue comme lui un grand rôle dans la nature, puisqu'il forme les quatre cinquièmes de l'air atmosphérique, et qu'il entre dans la composition de toutes les matières animales.

Son nom signifie *privation de vie*. Dans quelques ouvrages, le mot *azote*, qu'on trouverait impropre, a été remplacé par celui de *nitrogène*, parce qu'il donne naissance au nitre.

L'azote est un gaz permanent, sans couleur, odeur ni saveur. Sa pesanteur spécifique est moindre que celle de l'air; elle est de 0,9760; un litre de ce gaz pèse en grammes 1,2674.

Ce corps ne manifeste ses propriétés que d'une manière opposée à celles de l'hydrogène et de l'oxygène; on pourrait dire qu'il ne présente que des caractères négatifs. En effet, il n'est pas inflammable, il éteint au contraire les corps en combustion; les animaux plongés dans son atmosphère sont asphyxiés en très-peu de temps; enfin, on peut le regarder comme ayant une grande répugnance pour les combinaisons.

L'eau en dissout moitié moins que du gaz oxygène : elle n'en prend que 0,024 de son volume.

On peut l'extraire de l'air par le procédé employé pour retirer l'hydrogène de l'eau, en faisant passer un courant d'air à travers un tube de porcelaine rempli de fer et chauffé au rouge. On réussit également en brûlant du phosphore dans des cloches pleines d'air et renversées sur l'eau; le phosphore se combine avec l'oxygène, et l'azote reste sans être attaqué.

A l'étude de l'air se rattachent une foule de connaissances sur sa pesanteur, son élasticité, etc., etc., que nous sommes forcé de passer sous silence, parce qu'elles sont essentiellement du domaine de la physique. Nous nous bornerons à indiquer ses propriétés chimiques les plus importantes.

Les corps étrangers qui n'entrent pas nécessairement dans la composition de l'air, comme l'acide carbonique et la vapeur d'eau, peuvent aussi lui communiquer quelques-uns de leurs caractères.

Comme le poids de l'air a été pris pour unité dans les déterminations chimiques, nous devons indiquer sa pesanteur absolue : un litre d'air à zéro de température, et à 76 centimètres de pression, pèse en grammes 1,2986 ; le même volume d'eau pesant un kilogramme, c'est-à-dire 1000 grammes, c'est 770 fois plus que l'air. L'air se dissout en petite quantité dans l'eau ; elle en absorbe 1/36e de son volume. L'air que contient l'eau n'a plus la même composition, et il est beaucoup plus riche en oxygène.

C'est à Lavoisier que l'on doit les premières connaissances bien précises sur la composition de l'air atmosphérique. Il montra qu'en faisant bouillir pendant très-longtemps du mercure dans des vases clos, remplis d'une quantité d'air connue, ce métal s'emparait d'un des éléments de l'air, et augmentait d'un poids égal à celui du gaz qui avait été absorbé, et que l'air qui restait dans les vases était impropre à la combustion, et avait toutes les propriétés que l'on connaît à l'azote.

D'un autre côté, en calcinant le produit solide obtenu, c'est-à-dire la combinaison du mercure avec un des éléments de l'air, Lavoisier recueillit un volume de gaz égal à celui qui avait été absorbé dans la première expérience ; gaz qui avait tous les caractères de l'oxygène. Aussi, en mêlant le gaz obtenu dans cette dernière expérience avec celui qui était resté dans la première, il forma, pour ainsi dire, de toutes pièces l'air atmosphérique qu'il avait décomposé.

Ces deux expériences, si simples, si concluantes, jetèrent un grand jour sur la théorie chimique, et dès ce moment sa réforme fut opérée. On constata que, alors, l'air entretient la combustion des corps, mais jusqu'à certain point; qu'il entretient la vie des animaux, mais jusqu'à certaines limites, et que bientôt le corps s'éteint et l'animal périt asphyxié. Donc l'air agit d'abord comme l'oxygène, et ensuite comme l'azote. De nouvelles expériences fixèrent bientôt les proportions dans lesquelles ces deux gaz étaient mélangés pour former l'air atmosphérique.

Depuis, tous les chimistes ont répété ces expériences : on a trouvé que l'air est formé en poids d'environ 79 d'azote et 21 d'oxygène, et de quelques millièmes d'acide carbonique et de vapeur d'eau, variable selon les localités où il a été recueilli.

Une foule d'autres substances et de principes viennent souvent compliquer la composition; mais il est rare que ce ne soit pas au préjudice de la respiration. Les proportions d'oxygène et d'azote sont essentielles à l'accomplissement régulier de cette fonction : un excès d'azote amène la suffocation, tandis qu'un surcroît d'oxygène use la vie; nous dirons plus bas pourquoi. L'air le plus favorable à la respiration est celui qui réunit aux principes que nous venons d'indiquer, un certain degré de sécheresse et une température modérée. Il est cependant certains cas de maladie dans lesquels la respiration se trouve aidée par un air moins pur, surtout plus humide : c'est ainsi que les phthisiques préfèrent l'air épais et chargé d'émanations animales, tel qu'on le rencontre dans les étables, à l'air sec et vif qu'on respire dans les lieux élevés.

M. le Dr Caffe a publié sur les causes de la lassitude et de l'anhélation dans les ascensions sur les hautes montagnes, des réflexions fort intéressantes, que je suis très-heureux de reproduire ici.

D'après ce savant médecin, à qui la science est déjà redevable de plusieurs mémoires utiles et curieux, les troubles des fonctions dans les ascensions sur les hautes montagnes, dus à la rareté de l'air comme cause immédiate, offrent des caractères très-prononcés, mais cependant variables aux différentes hauteurs, et presque pour chaque individu. Ce *mal de montagne* est aussi douloureux que le *mal de mer*. Une faiblesse extrême, l'impossibilité de faire plus de quelques pas sans reprendre haleine, le besoin fréquent de s'asseoir, besoin tellement impérieux que le danger le plus imminent, dit Saussure, qui réalisa le premier l'ascension du Mont-Blanc, ne ferait pas faire un pas de plus, tels en sont les caractères essentiels. Des vertiges, des envies de vomir, des hémorrhagies par les lèvres et par les gencives, la tuméfaction des conjonctives, s'y joignent souvent. M. de Humboldt, dans son voyage au sommet du Chimboraço, eut un mal d'estomac si violent, qu'il en perdit connaissance. La disposition au sommeil est encore un des effets les plus habituels, mais elle disparaît dès qu'on cesse de monter. Ce semble, au reste, quelque chose d'étrange, dit M. le Dr Caffe, que de rencontrer cette tendance, en même temps qu'une légèreté apparente si marquée, que M. Sherwil, le comte de Tilly et M. Alkins expriment tous cette sensation en disant « qu'il leur semble que la semelle de leur soulier effleure la neige, et que l'on pourrait passer une lame de « couteau entre l'une et l'autre. »

Les observations faites sur le système circulatoire indiquent une grande amélioration. Les fonctions digestives, au contraire, participent de l'inertie musculaire générale : la plupart des voyageurs n'avaient que fort peu d'appétit.

Comme exceptions individuelles à ces perturbations, on peut rapprocher les faits suivants : MM. de Humboldt et Heberden étant montés au pic de Ténériffe à 3638 mètres (11,200 pieds), y respiraient en toute liberté. M. Clissol, parvenu au sommet du Mont-Blanc, dit qu'il se sentait encore capable de s'élever davantage. M. le comte de Tilly faisait 150 pas sur le sommet du Mont-Blanc sans prendre haleine ; il n'y éprouva pas le besoin de dormir, et y eut un appétit dévorant.

« Je suis convaincu, dit M. le Dr Caffe (et ce n'est pas mon expérience seulement que j'invoque), que ces troubles n'ont lieu que quand on est parvenu tout à fait aux sommités les plus élevées du globe, ou lorsqu'une ascension aérostatique nous a emportés au delà des limites terrestres. Partout ailleurs le séjour sur les montagnes est une des conditions qui nous vivifie davantage. La vivacité et la ténuité de l'air des montagnes raniment pour ainsi dire à chaque inspiration. J'ai vu des femmes frêles, délicates, des vieillards et des enfants, gravir sans maladie et sans lassitude des élévations assez grandes. »

Passant ensuite à l'explication des phénomènes dont nous venons de parler, M. Caffe rappelle que les interprétations n'ont pas manqué. Il en est une surtout assez séduisante, car l'expérimentation physiologique lui vient en confirmation. Dans une lettre à l'Académie des sciences (janvier 1837), en lui adressant l'ouvrage de M. Weber, intitulé *Recherches mathématiques et physiologiques sur le mécanisme des organes locomoteurs de l'homme*,

M. de Humboldt signalait que le bourrelet ligamenteux qui entoure l'articulation coxo-fémorale fait l'office de soupape. La jambe ne tombe pas quand on a coupé tous les muscles, mais elle tombe aussitôt que, par une perforation de la membrane capsulaire, l'air trouve accès dans sa cavité. La diminution de la compression de l'air sur cette soupape serait donc, d'après Weber, une cause de la fatigue éprouvée sur les hautes montagnes.

D'autres influences concourent bien certainement aussi à la production des mêmes effets. Les gaz contenus dans le tube intestinal, qui en est le seul réservoir dans notre économie, se dilatent en raison de la diminution de la pression extérieure. La dilatation abdominale refoule le diaphragme dans le thorax, dont elle restreint la capacité et gêne les fonctions. On peut avoir une sensation assez analogue en se rappelant ce qui survient après qu'on a bu une certaine quantité de vin de Champagne, d'eau gazeuse, ou d'aliments facilement fermentescibles. Alors les secousses de la locomotion agitent le liquide intestinal, favorisent la formation et le dégagement des gaz, d'autant mieux que ces mouvements se passent sur des surfaces membraneuses élastiques : aussi est-il d'observation que l'ivresse, dans ces circonstances, se manifeste beaucoup plus promptement par l'agitation, le déplacement de l'individu, que dans l'état de repos.

Les expériences de Robertson l'aéronaute, publiées dans ses Mémoires, celles de MM. les Docteurs Junod, Pravaz, justifient ces déductions.

M. Brachet, de Lyon, a trouvé que rien n'est plus facile que de se rendre compte de la lassitude et de l'anhélation sur les très-hautes montagnes. Il est reconnu que le sang artériel en passant à travers les organes y perd sa couleur vermeille, et qu'il y devient d'un rouge noir. M. Brachet a démontré que cette couleur est d'autant plus foncée que les organes sont plus en activité. Prenant les muscles pour exemple, il a prouvé que le sang artériel, en traversant leur tissu pendant le repos, y devient beaucoup moins noir qu'en passant à travers les membres en contraction. Cette vérité une fois établie, il en a fait l'application à plusieurs circonstances physiologiques dont l'explication était jusqu'à ce jour insuffisante. Par exemple, la raréfaction de l'air explique bien la gêne et la difficulté de la respiration, mais elle n'explique pas l'anhélation et la lassitude extraordinaires qu'occasionne le moindre mouvement. Comment pourrait-elle l'expliquer, puisque dans les ascensions en ballon on ne les éprouve pas, au rapport des aéronautes ?

Voici, d'après la théorie de M. Brachet, la clef de cette différence : Pendant le repos, le sang revient au cœur moins noir, moins désoxygéné ; il a par conséquent besoin de moins d'oxygène pour repasser à l'état vermeil, et la quantité qui s'en trouve dans l'air raréfié est suffisante pour opérer cette conversion. Par le mouvement, le sang devient noir ; il exige donc plus d'oxygène que n'en contient l'air raréfié qui se précipite dans la poitrine ; d'où la nécessité de suppléer à sa quantité absolue par la rapidité du mouvement de l'air, mis en contact avec le sang. Cette même théorie s'applique à la lassitude si prompte et si grande qu'on éprouve dans les mêmes conditions : un sang suffisamment excitateur n'est plus envoyé aux organes, et en particulier aux muscles.

Ainsi donc : 1° l'anhélation produite par le mouvement sur les hautes montagnes dépend de ce que le sang arrive plus noir aux poumons, et de ce qu'il ne trouve pas dans l'air raréfié une quantité d'oxygène suffisante pour se revivifier assez promptement; 2° la lassitude dépend de ce que le sang, moins hématosé, ne porte plus aux muscles l'incitation normale.

L'oxygène est le principe actif de l'air; la fonction qui nous occupe dépend entièrement de son action. Le gaz azote n'est là que pour le diviser, pour étendre son volume, afin qu'il pénètre d'une manière égale et uniforme dans toutes les parties de l'appareil respiratoire. Telle est aussi la raison pour laquelle les deux gaz ne sont point intimement unis dans l'atmosphère, mais simplement dans un état de mélange qui leur permet de se séparer l'un de l'autre avec la plus grande facilité.

On sait que la combustion est due à l'oxygène; c'est dans la combinaison de ce gaz avec certains corps que s'opère ce phénomène. Nous verrons quelle influence il exerce dans la production de la chaleur animale, si toutefois ce dernier phénomène n'est pas entièrement dû à l'action de ce gaz sur le sang.

Au premier abord, on pourrait croire que les animaux qui vivent toujours au fond de l'eau, comme les poissons, sont soustraits à l'influence de l'air et, font, par conséquent, exception à la loi dont nous avons parlé plus haut. Mais il n'en est pas ainsi, car le liquide dans lequel ils sont plongés absorbe et tient en dissolution une certaine quantité d'air qu'ils peuvent facilement en séparer, et qui suffit pour l'entretien de leur vie; il leur est impossible d'exister dans de l'eau purgée d'air, et on les voit s'y asphyxier et mourir, comme périraient des mammifères ou des oiseaux que l'on soustrairait à l'action de l'air atmosphérique sous sa forme ordinaire.

Chez l'homme, et chez la plupart des animaux qui ne

vivent pas dans l'eau, la respiration a lieu dans ces espèces de poches nommées poumons.

POUMONS.

Les poumons sont deux organes spongieux contenus dans la cavité de la poitrine, et formés par la réunion d'un grand nombre de vésicules membraneuses qui ressemblent à de petites cellules, et qui communiquent toutes les unes avec les autres. C'est dans ces vésicules que s'introduit l'air extérieur : quand il pénètre dans leurs cavités, il les distend et augmente ainsi le volume total du poumon ; c'est ce qui arrive dans l'inspiration. Quand, au contraire, les poumons se vident de l'air qui les avait distendus, leur volume diminue : c'est ce qui arrive dans l'expiration.

Anatomie comparée.

L'appareil de la respiration, considéré dans la série des êtres, n'est quelquefois pas distinct ni spécial ; l'animal appartenant à la partie inférieure de l'échelle respire par toute la surface de la peau. D'autres fois il est distinct, et présente trois grands modes, désignés sous les noms de *poumons*, de *branchies* et de *trachées*, offrant tous, pour caractère commun, une membrane d'une grande étendue, et au moyen de laquelle l'air et le sang viennent réagir l'un sur l'autre.

On rencontre des poumons dans les *mammifères*, les *oiseaux*, les *reptiles* et plusieurs *invertébrés* (mollusques).

Chez les *mammifères*, ces organes ne diffèrent guère de ceux de l'homme. Chez les oiseaux, les poumons sont entiers et ne sont pas divisés en lobes ; seulement des enfoncements et des saillies correspondent aux côtes et aux espaces qui les séparent. Ils sont situés très-près de la colonne vertébrale. Les bronches qui entrent dans leur composition se terminent de deux manières : les unes en vésicules, et forment des cellules plus larges que celles de l'homme et des mammifères; d'autres aboutissent à la surface des poumons, percée comme un crible, et communiquent avec de grandes cellules, dont les unes contiennent des viscères et les autres sont vides, ou du moins ne contiennent que de l'air, et sont réparties dans presque toutes les parties du corps, communiquent avec les cavités des os, et produisent en conséquence une sorte de respiration double. L'absence des muscles intercostaux et du diaphragme modifie le mécanisme de la respiration, qui se fait principalement par les mouvements des côtes, qui sont articulées dans leur longueur, et rapprochent ou éloignent le sternum de la colonne vertébrale.

Chez les *reptiles*, l'appareil respiratoire présente plusieurs dispositions. Ainsi, dans les *chéloniens*, les vertèbres, les côtes et le sternum sont soudés et immobiles, et il n'y a pas de diaphragme; l'inspiration se fait par déglutition, l'expiration par des faisceaux musculaires qui tirent en arrière et en bas une aponévrose attachée aux poumons. Chez les *batraciens*, c'est encore par déglutition que l'inspiration a lieu; l'animal ferme exactement la bouche, en abaisse le plancher, et l'air pénètre par l'orifice des narines : alors l'hyoïde s'élève avec la masse charnue qui forme le plancher de cette cavité et joue le rôle de piston, pousse l'air, qui, ne pouvant sortir par les narines, ni pénétrer dans l'œsophage, entre dans les poumons. L'on voit donc que l'occlusion de la bouche est nécessaire, et que l'animal périrait si on lui laissait la bouche béante. L'expiration a lieu par la contraction des muscles abdominaux. Chez les reptiles, le poumon est composé de cellules très-larges, sur les parois desquelles se trouvent de petites saillies membraniformes circonscrivant des sortes de polygones.

On observe des branchies dans les *poissons* et un grand nombre d'*invertébrés* : tantôt elles sont *intérieures*, tantôt *extérieures* et plus ou moins saillantes. Chez les *poissons*, l'appareil se compose de deux *cavités* : la *cavité buccopharyngienne*, limitée par les lèvres, le palais, le pharynx et l'hyoïde ; elle a une capacité double de celle de chaque cavité branchiale, avec laquelle elle communique par les intervalles des branchies. La *cavité branchiale* est formée, en dehors, par l'*opercule* et la *membrane branchiostége*, et contient les *branchies*, espèces de lamelles nombreuses, recouvertes d'une membrane muqueuse, et supportées sur des arcs articulés avec les premières vertèbres, ou suspendus par des muscles à la base du crâne. Le poisson ouvre la bouche, abaisse l'os lingual et toutes ses annexes, dilate ainsi la cavité buccale, dans laquelle l'eau aérée se précipite ; alors les deux lèvres se rapprochent et s'emboîtent, le plancher buccal s'élève, et l'eau est poussée à travers les *glottes* qui séparent les branchies, et avec lesquelles elle reste quelques moments en contact ; puis l'*opercule* se soulève, livre passage à l'eau, en même temps que la bouche s'ouvre pour admettre une nouvelle quantité de liquide. L'inspiration et l'expiration sont donc simultanées, et leur résultat est de faire passer entre les branchies l'eau que le poisson avale par la bouche, et à la faire ressortir par les ouïes. Ce mécanisme est mis en jeu par différents muscles qui tendent à dilater ou à resserrer la cavité des branchies, et dont les uns ouvrent les arceaux et les écartent, ou bien les ferment et les rapprochent; les autres soulèvent l'opercule, ou développent les rayons de la membrane branchiostège.

Les organes respiratoires des animaux sans vertèbres sont très-diversifiés, selon l'organisation de chacune des classes de ces animaux, ou selon le genre de vie qui leur est propre. Dans les mollusques, on trouve encore des poumons chez ceux qui sont terrestres, et chez quelques-uns de ceux qui sont aquatiques, mais qui viennent respirer à la surface de l'eau. Dans tous les mollusques céphalopodes et acéphales, on ne trouve que des branchies qui tantôt sont renfermées dans une cavité, comme celles des poissons, et tantôt sont extérieures et saillantes, et par conséquent plongent immédiatement dans l'eau. Elles varient beaucoup par leur forme et par leur position : elles représentent tantôt des lames ou des feuillets imbriqués, le plus souvent des panaches, des franges, des houppes, etc.

Dans les mollusques à coquille univalve, ce sont généralement des feuillets rangés comme les dents d'un peigne; dans les mollusques à coquille bivalve, ce sont de grandes lames enveloppées par le manteau, comme les feuillets d'un livre par sa couverture. Parmi les animaux articulés, les crustacés et la plupart des annélides respirent par l'intermède de l'eau, et ont des branchies; les insectes respirent l'air en nature par des trachées répandues dans toutes les parties de leur corps. Beaucoup de zoophytes ont pareillement un système de canaux que pénètre le milieu liquide dans lequel ils vivent, et que l'on peut considérer comme un appareil respiratoire : ce sont les trachées aquifères de Lamarck.

Les trachées existent principalement dans les *in-*

sectes : ce sont des canaux très-nombreux, qui conduisent dans toutes les parties du corps l'air qu'ils aspirent par des orifices placés ordinairement à la surface du corps, et que l'on nomme *stigmates*. Ces tubes sont formés de trois membranes, une externe et une interne, celluleuses; la troisième, moyenne ou propre, est formée d'un fil élastique à brillant métallique, roulé en spirale d'une extrémité du tube à l'autre, et pouvant aisément se dérouler. Des tranchées dites *vésiculaires* sont dépourvues de ce fil, et sont renflées d'espace en espace. L'on ignore le mécanisme et l'action de ces organes.

Les anatomistes, dans leurs études sur l'œuf humain, ont admis, comme organes de la respiration, de petites fentes situées sur les parties latérales de la tête et du cou. M. Serres a repoussé récemment cette opinion : c'est dans la disposition des caduques du chorion et de ses vaisseaux que l'auteur place l'appareil branchial de l'embryon; il s'agissait dès lors de déterminer le caractère et la nature de ces fissures, qui se trouvaient ainsi dépossédées de la fonction qu'on avait cru leur reconnaître. C'est sur ce point important qu'ont porté les recherches de M. Serres.

Quand on examine l'embryon du 15e au 25e jour de la conception, on le trouve dentelé dans sa moitié supérieure et latérale. Ces dentelures correspondent à la partie inférieure de la face et de la poitrine (le cou existe à peine). En arrière, le canal vertébral est ouvert dans toute son étendue, et recouvert d'une pellicule cutanée transparente, qui permet par sa finesse d'apercevoir un trait blanchâtre divisé sur la ligne médiane dans toute sa largeur. Ce trait est la moelle épinière et ses deux cordons primitifs.

En haut, la tête est parfaitement divisée; en bas, les vertèbres coccygiennes, très-nombreuses, forment au delà du tubercule du bassin un prolongement caudal (une véritable queue), dont la longueur est égale au reste du corps de l'embryon. La poitrine, le ventre et le bassin sont ouverts en avant.

La large gouttière antérieure qui résulte de l'ouverture de ces trois cavités est occupée, en bas, par la vésicule ovo-urinaire, et en haut, par la vésicule péritonéale qui remplit le ventre et la poitrine, et du centre de laquelle s'élève le pédicule de la vésicule ombilicale.

Tel est l'être imparfait d'où doit provenir l'homme, et d'où il provient par une formation successive d'organismes nouveaux, et une transformation de ceux qui existent à cette époque.

L'embryogénie a suivi toutes les transformations que subit cette constitution si simple, qui se rapproche de celle des animaux des classes inférieures, et qui successivement doit, à travers une multitude de formes transitoires, arriver à ce degré d'admirable organisation qui place l'homme au-dessus de tous les êtres. M. Serres s'est appliqué à l'examen de la marche que suit l'embryon dans son développement, et a exposé avec le plus grand soin et avec lucidité toutes les phases des diverses transitions par lesquelles il passe. Ses recherches se résument dans les conclusions suivantes :

1° Les tubercules digités de la moitié supérieure du corps des jeunes embryons, des mammifères et de l'homme, sont les rudiments des maxillaires et des côtes ;

2° Les fentes ou fissures qui les séparent correspondent à l'état primitif des espaces intercostaux et intermaxillaires, et par conséquent ils ne jouent aucun rôle dans l'acte de la respiration.

3° Les embryons des vertébrés, pourvus à la fois de

maxillaires et de côtes, sont doués de deux ordres de tubercules et de fissures; tandis que ceux privés de côtes, comme les batraciens, mais possédant les maxillaires, ont bien les tubercules et les fissures qui correspondent aux mâchoires, mais ils sont dépourvus des fissures costales, parce qu'ils manquent des tubercules dont les côtes doivent provenir.

4° Les fissures ne deviennent visibles et ne se forment chez les embryons qu'après l'apparition des tubercules maxillaires et costaux.

ACTION DE L'AIR DANS LES POUMONS.

L'air arrive dans la structure spongieuse des poumons à l'aide de petits canaux qui se ramifient dans leur substance. Ces canaux sont appelés bronches, et ils sont le résultat de la division d'un conduit unique, qu'on appelle trachée-artère. Cette trachée-artère communique elle-même avec l'arrière-bouche par un canal plus évasé, appelé larynx ; c'est dans la cavité de ce dernier organe que se passe le phénomène de la voix, qui est le produit des vibrations imprimées à l'air par la cavité du larynx. Larynx, trachée-artère, bronches, sont donc des noms destinés à désigner un seul et même canal, qui est le canal aérien. Tous ces conduits sont tapissés par une membrane mince qui se continue, supérieurement, avec celle qui revêt l'intérieur de l'arrière-bouche, des fosses nasales et de la bouche, et ils sont formés par un grand nombre de petits cerceaux cartilagineux placés les uns au-dessus des autres : ces anneaux sont très-élastiques, et empêchent le canal aérien de s'affaisser, et d'opposer ainsi un obstacle à l'arrivée de l'air dans les poumons.

C'est en s'introduisant, par les fosses nasales ou la

bouche, dans l'arrière bouche, dans le larynx, dans la trachée-artère et dans les bronches, que l'air extérieur pénètre jusque dans les cellules pulmonaires ; et c'est également dans les petits vaisseaux dont les parois de ces cellules sont creusées, qu'arrive le sang veineux poussé dans l'artère pulmonaire, par les contractions du ventricule droit du cœur.

Ce sang, comme nous l'avons déjà dit, est d'un rouge noirâtre, et n'est pas propre à entretenir la vie dans les organes ; mais aussitôt qu'il est venu en contact avec l'air, il change de nature : sa couleur devient d'un rouge vif, il reprend sa propriété vivifiante, et révèle tous les caractères du sang artériel.

L'air qui produit ces modifications dans le sang éprouve, de son côté, des changements non moins remarquables ; par la respiration il perd la propriété de servir à l'entretien de la vie, et devient un poison qui tue les animaux qui le respirent.

Nous avons déjà vu que l'air atmosphérique se compose de deux substances très-différentes, d'oxygène et d'azote (sur 100 parties, 21 d'oxygène et 79 d'azote) ; que c'est au premier de ces fluides, à l'oxygène, qu'il doit ses propriétés vivifiantes ; que l'azote ne sert qu'à mitiger l'action trop excitante de ce fluide, et que par la respiration des animaux cet oxygène disparaît en partie, et se trouve remplacé par un autre gaz appelé acide carbonique.

Outre ce changement de composition chimique, l'oxygène diffère de l'air inspiré par la quantité de vapeur aqueuse qu'il entraîne avec lui. Cette eau en vapeur provient, comme l'acide carbonique, du sang qui traverse les poumons, et constitue ce que les physiologistes appellent la transpiration pulmonaire.

Puisque l'air est promptement vicié par la respiration, que son oxygène disparaît pour être remplacé par de l'acide carbonique, on comprend facilement que ce fluide doive se renouveler sans cesse dans l'intérieur des poumons; et c'est effectivement ce qui a lieu par suite des mouvements alternatifs d'inspiration et d'expiration.

Le mécanisme par lequel l'air est appelé dans les poumons, ou en est expulsé, est très-simple, et ressemble en tous points au jeu d'un soufflet; si ce n'est que dans les poumons l'air pénètre dans cet organe et s'en échappe par le même conduit, ce qui n'a pas lieu dans le soufflet. En effet, les poumons sont logés dans une grande cavité appelée poitrine ou thorax, dont les parois sont mobiles, et disposées de façon à pouvoir s'agrandir et se resserrer alternativement; les poumons en suivent tous les mouvements, et se dilatent et se resserrent par suite de ces mouvements : or, dans le premier cas, quand le thorax se dilate, l'air, pressé par tout le poids de l'atmosphère, se précipite dans la poitrine à travers la bouche ou les fosses nasales et la trachée-artère, et vient remplir les cellules pulmonaires, de la même manière que l'eau monte dans un corps de pompe dont on élève le piston. Dans le second cas, lors du mouvement d'expiration, l'air contenu dans les poumons est, au contraire, comprimé, et s'échappe en partie au dehors, par la voie qui a déjà servi à l'entrée de ce fluide.

Comme les canaux qu'il parcourt se subdivisent sans cesse en diminuant de volume, la colonne d'air se trouve aussi se diviser; et elle n'arrive dans les cellules des poumons que sous des volumes très-déliés. C'est à cet état seulement que s'opère l'action de l'air sur le sang veineux, qui, de son côté, a été apporté dans les poumons par des vaisseaux que nous connaîtrons plus tard.

Aussitôt qu'une bulle d'air est mise en contact avec une particule de sang veineux, ce sang éprouve un changement notable : il était noir, lourd, épais, chargé de principes non nutritifs et de produits excrémentitiels, recueillis dans tous les points du corps : il charriait de la sérosité, de la lymphe, des matières carbonées ; l'air extérieur vient-il à l'atteindre? au moment même ce sang veineux est décomposé, et fait place à un sang rouge, spumeux, et qui a reçu de cette modification les qualités nutritives qu'il n'avait pas auparavant.

Que s'est-il donc passé dans ce contact de deux fluides si différents, l'air et le sang veineux ? L'air a été décomposé, le sang veineux l'a été également. En entrant dans les poumons, l'air contenait, sur 100 parties, 79 d'azote, 10 à 21 d'oxygène, et quelques traces de carbone; en sortant du poumon, il n'a plus que 18 parties d'oxygène, 2 ou 3 d'acide carbonique, 79 d'azote. C'est donc au mélange de l'oxygène avec le sang veineux qu'est due la formation du sang nutritif ou artériel.

Dans un travail fort curieux, publié par M. Magnus dans les *Annales de Physique et de Chimie*, ce jeune savant a donné une nouvelle explication des phénomènes chimiques de la respiration. Deux théories principales ont été proposées sur ces phénomènes : dans l'une, longtemps adoptée par les chimistes et les physiologistes, la formation de l'acide carbonique et de l'eau, ainsi que la production de l'azote, ont lieu dans les poumons mêmes, au contact de l'oxygène de l'air avec les vaisseaux capillaires sanguins.

Dans l'autre théorie, l'oxygène n'agit plus immédiatement dans le poumon sur le sang ; il en est simplement absorbé, et les phénomènes chimiques auxquels il peut concourir se passent hors du poumon dans le trajet circulatoire ; et ce n'est qu'au retour du sang dans le poumon qu'il y verse les produits de l'oxygénation.

Cette dernière théorie, présentée depuis longtemps, fortifiée et ébranlée tour à tour par quelques faits opposés, a enfin reçu cours dans la science, depuis le dernier travail de M. Magnus sur la respiration ; travail délicat et difficile, qui a eu pour objet, en constatant la présence dans le sang de l'acide carbonique, de l'oxygène, de l'azote, de donner à la nouvelle théorie de la respiration une base solide qui lui avait manqué jusqu'à présent. A en juger par l'assentiment de quelques chimistes éminents, les recherches de M. Magnus semblent avoir fixé les opinions sur les phénomènes chimiques de la respiration.

M. Magnus a d'abord cherché à constater que le sang humain veineux contenait de l'acide carbonique. A cette fin, il a fait traverser le sang par un courant d'hydrogène, qui, après avoir été desséché, cédait l'acide carbonique dont il s'était chargé à de la potasse, dans l'appareil à boules de M. Liebig. Des expériences qui ont duré chacune six heures lui ont donné les résultats suivants :

Sang humain veineux.	Acide carboniq.	Ou p. 100 de sang.	Acide carbon.
$66^{cc},8$	$16^{cc},6$	100^{cc}	$24^{cc},8$
59 ,8	12 ,8	100	21 ,4
62 ,9	22 ,2	100	35 ,2

Après vingt-quatre heures, temps au bout duquel le sang n'avait encore aucune odeur :

Sang humain veineux.	Acide carboniq.	Ou p. 100 de sang.	Acide carbon.
66cc,8	24cc,9	100cc	37cc,2
59 ,8	23 ,9	100	40 ,0
62 ,9	34 ,0	100	54 ,0

En remplaçant l'hydrogène par de l'air, de l'oxygène ou de l'azote, les résultats sont restés les mêmes.

On le voit, cette nouvelle théorie admet que dans l'acte de la respiration l'oxygène de l'air est absorbé par le sang artériel dans les poumons ; qu'il est ensuite entraîné dans le torrent de la circulation ; que dans ce trajet, et par le travail secret des capillaires, une certaine quantité se combine, partie avec du carbone pour former de l'acide carbonique qui reste en dissolution dans le sang partie avec de l'hydrogène pour former de l'eau. Le sang ainsi chargé d'acide carbonique est transformé en sang veineux, arrive dans le poumon, où il abandonne à l'air son acide carbonique, reprend alors de l'oxygène, et, transformé en sang artériel, commence une nouvelle révolution

Ainsi, M. Magnus pense :

1° Que le sang veineux doit contenir de l'acide carbonique, et, au cas où le sang artériel en contiendrait aussi, plus que celui-ci ;

2° Que la différence des quantités d'acide carbonique de l'un à l'autre sang doit satisfaire aux exigences de la respiration ;

3° Que la quantité d'oxygène absorbée dans le poumon par le sang artériel, et abandonnée ensuite dans le trajet de la circulation, doit également satisfaire et à la production de l'acide carbonique, et à celle de l'eau qui l'accompagne toujours dans l'acte de la respiration ;

4° Que le sang veineux doit contenir de l'azote, et plus que le sang artériel, au cas où celui-ci en contiendrait aussi.

Nous ne devons pas dissimuler que le travail de M. Magnus a soulevé de grands doutes dans l'esprit de M. Gay-Lussac, qui maintenant s'occupe de cette question importante, et qui en a entretenu récemment l'Académie des sciences.

Tous les gaz ne peuvent pas favoriser la formation du sang artériel, qui est due bien évidemment au contact de l'oxygène. Si tout autre gaz se trouve dans les poumons, il amène plus ou moins promptement la mort. L'oxygène lui-même, quand il est pur, devient mortel ; son mélange avec l'azote dans des proportions différentes de celles de l'air ne peut pas être impunément respiré. On appelle gaz méphitiques ceux qui non-seulement ne peuvent entretenir la respiration des animaux, mais qui les tuent plus ou moins promptement.

Le gaz acide carbonique, loin d'être propre à l'entretien de la vie, agit même comme un poison sur les animaux qui le respirent pendant quelque temps, et il en occasionne la mort.

Par la respiration des animaux dans un lieu où l'air ne se renouvelle pas facilement, l'air peut donc être peu à peu vicié et produire l'asphyxie.

Le gaz acide carbonique (qui est composé d'oxygène combiné avec du carbone ou charbon) éteint les corps en combustion; il se forme aussi pendant la combustion du charbon, pendant la fermentation du vin, de la bière, etc. C'est de l'action de cet acide sur l'économie animale que dépend l'asphyxie produite par la vapeur du charbon, ainsi que la plupart des accidents du même genre qui ont lieu dans les mines, les souterrains, les puits, et dans les cuves où fermente le vin ou la bière. Dans une grotte située près de Naples, il s'en dégage continuellement de l'intérieur de la terre, et ce gaz occasionne des phénomènes qui, au premier aperçu, paraissent très-singuliers, et excitent la curiosité de tous les voyageurs. Lorsqu'un homme entre dans cette caverne, il n'éprouve aucune gêne dans la respiration; mais s'il est accompagné d'un chien, cet animal ne tarde pas à tomber asphyxié à ses pieds, et périrait promptement si on ne le reportait au grand air. Cela dépend de ce que l'acide carbonique, étant beaucoup plus lourd que l'air, ne s'y élève pas, mais reste près du sol, et y forme une couche d'environ deux pieds d'épaisseur. Or, un chien qui pénètre dans la grotte se trouve à l'instant plongé tout entier dans ce gaz méphitique, et doit nécessairement s'y asphyxier; tandis qu'un homme, dont la taille est beaucoup plus élevée, n'a que la partie inférieure de son corps exposée à l'action de l'acide carbonique, et respire librement l'air pur qui se trouve au-dessus. Ce lieu remarquable est connu sous le nom de la *grotte du Chien*.

Nous empruntons à un jeune et savant médecin, M. le Dr James, quelques passages du récit d'une visite faite par lui dans cette grotte curieuse; cette observation modifie, sous plusieurs points de vue, les idées qu'on s'était faites, jusqu'à ce jour, de cet étrange phénomène.

La grotte du Chien est située à Pouzzoles, sur le penchant d'une petite montagne extrêmement fertile, en face et à peu de distance du lac d'Agnano. L'entrée en est fermée par une porte, dont un gardien a la clef. La grotte a l'apparence et la forme d'un petit cabanon, dont les parois et la voûte seraient grossièrement taillées dans le rocher. Sa largeur est d'environ un mètre, sa profondeur de trois mètres, sa hauteur d'un mètre et demi. Il serait difficile de juger par son aspect si elle est l'œuvre de l'homme ou de la nature. L'aire de la grotte est terreuse, noire, humide, brûlante. De petites bulles sourdent dans quelques points de sa surface, crèvent, et laissent échapper un fluide aériforme, qui se réunit en un nuage blanchâtre au-dessus du sol. Ce nuage est formé de gaz acide carbonique, que colore un peu de vapeur d'eau. Rien de plus aisé que de constater la présence de l'acide carbonique par les réactifs ordinaires.

Il rougit faiblement l'infusum bleu de tournesol.

Il blanchit l'eau de chaux. L'expérience peut être faite d'une manière assez intéressante. Laissez tomber de l'eau de chaux dans une éprouvette placée sur l'aire de la grotte ; cette eau, transparente à sa sortie de la fiole, devient blanche en traversant la couche d'acide carbonique, et vous ne recevez plus dans l'éprouvette qu'une liqueur lactescente.

Il est impropre à la combustion. Une torche allumée qu'on plonge dans la couche s'éteint immédiatement. Le résultat sera le même si, puisant de l'acide carbonique dans une éprouvette, vous le renversez au-dessus de la torche. Le gaz, entraîné par son poids, retombe sur la flamme et l'éteint, comme le ferait un verre d'eau.

Du phosphore, des allumettes chimiques ne s'enflamment point dans la couche. On comprend de même pourquoi la poudre ne prend pas feu.

M. le Dr James a ajouté comme complément les renseignements suivants, que lui a fournis le gardien de la grotte, et dont il n'a pu vérifier l'exactitude que sur des lapins et des grenouilles. C'est la liste des animaux qu'il a vus déposer dans la couche d'acide carbonique, ainsi que du temps qu'ils ont mis à y mourir.

Chien.	3	minutes.
Lapin.	2	—
Chat.	4	—
Poule.	2	—
Grenouille.	5	—
Couleuvre.	7	—

On s'explique assez bien la durée différente de l'asphyxie chez ces animaux. Un reptile sera plus longtemps à mourir qu'un mammifère, parce qu'il lui faut moins d'air dans un temps donné, et que sa circulation est plus lente. De même, un animal fort et vigoureux opposera plus de résistance qu'un faible. Tout le monde sait combien le chat *a la vie dure;* aussi voyons-nous le chat vivre dans la grotte une minute de plus que le chien.

Au bout de combien de temps un homme succomberait-il? S'il faut croire la tradition, l'expérience en a été faite, il y a trois siècles, par le prince de Tolède. Il fit étendre tout de son long dans la grotte un criminel dont on avait lié les pieds et les mains de manière à ce qu'il ne pût se soulever au-dessus de la couche d'acide carbonique. On l'y laissa dix minutes; quand on le retira, il était mort. On ne peut dire jusqu'à quel point cette tradition mérite une entière confiance. Toutefois, on sait qu'il fut une époque où des condamnés à mort étaient soumis à des expériences aussi périlleuses, voire même à des opérations sanglantes, et que ce danger était regardé comme une sorte de faveur, puisque les malheureux avaient leur grâce quand ils pouvaient en réchapper.

Pour évaluer le temps qu'un homme mettrait à mourir dans la grotte, on ne peut prendre de point de comparaison dans l'asphyxie produite par la vapeur de charbon. En effet, la grotte contient une couche d'acide carbonique pur, dont l'action est immédiate et certaine, tandis que la combustion du charbon n'altère que peu à peu l'atmosphère. Par conséquent, les progrès de l'asphyxie ne suivent plus, dans ce dernier cas, une marche constante : ils sont lents ou rapides, selon le volume du gaz exhalé.

On sait, du reste, que les phénomènes déterminés sur l'homme par la respiration du gaz acide carbonique sont rapidement mortels. Témoin les nombreux accidents qui résultent du dégagement de ce gaz pendant la fermentation spiritueuse, ou de son accumulation spontanée au fond de vieilles carrières.

M. James a remarqué qu'aucun végétal ne croît dans la grotte ; ceux qu'on y dépose meurent promptement. C'est que les plantes, comme les animaux, ont besoin de l'oxygène de l'air pour respirer.

Le travail de M. James est terminé par quelques considérations géologiques sur le mode de production et d'exhalation de l'acide carbonique de la grotte, question curieuse qui a été jusqu'ici plus féconde en conjectures qu'en recherches expérimentales.

Le sol de Pouzzoles est essentiellement volcanique ; les eaux thermales y abondent. Ces eaux contiennent pour la plupart du gaz acide carbonique en proportion notable.

L'aire de la grotte est humide, formée par une terre friable et poreuse. Sa température est de 38° cent. Ayant creusé un petit trou dans le sol, M. James y a plongé un thermomètre. Le mercure s'est élevé à 40°. La terre qu'il avait enlevée était plus imprégnée d'eau que celle de la surface. Il ne faut pas oublier que le gaz acide carbonique, au moment où il se forme dans la grotte, est chargé de vapeur aqueuse.

Il devient déjà très-probable qu'une source d'eau thermale gazeuse passe au-dessous de l'aire de la grotte, et qu'elle fournit l'acide carbonique.

A quelques pas de la grotte, et à 5 ou 6 mètres au-dessous de son niveau, est le lac d'Agnano. Ses eaux bouillonnent en deux ou trois endroits, dans cette partie voisine du bord qui regarde la grotte. M. James y plongea la main ; l'eau était froide comme dans le reste du lac. Le thermomètre n'indiqua pas non plus d'élévation de température. D'où provenait donc ce bouillonnement? L'observateur apprit des mariniers que quand l'eau du lac est transparente (elle contenait alors du chanvre à rouir), on aperçoit au fond des courants qui viennent dans la direction de la montagne. Il ne douta point que ce ne fût la source d'eau thermale gazeuse dont il avait soupçonné le passage dans la grotte, et qui perdait sa chaleur en se versant dans le lac. Le bouillonnement ne devait donc être autre chose que le gaz acide carbonique qui se dégageait de cette source.

Pour s'en assurer, il remplit d'eau une éprouvette, et la plaça, renversée, au-dessus d'un endroit bouillonnant. L'eau fut peu à peu chassée par le gaz, qui prit sa place. Il plongea dans l'éprouvette une bougie allumée : elle s'éteignit. Il chargea de nouveau l'éprouvette, et y versa de l'eau de chaux ; cette eau blanchit. C'était donc bien du gaz acide carbonique, que sa légèreté spécifique faisait monter à la surface du lac.

De ce qui précède, M. James conclut qu'une source d'eau thermale gazeuse passe au-dessous de la grotte du Chien, et qu'elle laisse échapper, à travers les porosités du sol, le gaz acide carbonique, qui se renouvelle sans cesse, comme le courant qui l'alimente.

Près du volcan de *Gérolstein*, on trouve une caverne

qui donne issue à un courant gazeux plus remarquable encore. Le gaz ne paraît pas différer notablement de l'air atmosphérique, car on le respire sans éprouver aucun embarras. Sa vitesse est assez grande ; et même hors de la caverne on sent l'impression du vent qui en sort. Il est froid et humide, et pendant tout l'été il dépose sur les parois de la grotte une couche de glace fort épaisse qui en tapisse toutes les parties, et produit des effets d'un éclat et d'une transparence auxquels on pourrait appliquer, sans trop d'exagération, les descriptions pittoresques généralement consacrées par les voyageurs *touristes* aux grottes à stalactites.

Pendant l'hiver le vent souterrain s'arrête, et la glace cesse de se déposer.

Il est très-probable, dit M. Reynaud, que la température si froide de ce courant d'air, à l'instant où il s'échappe du sein de la terre, est le résultat de l'expansion subite qu'il éprouve, et indique par conséquent un état de compression antérieure. Ce phénomène est analogue à celui qui se passe dans la machine de Schemnitz. La présence dans l'intérieur de la terre d'un réservoir considérable d'air comprimé est un fait digne d'attention, et qui pourrait peut être se rapporter à quelques cas particuliers de la théorie des puits artésiens. La suspension du courant pendant la saison froide tendrait même à faire croire que ce soufflet naturel est tout à fait analogue à une trompe hydraulique. Des courants d'eau naturels venant à tomber dans les cavernes intérieures, qui doivent être nombreuses dans ce pays bouleversé par les volcans, entraînent dans leur chute de l'air atmosphérique, qui se dégage dans les réservoirs souterrains avec une compression dépendant de la profondeur.

Une source atmosphérique fort curieuse existe dans les bois qui entourent le lac Laacher, et rappelle, quoique sur une échelle plus petite, la grotte du Chien. C'est un dégagement souterrain d'acide carbonique, qui se fait jour silencieusement à travers le sol, et vient aboutir dans une espèce de fosse de deux à trois pieds de profondeur, pratiquée dans la terre végétale au milieu des broussailles. Lorsque l'air est calme, la cavité se remplit presque uniquement d'acide carbonique, et il en résulte une asphyxie assez prompte pour les êtres qui viennent y respirer. Le fond du trou est couvert de débris : les insectes et surtout les fourmis y arrivent en grand nombre pour chercher leur nourriture, mais, privés d'air, ils y demeurent la plupart; et les oiseaux à leur tour, apercevant l'appât trompeur, volent vers le piége, et y sont pris. Les bûcherons, qui sont au courant de cette manœuvre, visitent régulièrement la source atmosphérique de Laacher, et tirent profit de cette chasse, dont la nature seule a fait tous les frais.

L'air expulsé des poumons est en partie dépouillé de son oxygène, et chargé de gaz acide carbonique; mais, outre ce changement de composition chimique, il diffère de l'air inspiré par la quantité de vapeur aqueuse qu'il entraîne avec lui, et qu'il abandonne en se refroidissant : cette exhalation se voit surtout en hiver, où l'air expiré s'échappe de la bouche ou du nez, sous forme de vapeur. Cette eau en vapeur provient, comme l'acide carbonique, du sang qui traverse les poumons, et constitue ce que les physiologistes appellent la *transpiration pulmonaire.*

MM. Andral et Gavarret d'une part, M. Scharling d'une autre part, se sont occupés de déterminer la quantité d'acide carbonique exhalée par le poumon, dans l'espèce humaine.

MM. Andral et Gavarret ont établi que la quantité d'acide carbonique exhalée par le poumon, dans un temps donné, varie en raison de l'âge, du sexe et de la constitution des sujets.

Chez l'homme comme chez la femme, cette quantité se modifie suivant les âges, et cela indépendamment du poids des individus mis en expérience.

Dans toutes les périodes de leur vie comprises entre huit ans et la vieillesse la plus avancée, l'homme et la femme se distinguent par la différence de quantité d'acide carbonique qui est exhalée par leurs poumons dans un temps donné. Toutes choses égales d'ailleurs, l'homme en exhale toujours une quantité plus considérable que la femme. Cette différence est surtout très-marquée entre seize et quarante ans, époque pendant laquelle l'homme fournit généralement par le poumon presque deux fois autant d'acide carbonique que la femme.

Chez l'homme, la quantité d'acide carbonique exhalée va sans cesse croissant de huit à trente ans, et cet accroissement continu devient subitement très-grand à l'époque de la puberté. A partir de trente ans, l'exhalation d'acide carbonique commence à décroître, et ce décroissement a lieu par degrés d'autant plus marqués, que l'homme s'approche davantage de l'extrême vieillesse ; à tel point qu'à la dernière limite de la vie, l'exhalation d'acide carbonique par le poumon peut redevenir ce qu'elle était vers l'âge de dix ans.

Chez la femme, l'exhalation de l'acide carbonique augmente suivant les mêmes lois que chez l'homme pendant toute la durée de la seconde enfance. Mais au moment de la puberté, en même temps que la menstruation apparaît, cette exhalation, contrairement à ce qui arrive chez l'homme, s'arrête tout à coup dans son accroissement, et reste stationnaire (à peu près ce qu'elle était dans l'enfance) tant que les époques menstruelles se conservent dans leur état d'intégrité.

A l'âge critique, l'exhalation de l'acide carbonique par le poumon augmente tout à coup d'une manière très-notable; puis elle décroît, comme chez l'homme, à mesure que la femme avance vers l'extrême vieillesse.

Pendant toute la durée de la grossesse, l'exhalation de l'acide carbonique s'élève momentanément au chiffre fourni par les femmes parvenues à l'âge critique.

Dans les deux sexes et à tous les âges, la quantité d'acide carbonique exhalée par le poumon est d'autant plus grande que la constitution est plus forte, et le système musculaire plus développé.

Les observations de M. Scharling avaient pour objet la recherche de la quantité d'acide carbonique que l'homme exhale en vingt-quatre heures.

Voici le résultat de ces curieuses expériences :

1° L'homme exhale des quantités variables d'acide carbonique, suivant les époques de la journée.

2° Ces différences proviennent, d'une part, de ce que la faculté qu'ont les organes respiratoires de changer en acide carbonique une portion de l'air inspiré, varie aux différentes époques du jour; et, d'un autre côté, du mouvement inégal du sang, mouvement déterminé en grande partie par la digestion.

3° Toutes choses égales d'ailleurs, l'homme exhale plus d'acide carbonique quand il est rassasié que lorsqu'il est à jeun, et plus pendant la veille que pendant le sommeil.

4° Les hommes exhalent plus d'acide carbonique que les femmes du même âge ; les enfants, plus que les adultes.

5° Dans quelques cas de malaise, il y a moins d'acide carbonique exhalé que dans l'état de santé.

Nous terminerons cette histoire de la respiration en reproduisant les résultats d'un travail remarquable de M le Dr Bourgery sur les *Rapports de la structure intime des poumons avec la capacité fonctionnelle de ces organes, dans les deux sexes et à divers âges.*

Ce travail éminemment neuf et curieux peut se résumer dans les conclusions suivantes :

1° Toutes circonstances égales d'ailleurs, la respiration, par rapport à l'ensemble de l'organisme, est d'autant plus puissante que le sujet est plus jeune et plus mince. Aucune autre condition de force ou de santé inaltérable ne supplée à la jeunesse.

2° La respiration virile est, pour un même âge, le double en volume de la respiration féminine ; différence fondamentale, et qui suffirait à expliquer la supériorité des actes vitaux de l'organisme de l'homme sur celui de la femme.

3° La plénitude de la respiration dans les deux sexes appartient à l'âge de quinze ans, qui correspond avec le complet développement de l'appareil capillaire aérien du poumon.

Chez les sujets bien constitués, le chiffre de la respiration forcée à cet âge est, dans l'homme, de 2 litres 50 à 4 litres 30, et, dans la femme, de 1 litre 10 à 2 litres 20. Un garçon de quinze ans respire 2 litres, et le vieillard de quatre-vingts ans, 1 litre 35. Ainsi donc, sous le rapport de la respiration, l'homme fort de trente ans représente également,

ou 2 hommes faibles,
ou 2 garçons de 15 ans,
ou 2 femmes fortes,
ou 4 femmes faibles,
ou 4 garçons de 7 ans,
ou 4 vieillards de 85 ans,

La femme forte de trente ans représente,

ou 1 homme faible,
ou 1 garçon de 15 ans,
ou 2 femmes faibles,
ou 2 garçons de 7 ans,
ou 2 vieillards de 85 ans.

4° Le volume d'air dont un individu a besoin pour une respiration ordinaire augmente graduellement avec l'âge. Les rapports entre les âges de 7, 15, 30 et 80 ans, sont géométriques, et représentés par les nombres 1, 2, 4, 8. L'adulte parfait respire habituellement le quadruple du jeune enfant, et le double de la femme et du garçon de quinze ans. Le vieillard respire le double de l'adulte. L'augmentation progressive, ou le besoin d'un plus grand volume d'air, n'exprime que la diminution d'énergie de l'hématose pulmonaire; c'est-à-dire que cette faculté relative décroît de l'enfance au vieillard dans un rapport représenté par les nombres fractionnels inverses du premier 1, 1/2, 1/4, 1/8.

5° Dans la respiration forcée, la capacité aérienne, ou la perméabilité du poumon à l'air présente deux périodes : l'une ascendante, de l'enfance à trente ans; l'autre descendante, de trente ans à la vieillesse. Sur l'ensemble, la respiration se triple en vingt-trois ans dans la jeunesse, et augmente de 1/9e chaque année. Dans l'âge mûr, elle diminue en vingt ans de 1/5e ou 1/100e pour chaque année. De cinquante à soixante ans, elle décroît seulement en dix années aussi de 1/5e, ou 1/50e pour chaque année. Dans la vieillesse, de soixante à quatre-vingts ans, elle tombe encore de près de moitié en vingt ans, ou 1/20e pour chaque année.

6° La faculté respiratoire s'use d'elle-même par la déchirure capillaire de canaux aériens et sanguins, improprement nommée l'*emphysème des poumons;* cette déchirure accompagne plus ou moins, mais inévitablement, tous les grands efforts respiratoires. Quoiqu'elle semble l'usure sénile du poumon, elle commence néanmoins dès l'enfance, et augmente graduellement avec l'âge jusqu'à la vieillesse, par la seule réitération des actes fonctionnels. Toutes les maladies du poumon, même passagères, hâtent ce genre de destruction.

7° Le dernier résultat de l'emphysème sénile, sans autre maladie, est d'assimiler le poumon caverneux et la respiration mi-partie à sang rouge et noir du vieillard décrépit, au poumon loculaire et à la respiration incomplète du reptile.

CHALEUR ANIMALE.

On admet aujourd'hui que la cause de la chaleur animale est la combustion de l'hydrogène et du carbone du sang veineux par l'oxygène de l'air inspiré. Cela ne veut pas dire que le poumon soit un foyer constamment embrasé : le fait seul de sa température, qui n'est pas sensiblement plus élevée que celle des autres organes, se refuse à l'admission d'une opinion semblable. Mais, sans chercher à comparer rigoureusement les phénomènes de l'oxygénation du sang avec les effets qui se manifestent par l'action de ce gaz sur les corps inorganiques, il est permis de présumer que si l'oxygène est éminemment propre à développer la chaleur dans tous les corps, il doit être un des principes qui la font naître et l'entretiennent dans l'homme et dans les animaux.

La faculté de produire ainsi de la chaleur leur est commune à tous : mais la plupart de ces êtres développent si peu de calorique, qu'il ne peut être apprécié par nos thermomètres ordinaires ; tandis que chez d'autres la production de la chaleur est si grande, qu'on n'a même pas besoin d'instruments de physique pour en constater l'existence.

Cette différence énorme dans la faculté de produire de la chaleur occasionne des différences correspondantes dans la température des divers animaux. Un thermomètre placé dans le corps d'un chien ou d'un oiseau, par exemple, s'élèvera toujours à 36 ou 40° (centigrades), tandis que dans le corps d'une grenouille ou d'un poisson il indiquera une température à peu près égale à celle de l'atmosphère au moment de l'expérience.

On donne le nom d'*animaux à sang froid* à ceux qui ne produisent pas assez de chaleur pour avoir une température propre, et indépendante des variations atmosphériques ; et on appelle *animaux à sang chaud* ceux qui conservent une température à peu près constante au milieu des variations ordinaires de chaleur et de froid auxquelles ils sont exposés, et qui présentent même ordinairement un excès sensible de chaleur sur les corps environnants. Les oiseaux et les mammifères sont les seuls êtres qui appartiennent à cette dernière catégorie ; tous les autres animaux sont des animaux à sang froid.

La température du corps de l'homme est de 36° centigrades (ou 29 du thermomètre de Réamur), soit en Sibérie, où le froid atteint jusqu'à 70°, soit en Nigritie, où la chaleur s'élève jusqu'à 40°, et, d'après quelques observations récentes, à 112 et même à 125°. La température de la plupart des autres mammifères ne varie guère que de 36 à 40°; celle des oiseaux s'élève à environ 42° centigrades.

L'appareil de la calorification est un point sur lequel les physiologistes sont fort divisés. Les uns n'admettent pas d'appareil; d'autres, tels que Chaussier, nomment *caloricité* une propriété vitale primitive, en vertu de laquelle les êtres vivants dégagent leur calorique. D'autres admettent un appareil distinct; il serait, suivant les uns, local et unique : le cœur, les poumons, le système nerveux, et surtout la moelle épinière. Suivant les autres, il serait multiple : ainsi le calorique serait dégagé, dans tout le cours de la circulation, par quelque cause mécanique, telle que le frottement; ou dans le parenchyme de chacun des organes, sous l'influence du sang artériel et du système nerveux. Aujourd'hui l'on reconnaît que la calorification est, en général, en raison directe de l'intensité de la respiration. Cette théorie se démontre dans la série des êtres : ainsi les animaux à sang froid respirent très-incomplétement; et les oiseaux, qui sont, de tous les animaux à sang chaud, ceux qui développent le plus de chaleur, ont aussi une respiration double. Les divers âges de l'homme donnent encore une confirmation à la théorie que nous venons d'exposer : ainsi l'enfant nouveau-né et le vieillard ont une température bien plus basse que le jeune homme.

Parmi les théories proposées pour rendre compte de la production de la chaleur dans l'acte respiratoire, celle de Lavoisier et de Séguin tient le premier rang. Suivant eux, la chaleur provient de la combustion de l'hydrogène et du carbone du sang veineux par l'oxygène de l'air inspiré ; mais cette théorie ne rend pas compte de toute la chaleur dégagée. Ainsi, l'acide carbonique exhalé n'est point en rapport nécessaire avec l'oxygène absorbé ; cet acide peut être exhalé, quoique l'animal ne respire que de l'hydrogène ; la chaleur qui serait produite par la formation de cet acide ne serait que les 40 à 60 centièmes de la chaleur dégagée par l'animal : enfin, si l'on ajoute à cette quantité la quantité produite par la formation de l'eau, l'on n'obtiendra que les 70 à 80 centièmes de la chaleur totale : il faudrait donc recourir à une autre cause qui produirait le surplus ; ce serait une sécrétion, suivant les uns, une action essentiellement nerveuse, selon d'autres.

Quant aux causes du refroidissement, ce sont : 1° le rayonnement (dont les vêtements sont destinés à ralentir les effets) ; 2° le contact permanent et le renouvellement des couches d'air qui entourent le corps ; 3° la soustraction de calorique produite, dans les poumons, par l'air frais qui y est introduit ; 4° la transpiration pulmonaire ; 5° la transpiration et l'évaporation cutanées : cette dernière cause, la plus efficace de toutes, signalée pour la première fois par Franklin, qui comparait le corps à un alcarazas, a été démontrée par les expériences de Berger et Delaroche.

Après avoir établi les causes de la chaleur animale et celles du refroidissement, cherchons à expliquer la possibilité d'une température à peu près fixe. Supposons un homme plongé dans une atmosphère à 10° au-dessous de 0 ; toute la surface de sa peau se refroidira, la transpiration cutanée sera réduite au minimum, et dès lors la production intérieure de la chaleur ne sera plus nécessaire que pour réparer les pertes produites par le rayonnement et par la conductibilité. Si, au contraire, cet homme est plongé dans une atmosphère de 50° au-dessus de o, la peau s'échauffera, la transpiration cutanée et l'évaporation deviendront intenses, et dans les deux cas l'équilibre se rétablira. Mais si le sujet est plongé dans un bain très-chaud, l'évaporation ne pourra plus avoir lieu, et la mort pourra survenir.

CIRCULATION.

La circulation est l'acte des fonctions nutritives par lequel le fluide nutritif, changé en sang dans l'acte de la respiration, est porté, par des canaux particuliers, dans la profondeur de toutes les parties, d'où son résidu est repris par un autre ordre de vaisseaux, pour être soumis de nouveau, dans les poumons, au contact vivifiant de l'air. Ainsi le sang ne reste pas en repos dans l'intérieur du corps; il traverse sans cesse les organes qu'il sert à nourrir, et revient ensuite se mettre en contact avec l'air dans l'appareil respiratoire, pour être distribué de nouveau aux diverses parties du corps. Afin de charrier ainsi les matériaux réparateurs des organes, les vaisseaux doivent être nécessairement le siége de courants continuels; et, en effet, le sang circule partout où la vie doit être entretenue, et il décrit un véritable cercle, dont le point de départ est au poumon. C'est dans cet organe que le sang est fait, et c'est là que sont transportés les matériaux qui doivent servir à l'élaboration du fluide réparateur de notre organisme.

Ce liquide particulier porte dans tous les organes les matières nécessaires à leur entretien; il sert en même temps à entraîner hors de leur substance les particules éliminées par le travail nutritif, et destinées à être expulsées du corps. C'est un fluide plus ou moins rouge, onctueux, légèrement visqueux, plus pesant que l'eau, d'odeur fade, nauséabonde, de saveur salée, et savonneux au toucher.

L'analyse microscopique y démontre de la sérosité tenant en suspension des globules qui sont circulaires dans les mammifères, elliptiques chez les oiseaux, du diamètre de 1/15e de millimètre, et qui paraissent composés d'un globule central incolore, contenu dans une enveloppe colorée.

M. le Dr Letellier s'est livré récemment à des recherches sur le sang humain : en voici les conclusions.

1° Les globules rouges étendus d'eau ne disparaissent que par la dissolution de leur enveloppe colorée et leur transparence; mais le noyau blanc reparaît dès qu'on sature l'eau par un sel neutre; 2° leur densité est plus considérable que celle du sérum et que celle de la fibrine, mais elle est très-variable; 3° en contact avec l'oxygène, ils en absorbent une grande partie, en convertissent une autre portion en acide carbonique, et donnent naissance à un dépôt semblable à de la fibrine pulvérulente; 4° l'acide carbonique rend la fibrine plus spongieuse, plus avide d'eau en en augmentant peut-être la quantité, et dépouille une portion des globules de leur enveloppe rouge; 5° le noyau des globules est de nature fibrineuse; 6° la quantité des globules rouges varie dans le sang, de 83 à 155 parties pour 1,000, sans rapport constant avec l'âge, le sexe, le tempérament ou les maladies; mais elle diminue par les saignées; 7° l'hématozine ou enveloppe colorée des globules n'a pas encore été isolée d'une manière satisfaisante ; 8° enfin elle ne diffère de l'albumine que par sa couleur, sa précipitation avec les sur-sels à base alcaline, et peut-être par sa non-précipitation avec l'acétate de plomb : toutes les autres différences signalées manquent d'exactitude.

L'analyse spontanée du sang y démontre une vapeur qui s'échappe au moment où ce liquide sort de ses vaisseaux, ainsi qu'une certaine quantité d'acide carbonique : puis il devient gélatineux, et se divise enfin en sérum liquide, limpide, jaune-verdâtre, plus pesant que l'eau distillée, et présentant au microscope de nombreux grumeaux albumineux, et un caillot ou cruor solide, rouge, mollasse, comme spongieux, et composé de globules arrondis et réguliers.

A mesure que les analyses du sang se perfectionnent, on arrive à retrouver dans ce fluide presque tous les éléments des organes ; tels sont : la fibrine pour les muscles, l'albumine pour un grand nombre de tissus, la matière grasse du cerveau et des nerfs, les phosphates de chaux et de magnésie pour les os, l'urée après l'ablation des reins, la matière jaune de la bile, etc.

Le sang présente de nombreuses variétés, selon qu'il est artériel ou veineux, selon le sexe, l'âge, la race, et surtout suivant l'état de maladie.

Bien plus que le chyle et encore plus que la lymphe, le sang est un liquide organisé, qu'on a nommé poétiquement, mais avec vérité, une *chair coulante*, dont l'étude est une partie essentielle de l'organisme, puisque le sang doit sans cesse en réparer les pertes.

On a cherché comment et où se forment les composés chimiques de ce liquide. Quelques-uns ont admis que les corpuscules du vitellus sont les premiers éléments des corpuscules sanguins; d'autres, et c'est le plus grand nombre, ont prétendu que le sang se forme dans un feuillet particulier de la membrane germinative. On diffère aussi d'opinion sous le rapport du mode de formation du globule sanguin : les uns, avec Schwann, admettent que le noyau se forme d'abord, et s'entoure ensuite d'une enveloppe; d'autres affirment que la formation du noyau n'est que secondaire. L'opinion de M. Schultz est que les globules sanguins dérivent des globules lymphatiques et chyleux. Il a vu, du moins pour les animaux à globules elliptiques, tous les passages intermédiaires entre les globules lymphatiques incolores, et les corpuscules sanguins entièrement développés.

Arrêtons-nous quelques instants sur une question importante, traitée avec une grande supériorité par M. le professeur Duvernoy, celle de savoir dans quelle proportion le sang fait partie de tout l'organisme.

Haller portait à 28 ou 30 livres le poids total du sang chez un homme adulte.

Wrisberg a pesé celui d'une femme décapitée; elle en avait 24 livres.

Le même observateur a vu une autre femme en perdre 26 livres par l'utérus.

Le rapport du poids du sang à celui du corps a été trouvé,

Chez les mammifères :

Dans le chien	: :	1	:	16
Dans le chat	: :	1	:	23
Dans le lapin	: :	1	:	2
Dans le lièvre	: :	1	:	20
Dans le cheval	: :	1	:	18
Dans l'âne	: :	1	:	23

Dans la chèvre	: : 1 : 20
Dans la brebis	: : 1 : 22
Dans l'agneau	: : 1 : 20
Dans le bœuf	: : 1 : 12
Dans le veau	: : 1 : 20

Ces exemples du bœuf et du veau indiqueraient que les jeunes animaux ont moins de sang que les adultes.

Chez les oiseaux :

Le poids du sang est à celui du corps :

Dans le moineau	: : 1 : 20
Dans le pigeon	: : 1 : 18
Dans le canard	: : 1 : 29
Dans la poule	: : 1 : 32

Cette proportion serait donc beaucoup moindre que dans les mammifères.

Mais *chez les reptiles* elle est plus forte, en général, que dans les autres classes des vertébrés. Ainsi on l'a trouvée :

Dans le lézard	: : 1 : 14
Dans la grenouille	: : 1 : 16
Dans la même	: : 1 : 14
Dans la salamandre	: : 1 : 12

Enfin, *dans les poissons*, elle paraîtrait au moins aussi faible que dans les oiseaux.

Cette proportion est

Dans la carpe	: : 1 : 30
Dans le brochet	: : 1 : 32

M. *Schultz*, auquel on doit les observations précédentes, observe qu'il y a des différences individuelles qui dépendent du sexe et du degré d'embonpoint. Il estime de 100 livres jusqu'à 110 livres le poids total du sang d'une vache de 600 livres; tandis qu'un bœuf gras du même poids n'aurait que 50 livres, au plus 70 livres de sang; et un maigre, de 80 à 90 livres. Ainsi les femelles auraient, à proportion, plus de sang que les mâles, et les animaux gras moins que les maigres.

Les anciens médecins avaient déjà fait cette observation à l'égard de l'homme. Ils expliquaient par là pourquoi les personnes maigres supportent mieux de fortes saignées que celles qui ont beaucoup d'embonpoint.

Le petit nombre d'exemples que nous venons de citer sur les proportions ou la quantité relative du sang dans les animaux vertébrés, aurait besoin d'être multiplié pour pouvoir en tirer des conclusions plus positives et mieux fondées. Cette proportion paraît devoir varier beaucoup, même dans les animaux d'une seule classe.

Ainsi les mammifères aquatiques, tels que les *phoques*, les *dauphins* et les *marsouins*, paraissent avoir une grande proportion de sang. Cette observation, que nous avons eu occasion de vérifier plusieurs fois, sans la préciser par des mesures, serait cependant contraire à ce que nous venons de dire sur les animaux chargés de graisse; car ceux-ci en ont toujours beaucoup.

Ce qui caractérise essentiellement la composition organique du sang, ce sont les molécules rouges que des observations microscopiques ont constaté flotter dans sa partie fluide. Ces molécules, dont la figure n'est pas la même dans tous les animaux; qui se rapprochent, dans l'*homme*, de la forme lenticulaire; et qui paraissent avoir la même grandeur dans le même individu ou dans les individus différents, quelle que soit d'ailleurs leur proportion, constituent proprement la partie colorante du sang. Dans l'état de vie, on les voit se mouvoir avec l'autre partie du sang qui est limpide et incolore, et qui les entraîne dans son cours, sans qu'aucune d'elles vienne se heurter contre sa voisine, comme si elles étaient douées d'une force répulsive qui les éloignât. On a observé que si l'animal tombe en syncope, ou bien est asphyxié momentanément, ces molécules se rapprochent et semblent ne plus former qu'une seule masse, et qu'elles sont agitées d'abord d'un mouvement oscillatoire, puis se séparent de nouveau pour ne plus se toucher dès que l'animal est rappelé à la vie, et que le sang reprend son cours ordinaire.

La proportion des deux parties organiques du sang, les globules et le liquide plastique, est difficile à bien apprécier. Dans une expérience par laquelle il a prévenu la coagulation du liquide plastique, M. *Schultz* a estimé celui-ci aux 3/4 du volume total du sang, et les globules, à 1/4 de ce volume, du moins pour le sang des mammifères. Mais la proportion du volume total des globules est beaucoup moindre dans le sang des *reptiles* et des *poissons*, chez lesquels ces globules sont bien moins nombreux que dans les mammifères et les oiseaux.

On a nié l'existence primitive des globules ; mais il suffit, pour se convaincre de leur existence, d'examiner le sang en circulation dans une grenouille ou dans une salamandre. La matière colorante déposée entre le noyau et l'enveloppe varie en intensité suivant les animaux, et suivant l'âge du globule. L'existence d'un fluide aériforme dans l'intérieur de ces corpuscules, sans être un fait démontré, est cependant possible.

On a fait un grand nombre d'expériences pour déterminer le temps nécessaire pour que le sang se coagule ; ce temps varie entre 1 3/4 minute et 13 ou 16 minutes, depuis l'instant de la formation de la pellicule jusqu'à la coagulation parfaite. Celle-ci commence plus tôt chez les femmes, mais le cruor devient moins consistant. La coagulation est incomplète dans l'embryon. Il est très-difficile d'indiquer l'époque à laquelle elle se fait chez les animaux ; les résultats obtenus manquent de certitude, parce qu'il est impossible d'agir dans des circonstances tout à fait semblables.

On a cherché à expliquer les différences que présente le sang, relativement à l'époque de sa coagulation, par la pesanteur spécifique de ce liquide ; mais il n'existe rien de positif à cet égard. En général, cependant, plus le sang est liquide, et par conséquent léger, plus il se coagule promptement. A l'instant de la coagulation, le plasma se prend en une masse homogène, et non pas fibreuse, comme on l'a dit ; les granulations très-fines qu'on y remarque sont formées par de la graisse. M. Nasse a observé et décrit récemment une troisième forme que prend la fibrine : c'est d'être comme composée de petites écailles.

Il est difficile de déterminer les quantités proportionnelles du sérum et du placenta ; ces rapports varient suivant l'âge, le sexe, la constitution, les climats ; il faut avoir égard à la température extérieure, à la forme du vase, à la consistance du caillot, et se rappeler qu'un sang riche en eau empêchant la force de contraction de ce dernier, la quantité de sérum sera très-petite en apparence, tandis qu'en réalité elle est considérable. La consistance du placenta ne dépend pas seulement du nombre des globules, mais aussi de la quantité et de la nature de la fibrine.

Quant aux causes de la coagulation, le refroidissement n'y est pour rien; il en est de même du repos. L'air, et surtout son oxygène, jouent un grand rôle dans la production de ce phénomène, quoiqu'il ait aussi lieu dans le vide. Quant à l'opinion qui regarde la coagulation comme un phénomène vital, ou à celle qui la considère comme la mort du sang, on les a combattues l'une et l'autre par des réflexions judicieuses.

Les physiologistes ont recherché avec beaucoup de soin à déterminer les différences qui existent entre le sang artériel et le sang veineux. Ces différences résident dans la couleur, la température, la pesanteur spécifique, le degré de coagulation, l'analyse microscopique et l'analyse chimique.

On a discuté longtemps sur la présence de l'air dans les deux sortes de sang, présence admise d'abord par J. Davy, puis rejetée, puis admise de nouveau, et sur laquelle il ne s'élève plus maintenant aucun doute. Tout le monde sait aujourd'hui que l'air retiré du sang est surtout composé de gaz acide carbonique; on ne sait pas au juste quel sang en renferme le plus, mais il est probable qu'on retire plus d'acide carbonique du sang artériel; on prétend aussi en avoir retiré de l'oxygène. Au rapport de deux observateurs, les deux espèces de sang séparent de l'azote; le sang artériel plus que le sang veineux.

Quant aux causes de la différence de couleur dans les deux espèces de sang, on a recherché successivement quelles sont les influences qui déterminent ce changement, et comment agissent ces influences. Le rôle secondaire qu'on a voulu faire jouer à l'oxygène, dans la coloration du sang en rouge, ne saurait être admis; les nombreuses expériences entreprises pour éclairer cette question ont donné lieu à plusieurs résultats, dont voici les principaux : l'oxygène peut rougir le sang, sans la présence des sels; l'enlèvement de l'acide carbonique ne détermine pas cette coloration sous l'intervention de l'oxygène, quand bien même le sang renfermerait sa quantité normale de sels; cependant les sels alcalins donnent au sang une légère teinte rougeâtre, mais qui n'est nullement celle du sang artériel ; l'augmentation dans la proportion de ces sels alcalins ajoute à l'intensité d'action de l'oxygène, et rend conséquemment le sang plus vif; le même résultat est obtenu, malgré la présence de l'acide carbonique ; l'oxygène rougit le sang chargé d'acide carbonique, même sans augmentation dans la proportion des sels, etc.

Quant à la nature même de ces changements remarquables de couleur sous l'influence de l'oxygène, des sels et de l'acide carbonique, elle ne nous est pas connue ; les corpuscules sanguins deviennent plus foncés ou plus clairs sous l'influence d'une combinaison chimique, ou peut-être par suite du rapprochement ou de l'expansion des molécules dont le globule est composé.

« Depuis Moïse jusqu'à nous, a dit, dans son langage à la fois poétique et savant, le secrétaire perpétuel de l'Académie royale de médecine, M. Pariset ; depuis Moïse jusqu'à nous (1), le sang a été pour les médecins, les naturalistes, les philosophes et les législateurs, un perpétuel objet d'étude. Quoi qu'en aient dit Aristote et Harvey, le sang n'est pas de toutes nos parties celle qui paraît la première. En revanche, une fois formé, le sang, comme le style de Buffon, est l'homme lui-même. Tout ce que l'homme a de matériel, tout ce qu'il a d'intellectuel et même de moral, n'est que du sang transformé. C'est

(1) Éloge de Bourdois de la Motte.

dans le sang qu'est la vie des animaux, a dit Moïse; c'est de son sang que l'homme reçoit son entendement, a dit Hippocrate. Mais, dans cette suite de transformations, quelle étonnante variété! Tout change le sang, et tout change avec lui. Tels aliments, a-t-on dit, et tel chyle; tel chyle, tel air, et tel sang; tel sang, et telle nutrition, c'est-à-dire, telle composition dans les solides et les liquides. Il fallait ajouter : telle nutrition et tel sang; car dans sa course à travers l'organisation, tout en distribuant entre nos parties altérées des matériaux réparateurs, le sang en emporte des débris qui le rendent, pour ainsi dire, à chaque pas, différent de lui-même; et c'est dans ces dépouilles que l'on rencontre chaque jour de nouveaux éléments ou de nouvelles combinaisons.

« Pour suivre le jeu de ces transsubstantiations perpétuelles, c'était une nécessité pour la médécine et la chimie de multiplier les investigations et les analyses. Celles que l'on a essayées jusqu'à Rouelle ont été souverainement imparfaites; et, malgré les admirables travaux des modernes expérimentateurs, peut-être le seront-elles toujours. J'oserais les comparer à celles que ferait sur les poëmes d'Homère et de Virgile un rhéteur qui décomposerait ces divins ouvrages en points, virgules, voyelles, consonnes, et se vanterait d'avoir analysé l'Iliade et l'Énéide. Où est l'ensemble, l'ordre, la pensée, l'harmonie, la passion, le mouvement, la chaleur? Quoi donc! n'est-il pas dans le sang des principes qui échapperont toujours? N'est-il pas remué, agité, soulevé de moment en moment par les passions? La colère, qui change en poisons le lait et la salive, est-elle sans action sur le sang? N'est-il pas énervé par la castration, qui en éteint le feu? En quoi diffère-t-il de lui-même avant et après la variole, avant et après le typhus et la fièvre jaune? Je n'ajouterai qu'un mot. Les sentiments et les idées, c'est-à-dire les seules réalités dont nous ayons la certitude, puisqu'elles sont nous-mêmes, n'ont aucune des propriétés de l'étendue; elles n'ont ni forme, ni couleur. La force qui les fait naître est inhérente au sang. Bien qu'elle ne s'exerce qu'avec et sur des parties matérielles, néanmoins cette force n'a rien de commun avec la matière, et ne sera jamais saisie par les réactifs. Les réactifs ne font que détruire les ouvrages et en disperser les éléments. Elle seule organise; elle est le *mens* de Virgile; de Virgile, qui avant d'être un grand poète, était un grand philosophe; et, tant que cette force ne sera pas au pouvoir de l'homme, j'ose dire que les analyses que l'on tentera sur le sang n'en auront que l'ombre, n'en seront que de vains simulacres.

« Du reste, depuis plus de deux siècles, la couleur qui teint le sang occupe les esprits. Quelle en est la cause? un principe particulier? Le phlogistique de Stahl et de Moscati? le fer de Haller et de Menghini? Mais le phlogistique est un être de raison, et, selon Bourdois, le fer se retrouve dans presque toutes les matières animales. Est-ce une disposition dans les molécules du sang, un arrangement entre les globules découverts par Malpighi, décrits par Leuwenhoek, adoptés par Boerhaave? Hypothèses que Bourdois rappelle sans y croire. Se passe-t-il là quelques phénomènes d'interférence?

« On a vu du sang blanc, du sang bleu, du sang pâle et odorant comme le bouillon. La teinte rouge n'est donc pas pour le sang une teinte essentielle. Hier, la coloration du sang était due à l'hématosine découverte par Chevreul, mélange encore peu connu de fibrine, d'albumine et de peroxyde de fer. Aujourd'hui, d'après deux chimistes étrangers, cette substance serait un acide, et cet acide serait dépourvu de fer : d'où l'on voit que la difficulté subsiste encore, au moins en partie. Quant à cette divinité cachée mais réelle, mais sage et toute-puissante, que Bourdois fait intervenir et qu'on appelle force vitale, comment l'exclure, puisqu'elle est partout? C'est elle qui détermine et conduit en nous toutes les combinaisons; elle fait le sang; elle fait à plus forte raison le principe, quel qu'il soit, qui le colore, comme elle fait le poison de la vipère. Elle accommode ses actes à toutes les nécessités, même aux nécessités futures; elle change le sang de la mère pour la préparation de ses deux laits; et comme le sang tire sa principale valeur de ses globules rouges, elle en charge le sang placentaire, afin de mieux nourrir et de mieux développer l'embryon : vues d'avenir et d'ensemble inconciliables, il faut l'avouer, avec physique, mécanique et chimie. Que la chimie cependant continue ses merveilles; mais que la physiologie n'oublie pas que rapporter la couleur du sang à l'action de la force vitale, c'est dire d'où elle vient, ce n'est pas dire ce qu'elle est. »

Pour compléter ces considérations générales sur le sang, nous devons mentionner d'autres résultats des recherches microscopiques dont il a été l'objet : la présence d'animaux dans ce liquide organisé. Les travaux des physiologistes modernes ont mis hors de doute l'existence de parasites vivants dans le sang des animaux. Tous les hématozoaires connus jusqu'ici appartenaient au genre *filaire :* restait à savoir si le sang des animaux n'en contenait pas des espèces d'un autre genre, ainsi que cela a lieu pour ceux qui habitent les intestins; restait à savoir encore si la présence des animalcules dans le sang constituait un état pathologique, ou si elle s'alliait avec l'état normal.

C'est dans ce double but que M. Gruby s'est livré à des travaux microscopiques. Le résultat de ces investigations a amené la découverte, dans le sang des grenouilles, d'une nouvelle espèce d'entozoaires, aussi remarquables par leurs formes que par leurs mouvements. Ces entozoaires habitent le sang des grenouilles adultes et vivantes, pendant les mois du printemps et de l'été. Le corps de ces animalcules a paru à M. Gruby tourné comme une tarière, et c'est pour cela qu'il propose de l'appeler tripanosome. Sa longueur totale n'excède pas de 40 à 80 millièmes de millimètres, et sa largeur totale, de 10 à 12 millièmes de millimètres. Nous croyons que M. Gruby se trompe quand il pense qu'il a été le premier à décrire ces hématozoaires. M. Ehrenberg paraît les avoir vus avant lui. Nous dirons en outre que la forme que M. Gruby suppose à cet animalcule ne paraît pas être celle qui lui est réellement propre, et qu'il paraît la devoir à ses diverses attitudes quand il nage à travers le liquide. Au surplus, ces questions sont moins importantes que celles de son existence, et surtout que celles de ses rapports avec l'état de santé ou de maladie. Les tripanosomes du sang ne sont pas aussi communs que les *filaires*. Dans 100 grenouilles, M. Gruby n'en a rencontré que sur deux ou trois, et dans chaque goutte de sang il ne se trouve, suivant lui, que deux ou trois trypanosomes. Les jeunes grenouilles n'en ont point, et on les voit plus souvent dans le sang des femelles que dans celui des mâles.

Ces observations, jointes à celles de MM. Valentin et Gluge, établissent sans réplique l'existence de différentes espèces d'animalcules dans le sang des animaux à sang froid. Leurs formes et leurs mouvements prouvent qu'ils sont propres au sang, et qu'ils ne proviennent pas d'un tissu quelconque, entraîné par hasard dans le torrent circulatoire. M. Gruby a examiné avec attention si les organes des grenouilles dans lesquelles on les rencontre n'étaient pas atteints de quelque altération, et il s'est convaincu que tous les organes étaient parfaitement sains, et que les grenouilles n'offraient d'ailleurs aucun symptôme appréciable de maladie.

Le sang, dont nous venons d'étudier les propriétés, ne reste pas en repos dans l'intérieur du corps ; il traverse sans cesse les organes qu'il sert à nourrir, et revient ensuite se mettre en contact avec l'air dans l'appareil respiratoire, pour se distribuer de nouveau aux organes. Ces courants sont continuels, et le mouvement général qui en résulte constitue ce que les physiologistes appellent la circulation du sang.

CŒUR.

Chez l'homme et chez la plupart des animaux même les plus inférieurs, tels qu'une écrevisse ou une huître, c'est le cœur qui donne au sang cette impulsion, et c'est dans un ensemble de canaux appelés vaisseaux sanguins que ce liquide se meut de la sorte.

L'organe principal du système vasculaire a dû attirer de très-bonne heure l'attention des naturalistes, mais son étude présente des difficultés qui n'ont pu être surmontées qu'à la longue par les anatomistes les plus exacts.

Déjà, du temps d'Hippocrate, la substance du cœur était considérée comme étant de nature musculeuse ; c'est à cette circonstance qu'Hippocrate attribuait la fermeté de son tissu. Ce médecin croyait le cœur composé de deux ventricules, l'un à droite et l'autre à gauche, séparés par une cloison ; il admettait que la cavité droite est plus grande que la gauche, mais qu'elle ne s'étend point jusqu'à la pointe du cœur, qu'il supposait toute solide; de telle sorte que le ventricule droit aurait été, dans sa pensée, comme cousu ou attaché au cœur extérieurement.

Aristote était si peu instruit sur l'anatomie du cœur, qu'il croyait ce viscère constitué par trois ventricules, dont le moyen serait le plus étroit, tandis que le gauche offrirait le plus de capacité. Il croyait aussi que tous les trois communiquaient avec le poumon.

Achillini, Fortunio Liceti, etc., suivirent aveuglément ce qu'Aristote avait écrit. Kerkringius assure même avoir trouvé sur le cadavre d'un homme un cœur qui offrait trois ventricules. Veslingius partage à peu près la même opinion : suivant lui, le ventricule droit du cœur de l'homme serait partagé par une cloison mince et charnue, qui fournirait ainsi une troisième cavité. Enfin, plusieurs anatomistes prétendent avoir trouvé trois ventricules chez des poissons.

Aristote a encore répandu sur l'anatomie du cœur une erreur singulière, qui a été adoptée par la plupart des anatomistes qui l'ont suivi : il croyait qu'un os forme la base du cœur, de la même manière que les os qui servent de charpente à diverses parties du corps humain. Cet os, Gallien l'a vu dans le cœur d'un éléphant. Les médecins arabes ont parlé de l'os du cœur de l'éléphant. Cornélius Gemma prétend avoir trouvé deux osselets dans le cœur de l'homme; plusieurs auteurs ont parlé de ces osselets.

La description qu'a donnée Gallien de la structure du cœur est beaucoup mieux circonstanciée et beaucoup plus satisfaisante; ses connaissances sur ce sujet étaient plus avancées que celles de ses prédécesseurs : il considère le cœur comme une masse charnue, dont le tissu, semblable à celui des muscles, en diffère en plusieurs points.

Comme je ne me propose pas un historique des découvertes anatomiques dont le cœur a été l'objet, je me bornerai à dire ici quelques mots relativement à la texture musculaire de cet organe.

Wolff a décrit dans le cœur six couches de muscles. On ne trouve que trois de ces couches dans le ventricule droit; on les trouve toutes dans le gauche. Elles ne sont pas complètement indépendantes les unes des autres; elles s'envoient réciproquement des fibres qui les unissent entre elles.

Les fibres superficielles, beaucoup plus longues que profondes, passent d'un ventricule à l'autre; elles sont dirigées de haut en bas, de droite à gauche, d'avant en arrière. Les couches moyennes affectent une direction contraire, les couches les plus internes, une direction longitudinale. Elles partent toutes de portions cartilagineuses vers la base du cœur, et qui consistent en, 1° deux tubercules placés sur les côtés de l'orifice aortique, et qui sont unis par une portion étroite qui passe en arrière de l'aorte; 2° quatre filaments cartilagineux qui embrassent en avant et en arrière les deux orifices ventriculaires. M. Gerdy a observé une loi qui simplifie beaucoup la description des fibres du cœur : c'est que toutes les fibres, quelles qu'elles soient, forment des anses dont la concavité répond à la pointe du cœur. Ces anses sont plus ou moins superficielles à une extrémité et profondes à l'autre, de sorte que les fibres externes et internes sont les moins renversées; et, après avoir traversé l'épaisseur du ventricule, leurs deux extrémités sont constamment fixées à la base du cœur, soit aux valvules, soit par des tendons attachés aux valvules.

Enfin, M. Cruveilhier a donné de la structure du cœur une description extrêmement claire et complète.

Anatomie comparée.

Au milieu d'une foule de particularités, dans le détail desquelles nous ne pouvons entrer ici, il est aisé de reconnaître que l'organisation du cœur se complique graduellement, depuis les premiers animaux dans lesquels on commence à en apercevoir le rudiment, jusqu'aux mammifères et à l'homme, où elle est la plus complexe. Cela se passe ainsi dans l'embryon; cet organe, simple d'abord, acquiert successivement toutes ses parties.

Les *zoophytes* et les *vers intestinaux* sont dépourvus de cœur. Les *insectes* ont pour rudiment un canal dorsal contractile, fermé à ses deux bouts. Notons cependant que dans les *araignées*, les *scorpions*, et autres animaux du même genre, ce canal semble un véritable cœur d'où partent plusieurs vaisseaux, et que l'on voit même battre à travers la peau dans les araignées non velues. Quelques vers présentent, dans leur système vasculaire, des renflements que l'on pourrait aussi prendre pour des cœurs (Pl. 15.)

Dans les *crustacés*, on trouve un cœur à une seule cavité, qui reçoit les veines du corps et envoie des artères aux branchies. (Pl. 15.)

Dans les *mollusques*, nous trouvons chez les *gastéropodes* et les *ptéropodes* un ventricule aortique et une oreillette branchiale; dans les *acéphales*, un ventricule aortique et deux oreillettes pulmonaires; dans les *brachiopodes*, deux ventricules aortiques séparés, et faisant aussi l'office d'oreillettes; dans les *céphalopodes*, trois ventricules, deux pulmonaires et un aortique également séparés, et dépourvus d'oreillettes. (Pl. 15.)

Dans les *poissons*, on trouve une seule oreillette qui reçoit les veines du corps, et un seul ventricule qui donne l'artère branchiale. (Pl. 15.)

Dans les *reptiles*, le cœur reçoit à la fois les veines du corps et celles des poumons, et fournit les artères aorte et pulmonaire; tous ces animaux n'ont encore qu'un ventricule, et les *batraciens* n'ont même également qu'une oreillette. (Pl. 15.)

Enfin, les *oiseaux* et les *mammifères* ont le cœur fait comme celui de l'homme, quant à la conformation générale des cavités intérieures. (Pl. 15.)

Dans tous les animaux qui ressemblent le plus à l'homme, tels que le singe, le chien, le cheval, le bœuf, etc., le cœur est logé, entre les deux poumons, dans la cavité de la poitrine, que les anatomistes appellent le thorax.

L'extrémité inférieure du cœur est dirigée un peu obliquement à gauche et en avant, et son extrémité supérieure, dans laquelle s'ouvrent tous les vaisseaux qui communiquent avec son intérieur, est fixée aux parties voisines, à peu près sur la ligne médiane du corps. Dans le reste de son étendue, le cœur est complétement libre, et il est enveloppé par une espèce de double sac membraneux, nommé péricarde. La forme générale du cœur est celle d'un cône ou pyramide irrégulière et renversée; et sa substance est presque entièrement charnue. C'est un muscle creux, dont l'intérieur est divisé par une grande cloison verticale en deux moitiés, formant chacune deux cavités superposées, un ventricule et une oreillette.

Les deux ventricules occupent la partie inférieure du

cœur et ne communiquent pas entre eux, mais s'ouvrent chacun dans l'oreillette située au-dessus. Les cavités du côté gauche du cœur contiennent du sang artériel; celle du côté droit, du sang veineux.

S'il y a une grande variété d'opinions sur l'état et les dimensions du cœur chez l'adulte, il en est de même pour celui du vieillard; et les nombreuses mensurations de MM. Bizot, Bouillaud et Clendinning sont loin d'avoir rien déterminé de positif sur les dimensions normales de cet organe, même chez l'adulte. Quant à celui du vieillard, aucune tentative de ce genre n'avait encore été faite avant celle dont M. Neucourt a présenté les résultats dernièrement. Les recherches auxquelles l'auteur s'est livré sur les diverses questions qui se rattachent à l'état du cœur chez les vieillards, ont toutes été faites à la Salpétrière, sur des femmes dont les moins âgées avaient soixante ans. Nous ne reproduirons pas tous les chiffres auxquels il est arrivé, après les différentes mensurations du cœur et dans les différents sens; nous nous bornerons à citer celui qui est relatif à l'épaisseur des parois du ventricule gauche, qu'ont offerte des cœurs non hypertrophiés.

Maximum. . . . . 26 millim.
Moyenne. 16
Minimum 8

« On voit, après ces chiffres, dit l'auteur avec beaucoup de justesse, combien sont différents les deux nombres entre lesquels oscille l'épaisseur normale de ce ventricule chez les vieillards, et combien sont vagues les assertions des auteurs, qui disent souvent, sans autre explication que le cœur est hypertrophié, ou bien que ses parois sont amincies. En se bornant à ces chiffres, on ne donne que la plus grande épaisseur du ventricule gauche, et il s'en faut beaucoup alors qu'on en ait une idée exacte. En effet, cette paroi va continuellement en décroissant d'épaisseur de la base à la pointe, où elle n'offre quelquefois plus que 2 ou 3 millimètres, ou même disparaît complétement, et est remplacée par du tissu graisseux; de sorte que quelques colonnes charnues, entremêlées de graisse, obturent seules le cœur dans cette partie. Une pareille disposition doit être prise en considération, et paraît de nature à renverser quelques théories physiologiques sur l'action du cœur. »

Ne pouvant reproduire tous les faits que l'auteur signale, et toutes les considérations qu'il présente à leur occasion, nous sommes obligé de résumer rapidement tout ce qui ressort de pratique de son travail.

1° Le cœur, chez le vieillard, a un volume au moins égal à celui de l'adulte; et s'il y a une différence, elle est à l'avantage du premier.

2° L'épaisseur des parois est un peu plus grande dans la vieillesse qu'à tout autre âge.

3° La largeur de tous les orifices est un peu plus grande que chez l'adulte.

4° Les ossifications seules de l'aorte n'entraînent pas nécessairement de désordre dans l'exercice des fonctions du cœur.

5° Aucun signe n'en démontre la présence lorsqu'elles ne sont accompagnées ni de rétrécissement, ni d'insuffisance des orifices auxquels elles ont leur siége.

6° Les ossifications de l'aorte abdominale sont plus fréquentes que celles de toute autre partie de ce vaisseau.

7° Il est presque certain que les maladies du cœur (rétrécissement et insuffisance) se révèlent chez le vieillard par les mêmes signes, à l'auscultation, que chez l'adulte.

8° Après la mort, les différentes cavités du cœur sont d'autant plus contractées et revenues sur elles-mêmes que la mort aura été plus rapide.

9° Des bruits anormaux siégeant aux orifices du cœur peuvent exister sans trouble des fonctions.

10° Des maladies du cœur, même avec altération très-profonde dans le jeu de cet organe, peuvent exister pendant un très-grand nombre d'années sans entraîner la mort.

VAISSEAUX SANGUINS.

Les vaisseaux dans lesquels le sang est mis en mouvement sont de deux ordres : les uns, appelés artères, servent à porter le sang du cœur dans toutes les parties du corps ; les autres, désignés sous le nom de veines, rapportent ce liquide de ces organes vers le cœur.

D'après les fonctions de ces vaisseaux, on peut prévoir quelle doit être leur disposition générale. Les artères, ayant à distribuer dans toutes les parties du corps le sang qui sort du cœur, doivent nécessairement se subdiviser, se ramifier de plus en plus, à mesure qu'elles s'éloignent de cet organe. Les veines, au contraire, doivent présenter une disposition inverse ; elles doivent être d'abord très-nombreuses et se réunir peu à peu entre elles, de façon à se terminer au cœur par un ou deux gros troncs. Les artères, comme on le voit, peuvent être comparées aux branches d'un arbre, et les veines à ses racines ; mais elles en diffèrent sous un rapport très-important : au lieu d'être séparées les unes des autres comme les branches et les racines des plantes, les artères et les veines doivent se continuer les unes avec les autres, et former un seul système de canaux ; car le sang doit passer des unes dans les autres en traversant la substance des organes. C'est effectivement ce que l'on observe ; et on désigne sous le nom de vaisseaux capillaires les canaux étroits qui lient entre eux ces deux ordres de conduits, et qui peuvent être considérés comme étant en même temps la terminaison des artères et l'origine des veines.

Les artères et les veines, ainsi que nous venons de le dire, communiquent entre elles par l'une de leurs extrémités, au moyen des vaisseaux capillaires ; à leur extrémité opposée, ces deux systèmes de canaux sont unis par les cavités du cœur : il en résulte que l'appareil vasculaire forme un cercle complet dans lequel le sang se meut, pour revenir sans cesse à son premier point de départ ; et c'est en raison de ce mouvement qu'on l'appelle circulation.

Les vaisseaux qui doivent transporter le sang artériel dans tous les organes naissent du ventricule gauche du cœur, par un seul tronc appelé artère-aorte. Cette grosse artère remonte d'abord vers la base du cou, puis se recourbe en bas, passe derrière le cœur, et descend verticalement au-devant de l'épine du dos jusqu'à la partie inférieure du ventre. Pendant ce trajet il se sépare de l'aorte, ainsi que l'indique le tableau suivant, un grand nombre de branches, dont les principales sont les deux artères carotides, qui remontent sur les côtés du cou, et distribuent le sang à la tête ; les deux artères des membres supérieurs, qui prennent successivement le nom d'artères sous-clavières, axillaires et brachiales, suivant qu'elles passent sous la clavicule, qu'elles traversent le creux de l'aisselle, ou qu'elles descendent le long du bras. L'aorte fournit l'artère cœliaque, qui se rend à l'estomac, au foie et à la rate ; les artères mésentériques, qui se ramifient dans les intestins ; les artères rénales, qui pénètrent dans les reins ; et les artères iliaques, qui terminent en quelque sorte l'aorte, et qui portent le sang aux membres inférieurs.

L'ARTÈRE AORTE fournit :

1. *A son origine....*
   - 1. A. coronaire gauche du cœur *ou* cardiaque antérieure.
   - 2. A. droite du cœur *ou* cardiaque postérieure.
2. *A sa crosse........*
   - *A gauche,*
     - 1. A. carotide primitive.
     - 2. A. sous-clavière.
   - *A droite,* — 1. A. brachio-céphalique, *divisée en*
     - 1. A. carotide primitive.
     - 2. A. sous-clavière.
3. *Dans le thorax..*
   - 1. Les A. bronchiques, droite *et* gauche.
   - 2. Les A. œsophagiennes, *au nombre de* 4, 5 *ou* 6.
   - 3. Les A. médiastines postérieures.
   - 4. Les A. intercostales inférieures, *ou* aortiques *au nombre de* 8, 9 *ou*
4. *Dans l'abdomen.*
   - 1. Les A. diaphragmatiques inférieures, droite *et* gauche.
   - 2. A. cœliaque.
   - 3. A. mésentérique supérieure.
   - 4. A. mésentérique inférieure.
   - 5. Les A. capsulaires moyennes, 1 *de chaque côté.*
   - 6. Les A. rénales *ou* émulgentes.
   - 7. Les A. spermatiques.
   - 8. Les A. lombaires, 4 *ou* 5 *de chaque côt*
5. *De sa bifurcation résultent..........*
   - 1. Les A. iliaques primitives, droite *et* gauche. *chacune divisée en*
     - 1. A. iliaque interne.
     - 2. A. iliaque externe.

Anatomie comparée.

Dans les *mammifères*, tantôt il existe une crosse, et alors, comme dans l'*éléphant*, il en part trois branches, dont la moyenne fournit les deux carotides; comme dans le *bouc*, l'aorte fournit successivement les deux sous-clavières, puis les deux carotides; comme dans le *cheval*, elle fournit d'abord la sous-clavière gauche, puis, par un seul tronc, les trois autres branches. Tantôt on ne trouve point de crosse; ainsi, dans les *ruminants*, l'aorte se divise, immédiatement après sa naissance, en deux branches; l'une ascendante, destinée à la tête et aux membres supérieurs; l'autre descendante, au reste du corps. Dans les *oiseaux*, l'aorte se divise, peu après son origine, en trois grosses branches; l'une, à droite, se porte en arrière, c'est l'aorte postérieure; les deux autres fournissent, de chaque côté, les artères du cou, de la tête et des ailes. (Pl. 15.)

Dans les *reptiles*, et d'abord dans les *batraciens*, toutes les artères (l'aorte et la pulmonaire) ont une origine commune. Cette artère unique se bifurque; chaque branche fournit une pulmonaire, une carotide commune, une axillaire, une vertébrale et des intercostales; après quoi ces deux artères se réunissent, et forment l'aorte abdominale. Dans les *chéloniens*, un gros tronc artériel se divise en trois grosses branches : l'une, l'artère pulmonaire, qui se subdivise en deux pour les poumons, et les deux aortes, dont la droite fournit l'aorte antérieure : toutes deux se recourbent ensuite et se réunissent. Dans les *sauriens* et les *ophidiens*, la distribution est à peu près la même. (Pl. 15.)

Dans les *poissons*, l'aorte ne naît plus d'un seul tronc,

mais elle naît des branches, à la manière des veines, par une grande quantité de radicules. Ainsi, du pédicule artériel annexé au ventricule dit pulmonaire, naît le tronc pulmonaire, qui se divise en deux grosses branches; chacune d'elles s'avance vers les branchies, et se divise en un nombre de rameaux égal à celui de ces lames. Chacune de celles-ci fournit un rameau artériel : puis les cinq artères de chaque côté se réunissent en un seul tronc, après avoir fourni de nombreuses branches au cou, à la tête et au cœur; le tronc s'unit à celui du côté opposé, et leur ensemble forme l'aorte elle-même, qui est logée dans une gouttière creusée dans les corps des vertèbres. Cette gouttière forme quelquefois un véritable canal (*esturgeon*), auquel adhèrent les parois artérielles osseuses, qui dès lors ne paraissent pas pouvoir s'y contracter.

Parmi ces diverses dispositions de l'aorte, il en est plusieurs que l'on retrouve accidentellement chez l'homme, comme état pathologique : ainsi on a vu l'aorte naître des deux ventricules; on a vu la crosse ne pas exister, et l'aorte se diviser aussitôt après son origine en deux gros troncs, comme chez les ruminants et chez les chéloniens. Quelquefois les deux carotides naissent ensemble, ainsi que les deux sous-clavières; ou bien les deux carotides se croisent, la gauche naissant à droite, et réciproquement, la sous-clavière gauche provient de la partie droite de la crosse, et croise la trachée en arrière et en avant, etc., etc.

Les veines, qui reçoivent le sang ainsi transmis à toutes les parties du corps, suivent à peu près le même trajet que les artères; mais elles sont plus grosses, plus nombreuses, en général situées plus superficiellement. Un grand nombre de ces vaisseaux marchent sous la peau, d'autres accompagnent les artères ; et, en dernier résultat, tous se réunissent pour former deux gros troncs qui s'ouvrent dans l'oreillette droite du cœur, et qui ont reçu les noms de veines caves supérieure et inférieure.

MARCHE DU SANG DANS L'APPAREIL CIRCULATOIRE.

Le sang descend de l'oreillette droite dans le ventricule du même côté, et cette dernière cavité l'envoie aux poumons par le vaisseau nommé artère pulmonaire, dont les branches se ramifient presque à l'infini à la surface des parois des cellules aériennes des poumons.

Les veines qui naissent dans la substance des poumons des dernières divisions capillaires de l'artère pulmonaire, et qui sont appelées veines pulmonaires, reçoivent le sang devenu artériel dans ces organes, et se rendent dans l'oreillette gauche du cœur. Enfin, de cette cavité, le sang passe dans le ventricule gauche, dont nous l'avons déjà vu sortir pour se distribuer aux différentes parties du corps.

En résumant ce qui vient d'être dit, on voit que le sang qui arrive des différentes parties du corps par le système veineux pénètre d'abord dans l'oreillette droite du cœur, passe ensuite dans le ventricule du même côté, et se rend de là aux poumons par l'artère pulmonaire ; après avoir traversé l'organe respiratoire, il revient au cœur par les veines pulmonaires, qui s'ouvrent dans l'oreillette gauche ; de l'oreillette gauche le sang descend dans le ventricule gauche, et cette dernière cavité l'envoie, par l'aorte, dans les artères destinées à le porter dans toutes les parties du corps, d'où il revient, comme nous l'avons déjà dit, dans l'oreillette droite du cœur.

En parcourant le cercle circulatoire, ce liquide traverse donc deux fois le cœur, à l'état de sang veineux dans le côté droit, et à l'état de sang artériel dans le côté gauche de cet organe. Néanmoins la circulation est complète, car les cavités pulmonaires et les cavités aortiques du cœur ne s'ouvrent pas l'une dans l'autre, et le sang veineux traverse en entier l'appareil respiratoire pour se transformer en sang artériel.

Telle est la marche du sang non-seulement dans l'homme et tous les mammifères, mais aussi chez les oiseaux.

Le mécanisme à l'aide duquel le sang se meut dans tous ces vaisseaux est facile à comprendre. Les cavités du cœur se resserrent et s'agrandissent alternativement, et poussent ainsi le sang dans les canaux avec lesquels elles sont en communication.

Les deux ventricules se contractent en même temps; et pendant que leurs parois se relâchent, les oreillettes se contractent à leur tour. Ces mouvements de contraction portent le nom de systole, et on appelle diastole le mouvement contraire. Ils se renouvellent très-fréquemment : chez l'homme adulte on en compte ordinairement de soixante à soixante-quinze par minute; chez les vieillards leur nombre paraît augmenter un peu, et dans les très-jeunes enfants il s'élève en général à environ cent vingt. Du reste, une foule de circonstances influent sur la fréquence et la force des battements du cœur; ils sont accélérés par l'exercice, par les émotions de l'âme, et par un grand nombre de maladies; dans la défaillance et la syncope, ils sont considérablement diminués ou même complétement interrompus.

Le ventricule gauche, en se contractant, chasse le sang qu'il contient; et comme il existe, entre cette cavité et l'oreillette placée au-dessus, une espèce de soupape ou de valvule, disposée de façon à soulever et à fermer l'ouverture lorsqu'elle est poussée du bas en haut, il en résulte que ce liquide ne peut retourner dans l'oreillette, et penètre nécessairement dans l'artère aorte, qu'il distend avec plus ou moins de force.

Le phénomène connu sous le nom de pouls n'est autre chose que le mouvement occasionné par la pression du sang sur les parois des artères, chaque fois que le cœur se contracte. D'après la fréquence et la force de ces mouvements, on peut juger de la manière dont cet organe bat, et en tirer des inductions utiles pour la médecine. Mais le pouls ne se fait pas sentir partout : pour le distinguer, il faut comprimer légèrement une artère d'un certain volume entre le doigt et un plan résistant, un os par exemple, et choisir aussi un vaisseau situé près de la peau, comme l'artère-radiale au poignet.

Des opinions très-diverses ont été émises par les auteurs sur la nature des variations qu'éprouve le pouls de l'homme aux différentes époques du jour. Ainsi, par exemple, les uns soutiennent, avec Knox et Saunders, que le pouls est plus fréquent le matin que le soir; d'autres, avec Keill, Robinson, Falconer, combattent cette assertion, et soutiennent que c'est le contraire qui a lieu; Proust, enfin, considère la fréquence du pouls comme restant toujours la même.

M. le docteur Stratton a expérimenté sur lui-même pendant soixante-dix-huit jours consécutifs, et il est arrivé aux résultats suivants :

Soixante-six fois le pouls a été plus fréquent le matin; dix fois il a été moins fréquent; deux fois la fréquence n'a pas varié.

Le maximum des battements du pouls a été, le matin,

de 91, et le minimum, de 68. Le soir, le maximum a été de 87; le minimum, de 63.

L'impulsion reçue par le sang artériel à sa sortie du ventricule gauche du cœur se fait encore sentir dans les veines, et y détermine la marche de ce liquide. Mais il est d'autres circonstances qui tendent aussi à favoriser le retour du sang veineux vers le ventricule droit du cœur, telles sont l'existence des valvules dans l'intérieur des veines.

Quant au passage du sang à travers les cavités droites du cœur, il se fait de la même manière que dans les cavités gauches, et ce sont les contractions du ventricule droit qui font circuler ce liquide dans les vaisseaux des poumons, et qui le font parvenir à l'oreillette gauche.

Le problème qu'a résolu la nature en organisant la grande circulation, est de transporter à chaque organe, en partant du centre et allant jusqu'aux extrémités, la quantité de sang nécessaire à l'exercice de ses fonctions; et d'effectuer ce transport d'une manière simultanée et régulière.

Pour que tous les points de l'économie pussent recevoir en même temps le sang artériel, il fallait une grande force d'impulsion imprimée au sang par les parois du cœur. C'est pour obtenir ce résultat que les cavités gauches sont douées d'une énergie musculaire plus que double de celle des cavités droites, et que les parois sont, pour l'épaisseur et le nombre de fibres contractiles, en rapport avec la grandeur du cercle que le sang est destiné à parcourir sous leur influence. La disposition aréolaire est moins marquée dans le ventricule gauche que dans le ventricule droit, parce que le sang veineux auquel s'est uni le chyle, qui n'a pas encore subi la revivification due au contact de l'air, et qui vient de couler lentement dans de gros vaisseaux, a plus besoin d'être tamisé et d'être agité que le sang artériel, qui se trouve dans le cas précisément inverse.

Du reste, en faisant abstraction de l'intensité, les effets étant les mêmes à produire de chaque côté du cœur, les dispositions mécaniques sont aussi les mêmes : ainsi, même ordre de valvules, de fibres tendineuses, etc.

Les vaisseaux qui partent de chacune des deux pompes présentent de grandes différences pour leur mode de distribution. Les vaisseaux de la grande pompe restent plus longtemps larges et volumineux. En outre, comme dans les poumons, les vaisseaux ne marchent pas longtemps séparés, pour ne venir communiquer entre eux que dans le système capillaire; les anastomoses entre les gros troncs sont au contraire fréquentes dans la grande circulation. C'est ainsi qu'à la base du cerveau, les artères destinées à se distribuer dans cet organe ont entre elles de nombreuses communications qui unissent largement les artères du côté droit aux artères du côté gauche.

Les propriétés physiques et la structure anatomique des vaisseaux sont à peu près les mêmes dans les deux systèmes de circulation. C'est ainsi qu'on trouve la même élasticité, et que la dissection y démontre également trois membranes, une celluleuse, une fibreuse, et une membrane propre, lisse, glissante.

On peut faire, au moyen des gros vaisseaux de la grande circulation, des expériences qui démontrent une harmonie nécessaire entre les propriétés physiques du tuyau et celles du sang qui le traverse. Si on change la structure d'un vaisseau sanguin, la circulation s'arrête dans ce vaisseau, et les phénomènes qui sont la suite de la stagnation du sang se développent dans leur ordre accoutumé. Que l'on mette en communication deux artères de deux animaux différents au moyen d'un tube inerte, l'on verra presque subitement le sang s'arrêter dans la cavité de ce tube, se coaguler bientôt, et l'obstruer complétement. Ce qui arrive d'une autre manière dans quelques maladies, démontre aussi le principe de l'harmonie entre le vaisseau et le sang qui circule dans son intérieur. Quand, par une cause quelconque, les propriétés physiques des parois changent, le sang ne peut plus circuler librement, et le vaisseau s'obstrue. De là les phénomènes d'épanchement, d'hépatisation, etc.

Dans l'économie, il n'est presque point d'organe qui n'ait un mode de circulation particulier. L'on a déjà signalé ce fait comme constituant une différence essentielle entre le système de la grande pompe et celui de la petite. Disons quelques mots des principaux modes de distribution que l'on remarque dans l'économie.

Ce qui se passe à la surface des membranes muqueuses, séreuses, représente assez bien le genre de circulation déjà étudié dans les poumons. Ainsi l'on voit sur une muqueuse d'intestin arriver les vaisseaux qui deviennent capillaires, et souvent des réseaux vasculaires, dans lesquels se passent les phénomènes de transsudation.

Il y a en outre des organes dans lesquels le sang sort des vaisseaux pour se répandre dans le parenchyme. Ainsi, dans les tissus érectiles, l'on voit les vaisseaux se terminer obliquement en petites spirales qui s'ouvrent dans les cellules de l'organe. Le sang reprend ensuite son cours à travers les grosses veines. La rate est aussi un organe dans lequel le sang sort des vaisseaux pour se répandre dans le parenchyme, à peu près de la même manière que dans les tissus caverneux. Il en est de même pour les os : on y voit le sang marcher lentement dans des cellules dénuées d'élasticité, puisqu'elles sont à parois solides, pour venir reprendre son cours ordinaire à travers les vaisseaux veineux. On pourrait se rendre compte de la cause du ralentissement du cours du sang, par la difficulté avec laquelle se fait dans ces organes l'assimilation et l'exhalation.

Il y a dans le cerveau un mode particulier de circulation sanguine.

Dans les os du crâne, sont percés des demi-canaux complétés par la dure-mère (enveloppe fibreuse de l'encéphale et de la moelle de l'épine). C'est dans ces conduits, appelés sinus, que viennent se rendre toutes les veines sortant de la substance cérébrale.

Les artères ne pénètrent dans le cerveau qu'à l'état de capillaires, de sorte que l'on ne connaît que très-imparfaitement le mode de distribution du sang dans cet organe. Les artères conservent-elles leurs parois avec toutes leurs membranes pour venir se continuer avec les veines, ou bien versent-elles leur sang dans des canaux pratiqués dans la substance cérébrale, ce qui donnerait à la circulation de l'encéphale le même caractère que celui qu'elle prend dans les os, dans la rate, et même dans les tissus érectiles? Rien ne l'établit encore.

Comme nouvelle preuve de ce que l'on vient de dire sur le caractère particulier que prennent les vaisseaux en entrant dans un organe, nous citerons le foie. Ce viscère reçoit du sang d'une artère; celle-ci le distribue, à la manière ordinaire, dans son parenchyme, et contribue à former les granulations glanduleuses qui sécrètent la bile. Mais, de plus, la veine-porte, formée par la réunion des veines de la rate et des intestins, pénètre dans le foie, se divise de nouveau en capillaires, lesquels reprennent la forme de gros vaisseaux en sortant de l'organe.

Une différence remarquable existe entre les vaisseaux de la grande pompe et ceux de la petite. Les tuyaux de la grande pompe offrent souvent de très-fortes courbures, ce que l'on ne remarque pas pour ceux de la pompe droite. Les vaisseaux dépendant de la première pompe s'engagent très-souvent dans des canaux à parois osseuses, ce qui doit avoir une influence très-grande sur la circulation, puisque ces tuyaux perdent leur élasticité.

Enfin le liquide qui s'échappe de la pompe gauche, pour aller porter la vie dans tous les points de l'économie, a acquis dans le poumon des qualités nutritives stimulantes qu'il ne possédait pas avant son passage à travers l'organe. Le contact de l'air augmente la température du sang, modifie sa viscosité; l'exhalation et l'absorption enlèvent et fournissent au sang une certaine quantité de matériaux, et changent sa composition; de sorte que le sang arrive au côté gauche du cœur avec des propriétés physiques toutes nouvelles, qui influent sur la manière dont il doit circuler dans les artères.

Dans toutes les expériences que l'on fait pour mesurer la pression du sang, les effets produits par le cœur sont compliqués par les contractions des muscles qui servent à la respiration. Pour séparer ces deux sortes d'actions, il faudrait examiner ce que devient cette pression lorsqu'on enlève l'influence des muscles respirateurs. Pour cela on opère sur un individu que l'on fait respirer artificiellement; on découvre le thorax, on met à nu les plèvres, et on continue à faire parvenir l'air dans les poumons de l'animal ainsi mutilé, en lui insufflant de l'air dans ces organes. En faisant cette expérience avec l'hémodynamomètre, on verrait ce que deviennent les pressions quand on en simplifie les causes de cette manière. Le résultat donnerait en chiffres l'action des contractions du cœur sur la pression du sang ; la différence entre les chiffres que l'on obtient quand les muscles respirateurs agissent, et ceux qu'ont donnés les expériences faites au moyen de la respiration artificielle, exprimerait l'action de ces muscles respirateurs dégagée de celle du cœur.

Trois espèces de muscles influencent la pression du sang : 1° les muscles intercostaux et les muscles du thorax, qui se contractent pendant la respiration ; 2° le diaphragme ; 3° les muscles abdominaux. Leur action se fait sentir surtout dans les régions près desquelles ils sont placés. Ainsi, les muscles abdominaux, en se contractant violemment dans les efforts que fait l'animal pour crier, influencent très-activement la circulation abdominale et ceux des membres inférieurs.

Ainsi, la plus grande cause des variations de la pression du sang réside dans le cœur et dans les muscles respirateurs, dont les efforts, si grands lorsque l'animal veut crier, ou bien est animé de mouvements convulsifs, augmentent d'une quantité considérable cette pression.

On doit à un savant médecin, M. Dubois (d'Amiens), d'avoir donné, dans un travail très-délicat, les causes et le mécanisme de la circulation normale dans les capillaires.

Des opinions diverses ont été émises sur les causes qui font marcher le sang dans les capillaires. Ces opinions ne peuvent porter que sur les conditions suivantes : ou le cœur agit comme moteur unique, ou bien il est aidé par la contraction des tubes capillaires, ou bien le sang manifeste dans les mêmes courants un mouvement spontané.

Les idées de Harvey, de Haller, de Bichat, de Doëllinger et Haltenbrunner, de Burdach, de M. Magendie, de M. Gerdy, sont tour à tour passées en revue par M. Dubois. « Tout nous porte à rejeter formellement, dit-il, la supposition d'un mouvement spontané de la part du fluide sanguin, les partisans de cette opinion ne s'étant véritablement appuyés que sur des erreurs, des illusions, ou du moins sur de fausses interprétations. L'opinion qui consiste à expliquer la propulsion du sang dans les capillaires, suppose des contractions incessantes et actives de la part des vaisseaux. Or, si l'on examine attentivement la marche du sang dans les capillaires, on verra que dans l'état normal les courants ne sont aucunement précipités ou ralentis par un mouvement quelconque des parois des capillaires ou de la substance animale, quand il n'y a pas de parois indépendantes. On voit dans les deux ordres de capillaires les globules sanguins courir uniformément, sans contraction, sans action aucune de la part des parois. Souvent on ne voit sous le champ du microscope que deux lignes parallèles et ombrées; et ces lignes, qui appartiennent à la circulation capillaire, n'offrent aucun changement dans la direction ni dans la situation du liquide. Les globules sanguins passent au milieu, sans que les limites paraissent s'agrandir ou se rapprocher. »

D'autres faits originaux sont rapportés par M. Dubois à l'appui de cette thèse. Il se demande en conséquence où finissent les mouvements isochrones de dilatation dans l'arbre artériel, ou dans quel point du système artériel ou capillaire n'en aperçoit-on plus de trace?

Cette question lui paraît difficile à résoudre. Dans les courants capillaires privés de parois spéciales, le mouvement du sang paraît encore se faire avec une excessive rapidité;

mais la matière animale, qui sert de conduit, est aussi immobile et passive que les parois des capillaires principaux. « C'est, du reste, un admirable spectacle, ajoute M. Dubois, que d'explorer la circulation capillaire, soit dans l'espace inter-digital des grenouilles, soit dans le mésentère des animaux à sang froid et à sang chaud, dans le mésentère de très-jeunes souris blanches, etc. Je ne m'étonne pas que le grand Haller ait passé des heures entières émerveillé de cette contemplation : on voit en effet d'un côté les capillaires artériels lancer uniformément, bien qu'avec une prodigieuse rapidité, leurs flots de globules ; de l'autre, de plus gros capillaires veineux reprendre les mêmes globules avec une vélocité presque aussi grande, et comme intermédiaire au merveilleux réseau de petits courants dans les mailles duquel courent des séries de globules isolés ; et tout cela avec une immobilité complète dans le fond sur lequel se projettent ces dessins si riches et si variés. » La vitesse de cette projection a été étudiée par M. Dubois, sans qu'il ait pu pourtant la déterminer ; le seul fait positif qu'il a établi à ce sujet, c'est que la vitesse est un peu moindre dans les capillaires veineux que dans les capillaires artériels ; elle est moindre encore dans les canaux intermédiaires. Mais outre le mouvement de projection, de translation, il y a de la part des globules des mouvements en quelque sorte individuels, des mouvements de rotations diverses et de balancement, mouvements qui parfois ont causé d'étranges illusions aux observateurs.

Passant à l'examen d'autres faits non moins curieux et importants, M. Dubois est arrivé à cette conclusion, que c'est principalement dans les réseaux capillaires que le cœur a la plus grande résistance à vaincre ; aussi est-ce dans ce système, dit-il, qu'on observe surtout les oscillations, les saccades, les mouvements rétrogrades et les suppressions. Dans les gros troncs, c'est une colonne de sang qui en pousse une autre. Il en est autrement dans les capillaires : là, le sang a des fonctions spéciales à remplir ; il ne doit pas seulement passer des capillaires artériels dans les veineux, il doit séjourner dans les canaux réticulés. Ainsi deux conditions capitales se trouvent réunies dans cette partie de la carrière que doit parcourir le sang : substance animale pour ainsi dire mise à nu, globules individualisés, tamisés, au point que tous se trouvent en rapport avec cette même substance ; ajoutons enfin, comme une troisième condition, un ralentissement marqué dans cette partie de la circulation.

Circulation du sang dans le fœtus.

Dans le fœtus, le mécanisme de la circulation n'est pas tout à fait semblable à celui que nous venons de décrire : la source principale de l'alimentation du fœtus est le sang de la mère, qui est porté dans le placenta et absorbé par les pores des radicules de la veine ombilicale. Cette veine, chargée du sang qui vient du placenta, pénètre dans l'abdomen, va gagner la partie concave du foie, et s'ouvre dans le sinus de la veine porte, où le sang qu'elle contenait se confond avec celui que cette veine a reçu des veines mésaraïques. De là, le sang est porté dans la veine cave inférieure tant par le canal veineux que par la veine hépatique, chargée de rapporter l'excédant de la portion de ce fluide qui a circulé dans le foie ; la veine cave inférieure, déjà chargée du sang qui revient des extrémités abdominales, va s'ouvrir dans l'oreillette droite du cœur ; le sang qu'elle y verse se divise en deux colonnes. La première se rend à l'oreillette gauche du cœur, en traversant le trou ovale. De l'oreillette gauche, le sang est porté dans le ventricule gauche; et de cette cavité dans l'aorte ascendante, qui le distribue aux extrémités supérieures. La seconde colonne du sang apporté par la veine cave inférieure pénètre, par l'orifice auriculo-ventriculaire, dans le ventricule droit; chassé par ce ventricule dans l'artère pulmonaire, ce fluide se partage en trois colonnes : deux le distribuent en petite quantité aux poumons, ce sont les branches droite et gauche de l'artère pulmonaire; la troisième colonne, représentée par le canal artériel, porte le sang dans l'aorte, où elle pénètre un peu au-dessous de la naissance de la sous-clavière gauche. Ce fluide, mêlé à celui que le ventricule gauche a poussé dans l'aorte, est distribué par les branches de cette artère aux organes thoraciques et abdominaux, et aux extrémités inférieures, d'où il est rapporté à la veine cave inférieure.

Quant au sang fourni pour la nutrition des parties supérieures du fœtus, des veines nombreuses le ramènent dans la veine cave supérieure, qui s'ouvre dans l'oreillette droite : ce sang, mêlé à celui qui est versé dans cette cavité par la veine cave inférieure, parcourt avec lui le trajet déjà décrit. Ainsi, l'existence du trou ovale se rattache à la nécessité de faire parvenir du sang à l'oreillette gauche, dans le double but, 1° de porter d'une manière active, vers les extrémités supérieures, du sang qui n'y arriverait qu'en faible quantité, si l'aorte n'en recevait que du canal artériel; 2° d'augmenter, par la contraction instantanée des deux ventricules, l'impulsion imprimée au sang, qui, à cette époque de la vie, a une route plus longue à parcourir. En effet, chez le fœtus, le placenta est très-distant du cœur, à cause de la grande longueur du cordon ombilical. On conçoit facilement que le cœur, pour pousser le sang jusque dans le placenta, ait besoin d'une force considérable. La contraction d'un seul des ventricules du cœur ne suffisant pas à cette impulsion, la nature a fait un seul système des deux parties de cet organe, en les mettant en communication au moyen du trou de Botal. Les actions réunies de ces deux parties ont alors pu suffire à l'expulsion du sang. Aussitôt après la naissance le poumon devenant un organe actif, le cœur a besoin de deux cavités séparées, l'une poussant le sang dans les poumons, et l'autre poussant ce liquide dans toute l'économie, après qu'il a subi l'action de l'air. C'est alors que le trou de Botal se ferme et que s'obstrue le canal artériel, gros vaisseau chargé de réunir l'aorte à l'artère pulmonaire.

Les mouvements du cœur, chez le fœtus, ont une fréquence plus que double de ceux de l'adulte : on compte de cent vingt à cent soixante battements par minute. Quant à l'existence du canal artériel, elle s'explique par le besoin de détourner vers l'aorte un sang qui ne peut alors aller en totalité aux poumons.

Les deux artères ombilicales, provenant des iliaques primitives, sont remplies par le sang qui a excédé les besoins de la nutrition, et le rapportent au placenta. Les radicules des artères ombilicales, chargées du sang qui a traversé le fœtus, le versent dans les cellules du placenta, où les radicules des veines utérines s'en emparent, pour le ramener dans la circulation de la mère. Il se fait donc alors un véritable échange de sang dans le placenta : les artères utérines déposent dans les cellules de cet organe le sang maternel ; les artères ombilicales, le sang qui a circulé dans le fœtus. Les radicules de la veine ombilicale absorbent le sang maternel; les radicules des veines utérines, le sang qui a traversé le fœtus.

Quant au placenta, c'est une masse spongieuse, pénétrée en tous sens par de nombreux vaisseaux sanguins; elle représente un gâteau arrondi, moins épais à sa circonférence qu'à son centre, où il donne naissance au cordon ombilical, qui, composé de la veine et des deux artères ombilicales, pénètre dans l'ombilic du fœtus, qui s'oblitère et se cicatrise après la naissance.

MM. Prévost et Lebert ont poursuivi avec succès des recherches fort difficiles sur la formation des organes de la circulation et du sang, dans les animaux vertébrés. On conçoit qu'il n'est pas sans importance de déterminer en quelque sorte la généalogie des systèmes organiques, de savoir quand les appareils commencent, comment ils se produisent, et dans quels rapports ils se lient. On a, en effet, tant imaginé de théories sur l'action et la réaction des systèmes d'organes, soit dans l'état de santé, soit dans l'état de maladie, en attribuant le privilége de donner l'impulsion à tous les rouages de l'économie, ici au système nerveux, là au système circulatoire, ailleurs au tissu cellulaire, que c'est avec une sorte de bonheur que nous prenons acte des observations où l'on tâche de démontrer clairement l'ordre de succession, et par conséquent les rapports de subordination, des divers systèmes. Or telle est en partie l'idée des recherches de MM. Prévost et Lebert à l'égard des organes de la circulation et du sang chez les vertébrés.

Les recherches dont nous parlons concernent les œufs des batraciens; elles les prennent d'abord dans leurs éléments primitifs, avant toute fructification, pour les suivre, selon le plan des observateurs, à travers les modifications qu'ils éprouvent après la fécondation.

MM. Prévost et Lebert ont reconnu que chez les batraciens les muscles du mouvement volontaire précèdent dans leur développement les organes de la circulation. Le cœur lui-même ne se forme chez cette classe d'animaux qu'après que les organes du mouvement volontaire ont acquis un certain degré de perfection. Ce viscère consiste d'abord en un canal renflé dans son milieu, placé à la jonction de la partie vitelline et organique avec la partie animale de l'embryon. Ses premiers mouvements ne sont que des oscillations faibles, et des contractions comme péristaltiques. Bientôt se voit la séparation de l'oreillette et du ventricule; plus tard, le bulbe de l'aorte devient distinct, et lorsque toutes les parties sont bien marquées, la pointe du cœur prend la forme qu'elle doit garder. Les mouvements sont devenus en même temps de plus en plus énergiques et réguliers; le péricarde enfin a entouré le cœur, dès la première démarcation de l'oreillette et du ventricule. Dès que la substance du cœur a acquis quelque solidité, on y reconnaît des vaisseaux qui président à la nutrition et à son accroissement. Il est probable, suivant MM. Prévost et Lebert, que les premiers vaisseaux se forment dans une membrane hémoplastique ou dans quelque chose d'analogue, se répandant depuis le cœur dans toutes les parties dans lesquelles la première circulation s'établit.

La première circulation fœtale complète dans les batraciens est, en peu de mots, la suivante: Le sang veineux passant de l'oreillette dans le ventricule, se répand par le bulbe de l'aorte dans les branchies, donnant cependant des vaisseaux à d'autres parties qu'aux branchies; le sang veineux devient artériel dans les organes aériens, et retourne en grande partie, après avoir alimenté d'autres points environnants, de chaque côté dans un tronc qui aboutit à l'aorte ; de là le sang parcourt toutes les parties du corps, et revient à l'oreillette par les gros troncs veineux.

Le cœur, pendant la contraction, diminue d'un tiers de son diamètre; sa contraction est aussi visible d'une manière active dans le bulbe de l'aorte, qui, sous tous les rapports, paraît être un renfort du centre de la circulation. Les capillaires se forment toujours d'une manière centrifuge, et toujours sous l'influence de la circulation générale. Ce sont des arcs secondaires, tertiaires, et ainsi de suite, qui vont d'une artériole à une petite veine. Jamais MM. Prévost et Lebert n'ont observé dans l'embryon des animaux vertébrés des vaisseaux capillaires se formant indépendamment de la circulation générale, et qui finissaient par y aboutir. MM. Prévost et Lebert ont reconnu aussi l'existence de capillaires trop petits pour permettre le passage des globules sanguins ; dans d'autres capillaires un peu plus grands que ceux-ci, ils ont vu tantôt passer du sang qui contient des globules, tantôt un liquide incolore qui n'en renferme point. Les deux plus grands avantages des études embryologiques chez les batraciens consistent dans le plus grand diamètre de leurs globules sanguins, qui permet de saisir tous les détails de leur transformation, et dans le développement complet de la circulation branchiale, qui rend compte de l'état rudimentaire de ce genre de circulation dans l'embryon de l'oiseau et dans celui des mammifères.

Les résultats des observations de MM. Prévost et Lebert renversent une foule d'opinions admises en principe par la physiologie moderne. C'est d'abord un fait très-singulier de voir que, dans l'ordre de formation des systèmes organiques, les organes du mouvement volontaire, dont l'animal paraîtrait n'avoir besoin qu'après sa sortie de l'œuf, précèdent l'organe central de la circulation, à qui on avait fait jouer le premier rôle dans la vie végétative, lorsqu'on ne l'attribuait pas au cerveau ou aux nerfs. Une autre observation non moins contraire aux idées actuelles, c'est l'indépendance des capillaires de la circulation générale, en sorte que cet ordre de vaisseaux paraît toujours dériver du grand centre circulatoire; au lieu que, suivant le système adopté, les capillaires constitueraient un appareil à part, et même indépendant des gros vaisseaux.

Le dernier fait sur lequel nous arrêterons l'attention, parce qu'il tend à révéler le système des fonctions du système capillaire, c'est son imperméabilité partielle aux globules du sang, et le remplacement de ces globules par un liquide incolore. Les observations de MM. Prévost et Lebert, si fécondes en inductions physiologiques, ne le sont pas moins en inductions pathologiques. La théorie des fluxions, si vague et si impénétrable jusqu'ici, tirera surtout un grand parti des rapports établis par ces observations entre les capillaires et la grande circulation, ainsi que de la substitution d'un liquide incolore aux globules rouges dans une partie des vaisseaux capillaires : les mouvements fébriles et le travail inflammatoire n'auront pas moins à gagner, lorsqu'on saura profiter de ces données.

Ici finit l'histoire des trois grandes actions nutritives. Au point où nous sommes arrivés, il ne nous reste plus qu'à dire quelques mots des sécrétions pour achever l'étude de ces phénomènes intérieurs, qui se bornent à l'accroissement et au décroissement du corps des animaux, et qui constituent leur vie végétative.

Telles sont les diverses fonctions à l'aide desquelles la nutrition du corps s'effectue.

Les matières alimentaires nécessaires pour renouveler les matériaux dont les organes se composent sont puisées, comme nous l'avons vu, au dehors de l'animal, et ont besoin, pour servir à sa nutrition, de subir une préparation particulière, à laquelle on donne le nom de digestion.

La première des fonctions de nutrition est par conséquent chez l'homme, de même que chez tous les autres animaux, celle de la *digestion*.

Mais les matières nutritives, ainsi élaborées, ne doivent pas demeurer dans la cavité digestive. Pour servir à l'entretien des organes, il faut qu'elles passent, de cette cavité, dans la substance même des corps, et qu'elles se mêlent au sang. On donne le nom d'absorption à ce transport du dehors en dedans, et au passage de toute substance de l'extérieur dans le tissu des organes.

Le sang, pour charrier ainsi dans toutes les parties du corps, les matériaux réparateurs des organes, doit nécessairement être le siége de courants continuels; et, en effet, ce liquide circule partout où il y a vie à entretenir : c'est ce phénomène qu'on nomme *circulation*.

Or, en agissant sur les tissus des organes, le sang perd en partie ses propriétés vivifiantes; et, pour les reprendre, ce liquide a besoin de venir se mettre en contact avec l'air atmosphérique, contact qui constitue le phénomène de la *respiration*.

Enfin, les matières séparées de la substance des organes par l'effet du mouvement nutritif, sont entraînées par le sang, et sont ensuite séparées de ce liquide et rejetées au dehors, sous la forme de liquides ou de vapeurs. Ces actes, qui sont en quelque sorte le complément du travail nutritif, portent en général le nom d'exhalation ou de sécrétion; et les organes de ces fonctions métamorphosent ce fluide, qui les fait vivre, en différentes humeurs destinées à divers usages.

SÉCRÉTIONS.

L'action de ces organes est désignée sous le nom de sécrétions, et le produit de cette action est connu sous le nom de sucs ou humeurs sécrétées. La fonction des sécrétions se retrouve chez les végétaux et les animaux, comme chez l'homme. Les sécrétions présentent, chez les animaux de premier ordre, deux circonstances bien remarquables et importantes :

1° Les sucs sécrétés ou extraits du sang par les organes sécréteurs sont répandus dans des cavités ou sur des parties d'où ils ne peuvent pas être rejetés au dehors. Lorsque ces sucs ont rempli leur destination, ils sont alors absorbés ou repris et versés dans la masse du sang, d'où ils avaient été tirés. De là résulte que ces humeurs remplissent deux sortes d'offices : des services de localités relatifs à la partie sur laquelle elles sont versées, et des services généraux en retournant dans le sang veineux. Ces sécrétions, dont les produits sont repris par l'absorption veineuse, ont été désignées sous le nom de *sécrétions récrémentielles :* de ce nombre sont les *sucs séreux*, fournis par des membranes qui tapissent certaines cavités du corps ; la *synovie*, humeur grasse, qui est versée dans les articulations mobiles des os, pour en faciliter le mouvement; la *graisse*, produite par un tissu particulier, nommé tissu adipeux ; la *moelle*, qui se trouve dans les os longs et dans la partie spongieuse des os courts; la *matière colorante de la peau*, fournie par la partie de la peau nommée corps muqueux; enfin, diverses humeurs qui sont dans l'intérieur de l'oreille, des yeux, etc.

2° D'autres substances sécrétées sont jetées hors du corps; elles sont versées sur sa surface externe, ou dans des lieux qui communiquent librement au dehors par quelque ouverture naturelle; elles sont dites *sécrétions excrémentielles :* telles sont l'*humeur sébacée*, qui suinte de la peau, se répand à sa surface, et en entretient le liant, la souplesse, et la défend de l'impression des liquides; le *mucus*, qui enduit et *lubrifie* l'intérieur du nez, de la bouche, du gosier, de l'estomac, des intestins, de la vessie, etc.; les *larmes*, qui entretiennent l'œil humide et en bon état; la *salive*, fournie par les glandes de la bouche : elle humecte cette cavité, rend les aliments comme savonneux, facilite ainsi leur marche dans le gosier, etc.; le suc *pancréatique*, fourni par le pancréas, et versé dans l'intestin duodénum; la *bile*, produite par le foie, et versée dans le même intestin; la transpiration insensible ou *exhalaison cutanée;* la *sueur*, qui n'est qu'éventuelle; la *transpiration pulmonaire*; le *lait*, l'*urine*, etc.

Maintenant nous connaissons le but et le mécanisme des fonctions nutritives, depuis la digestion qui forme le fluide réparateur, jusqu'aux sécrétions qui extraient les matériaux pour les faire resservir, ou les rejettent comme inutiles; mais c'est là que doivent s'arrêter les explications de la physiologie : car rien ne peut nous faire saisir le mouvement moléculaire qui a lieu dans la profondeur de nos organes, et qui mêle le fluide nutritif à leur structure, pour en renouveler les parties usées ou vieillies.

La faculté qu'ont les animaux d'introduire dans l'intérieur de leur corps des substances étrangères qui leur servent d'aliments, et d'incorporer continuellement à leurs organes des matières puisées au dehors, explique l'accroissement de volume si remarquable chez eux pendant les premiers temps de leur existence. Un enfant, en venant au monde, ne pèse en effet qu'environ six livres; vingt-cinq ans après, lorsqu'il est parvenu à l'âge adulte, son poids dépasse cent livres. A cette époque de sa vie il a donc déjà puisé, dans les substances qui lui étaient d'abord étrangères, la majeure partie des matériaux dont ses organes se composent. D'un autre côté, l'amaigrissement qui est l'effet de certaines maladies montre que le corps vivant peut abandonner une portion de la matière dont il était formé, et rendre au monde extérieur une partie de sa propre substance.

Pour que l'organisation animale puisse se renouveler ainsi, il faut qu'elle laisse échapper une partie des matériaux qui la composaient, et que l'usage de la vie a détériorés; car, sans cela, son volume croîtrait indéfiniment. De là, deux actions bien distinctes dans la nutrition : le mouvement de composition et celui de décomposition.

Ces deux actions constantes de l'économie animale furent démontrées, pour la première fois, par des expériences directes que le hasard fit faire au chirurgien anglais Belchier. En mangeant d'un cochon qui avait été nourri chez un teinturier, il remarqua que les os de cet animal étaient rouges; et, attribuant cette particularité à ce qu'on l'avait nourri d'aliments colorés de la même manière, il eut l'heureuse idée de se servir d'un moyen analogue pour rendre visibles les effets du travail nutritif. Il entreprit des expériences qui, répétées ensuite par un grand nombre de savants, furent couronnées d'un plein succès.

En nourrissant les animaux avec de la garance pendant un certain temps, on trouva toujours que les os étaient teints en rouge, par le dépôt de cette matière colorante dans l'épaisseur de leur substance ; et lorsque, après avoir nourri ainsi un animal, on suspendit l'usage de la garance, on remarqua constamment que les os reprenaient leur teinte primitive; ce qui prouvait que la matière rouge qui avait dû se déposer dans la substance de ces organes ne s'y trouvait plus, et qu'elle en avait été nécessairement rejetée.

Cette explication, qui paraissait définitivement acquise à la science, a été, dans ces derniers temps, l'objet d'un débat du plus haut intérêt à l'Académie des sciences. On sait que la méthode employée généralement par les physiologistes pour étudier la nutrition et l'accroissement du système osseux, consiste à soumettre des animaux au régime de la garance, et à suivre les phases de la coloration des os. M. Flourens, reprenant avec une attention nouvelle les expériences de ses prédécesseurs, semblait avoir établi d'une manière péremptoire que les os croissent par couches superposées; qu'à mesure qu'il se forme de nouvelles couches à l'extérieur, des couches anciennes sont résorbées à l'intérieur; qu'en un mot, il y a dans le système osseux *mutation* continuelle de la matière. L'action de la garance paraissait, en effet, justifier complétement cette manière de voir, puisqu'il résulte, des expériences de M. Flourens sur des animaux soumis à des périodes alternatives de régime à la garance et de régime sans garance, que les couches osseuses colorées par cette matière sont d'abord extérieures, puis intermédiaires quand de nouvelles couches se sont formées à l'extérieur, puis internes quand celles qui étaient internes précédemment ont disparu, et qu'elles finissent par disparaître à leur tour.

La question en était là, lorsqu'à l'occasion d'une communication de M. Gabillot, elle vient tout à coup de prendre une face nouvelle. Ce savant annonçait à l'Académie qu'il venait de reproduire, par des moyens *purement chimiques*, tous les phénomènes de la coloration des os chez les animaux soumis au régime de la garance. Ainsi, en plongeant dans une décoction froide de cette matière divers tissus organiques du corps de l'homme ou des animaux, on trouve, au bout de quelques jours, les os, les parties cornées, les cartilages les plus compactes, seuls, rougis en vertu de l'affinité qui existe entre ce corps et la matière colorante. Si l'on place ensuite les mêmes os rouges dans un bain d'eau acidulée ou alcaline, on obtient l'expulsion graduelle de la matière colorante; cette expulsion et la coloration s'opérant, comme dans les expériences de Duhamel, de la circonférence au centre.

Cette communication, et la réponse de M. Flourens, ont engagé MM. Serres et Doyère à soumettre immédiatement à l'Académie les résultats d'un travail de plusieurs années entrepris par eux sur le même sujet, et dans lequel ils ont appelé à leur secours non-seulement les ressources de la chimie, mais encore celles de l'anatomie microscopique, qui a déjà éclairé d'une vive lumière tant de questions jusque là obscures et controversées. — Ils ont d'abord démontré que la coloration, au lieu de se faire dans la profondeur des os, comme on le pensait jusqu'ici, ne s'étend qu'à une très-faible distance de la surface externe, deux centièmes de millimètre environ; et que la coloration apparente, observée dans une zone plus épaisse de la section transversale de l'os, est due à un semis de points isolés, qui ne sont eux-mêmes que les sections de petits canalicules, dont chacun est le lieu d'un vaisseau capillaire; la coloration s'opérant à la paroi interne de ces canalicules jusqu'à une très-petite distance de cette paroi. Le reste des tisseux osseux, dans cette zone colorée en apparence, est entièrement incolore. — Ils admettent, en second lieu, que cette coloration n'est qu'un phénomène de *teinture;* c'est-à-dire qu'elle est due à la combinaison de la matière colorante suspendue dans le fluide sanguin, avec le phosphate de chaux qui entre dans la composition du tissu osseux; combinaison du genre de celles qu'on a désignées sous le nom de *laques*. Comment, ajoutent-ils, si la coloration des os était un phénomène de nutrition, suffirait-il de cinq heures, suivant une des curieuses expériences de M. Flourens, pour colorer, dans certains cas, tout le squelette d'un animal? — Nous ne pouvons suivre ces habiles observateurs dans les descriptions pleines d'intérêt auxquelles ils se livrent ensuite pour démontrer que la marche de la coloration est subordonnée à la marche générale du sang dans le système capillaire. — Ce qui ressort de leur travail, ce que du moins on serait disposé à en conclure, c'est qu'il n'y a point mutation continuelle de la matière dans le travail de la nutrition, comme l'avaient annoncé les expériences antérieures.

D'un autre côté, M. Flourens, sans nier l'influence chimique mise en relief par ses adversaires, croit pouvoir persister dans ses premières conclusions. En même temps une communication de M. Chossat semble venir en aide au système défendu par M. Flourens, et mettre hors de doute la résorption, dans certain cas, d'une partie de la matière osseuse. Ce physiologiste a, en effet, soumis des pigeons à un régime uniquement composé de blé dégagé avec soin de toute matière calcaire : il en est résulté, au bout de quelques mois, une altération profonde du système osseux; les os avaient acquis une ténuité et une fragilité extrêmes. Tandis que d'autres pigeons, nourris avec du blé mêlé d'une quantité suffisante de sels calcaires, ont continué à prospérer.

La mutation de la matière est-elle une condition essentielle des tissus vivants? Dans le phénomène de la coloration des os, la matière colorante agit-elle sur la molécule nutritive avant que les forces vitales ne l'aient transportée à la place qu'elle doit occuper dans le tissu osseux, ou n'agit-elle que sur des molécules faisant déjà partie de ce tissu? Cette question, qu'une investigation persévérante pourra seule résoudre, est digne de tout l'intérêt des physiologistes; puisqu'elle touche aux lois fondamentales de l'organisation.

CONCLUSION.

Me voici arrivé au terme de l'étude que je me suis proposée dans cet ouvrage : l'histoire de *l'Organisation et de la Physiologie des animaux.* Mon travail a dû se borner à la description des organes et des divers phénomènes auxquels ils servent d'instruments.

Devrais-je, maintenant, chercher à comprendre l'enchaînement de l'âme et du corps, l'alliance de l'être moral avec l'être organique? Devrais-je, en partant de l'étude de la matière, essayer de remonter jusqu'aux sources de l'intelligence? Beaucoup de penseurs l'ont malheureusement tenté, en attribuant aux organes une puissance que leur raison ne pouvait surprendre, que l'expérience elle-même ne devait pas découvrir; et en faisant considérer le moral comme une suite et une dépendance du physique. C'était méconnaître que le physique et le moral de l'homme sont l'objet de deux sciences aussi distinctes l'une de l'autre, que les lois de l'organisation, matérielle et aveugle, sont différentes des lois de l'esprit, continuellement intelligent et libre; vérité exprimée d'une façon si éclatante dans ces belles paroles de Leibnitz : *Quod est in corpore fatum, in animo est providentia.*

Hâtons-nous de le dire : grâce au progrès des esprits et à la marche des études philosophiques, on n'a plus à s'inquiéter, aujourd'hui, des systèmes qui s'appuyaient sur des expériences ou des considérations physiologiques, pour expliquer les faits du sens intime et les opérations de l'âme humaine.

Le temps est loin de nous où, pour donner une *idée juste* sur la nature du principe de l'intelligence, Cabanis disait que c'est *un viscère* (*le cerveau*) qui *digère les sensations et secrète les idées.* La philosophie peut maintenant dédaigner de combattre les écrits dans lesquels le matérialisme s'est épuisé en vains efforts pour montrer comment l'homme éprouve la sensation, comment la sensation devient le sentiment du *moi*, comment enfin elle se modifie par la réflexion et se transforme en idée. La raison humaine n'a plus à subir le triomphe humiliant de pareilles doctrines, et elle en a fini pour toujours de cette philosophie brutale qui voulait expliquer la mystérieuse action de la conscience par le mécanisme grossier des sensations.

« La doctrine de Cabanis, » dit le savant physiologiste Bérard, dans sa *Doctrine des rapports du physique et du moral,* « suppose une ignorance absolue de la méta- « physique et de l'observation de l'esprit ; elle déshonore « la raison humaine dans l'état actuel de son perfection- « nement...... »

« Le mécanisme des sensations ne peut expliquer les ac- « tions de l'intelligence, disait Euler ; la liaison que le « Créateur a établie entre notre âme et notre cerveau est « un si grand mystère, que nous n'en connaissons autre « chose, sinon que certaines impressions faites dans le cer- « veau, où est le siége de l'âme, excitent en elle certaines « idées ou sensations ; mais le comment de cette influence « nous est absolument inconnu. »

Il faut le reconnaître, Descartes est le premier de tous les métaphysiciens qui ait nettement posé la ligne de démarcation qui sépare l'intelligence de la matière.

Selon ce grand philosophe, le sens intime est le seul moyen d'*évidence immédiate* pour l'homme. Or le sens intime ne fournissant à l'homme que le sentiment de la pensée, c'est la pensée qui constitue essentiellement l'homme ou le *moi;* et ce sentiment se confond en lui avec le sentiment de l'existence personnelle. *Je pense, donc j'existe,* est la célèbre formule de cette doctrine élevée qui n'admet comme certain que l'existence même du *moi*, laquelle se révèle continuellement et nécessairement à la conscience, comme confondue avec la pensée.

Ainsi nous avons en notre être deux natures distinctes : la *substance pensante*, qui forme le moi, et la *substance étendue,* qui, quoique extérieure au *moi*, agit incessamment sur lui. La *pensée* est l'essence de la première; l'*étendue* est l'essence de la seconde. D'où il résulte que, de même que la matière est toujours *étendue,* l'âme humaine *pense* aussi toujours.

Voilà donc le double domaine des deux substances qui appartiennent à l'homme, nettement tracé et rigoureusement circonscrit par Descartes. Tout ce qui *est la pensée* appartient à la substance spirituelle, et tout ce qui *n'est pas la pensée* appartient à la substance étendue. Ainsi toutes les fonctions organiques et vitales, à la suite desquelles l'âme seule est affectée de plaisir ou de douleur, et perçoit dans son cerveau, ou au dehors, certaines images ou représentations, doivent être attribuées exclusivement à la substance étendue ou au corps; et, à ce titre, ces fonctions restent dans le domaine des lois ordinaires de la physique.

Et comme il n'y a certainement aucune ressemblance intelligible entre les *sensations,* les *affections,* les *perceptions* de l'âme, lesquelles sont autant de modes de la pensée, et les mouvements de fibres, de fluides, de courants nerveux qui constituent proprement les fonctions organiques et vitales : il faut nécessairement en conclure qu'il n'existe aucun passage de l'un à l'autre de ces deux ordres de faits, et que, dans aucun cas, ils ne peuvent ni être produits, ni être expliqués réciproquement les uns par les autres.

En conséquence, Descartes ne tente aucune explication de cette nature. Pour y recourir, il faudrait, suivant lui, commencer par expliquer l'union des deux substances qui nous appartiennent; et si nous savions ce grand secret, qui n'est autre que celui de la création, *nous saurions tout*, dit Descartes lui-même.

Ce grand philosophe se borne donc à dire qu'à l'occasion de certaines impressions matérielles, reçues par les organes internes ou externes, l'âme éprouve des sensations, des affections, perçoit certaines images; et, réciproquement, qu'à l'occasion de certaines pensées, sentiments et vouloirs de l'âme, le corps organisé exécute divers mouvements coordonnés, consécutifs à ces pensées et vouloirs. Mais il n'admet aucune action réelle d'une des deux substances sur l'autre. Ce sont deux séries de faits distinctes, se correspondant parfaitement et suivant des lois constantes, mais sans qu'il y ait jamais entre l'une et l'autre aucune liaison de cause à effet.

Dans la réalité, il n'existe *qu'une seule cause efficiente, productive*; et cette cause unique est Dieu, qui ayant créé tous les êtres, peut seul les modifier, les changer, ou les conserver dans leur premier état. Tous les êtres créés et finis sont passifs; et l'âme humaine ne fait exception à cette règle, ni quant au fond de son être, ni quant aux idées ou notions innées que la main du Créateur a gravées en elle.

Il suit de là que les animaux ne doivent être considérés que comme des machines construites sur le plan général de l'organisation, et soumises à des lois semblables à celles qui régissent le corps humain lui-même, c'est-à-dire, aux lois de la mécanique ordinaire, appliquées à la structure des corps organisés. Il serait au moins inutile d'attribuer une âme aux animaux, puisque toutes les fonctions organiques et sensitives, toutes les impressions, tendances, appétits qu'on observe en eux, peuvent s'expliquer et s'expliquent en effet chez eux, comme chez l'homme, par l'étendue et le mouvement.

Il suit encore de là que le véritable but du philosophe ne doit point être de chercher à expliquer les mouvements du corps par les lois de l'esprit; ni, réciproquement, les faits de l'esprit par les lois de l'organisation : mais uniquement d'expliquer les fonctions et les mouvements du corps vivant par les lois connues de la mécanique ordinaire. Suivre la première de ces deux marches, c'est vouloir combler un abîme. Suivre la seconde, c'est procéder d'une manière conforme à la raison.

La dernière conséquence qui ressorte de cette manière de voir, c'est que la raison se refuse à croire et à prouver que les faits de l'âme puissent avoir leur cause efficiente ou leur principe dans les fonctions du corps organisé vivant. Quoi qu'on fasse, les phénomènes naturels ne changent point au gré de nos systèmes; ils restent ce qu'ils sont. Chaque homme qui descend en soi-même apprend, avec une certitude infaillible, que les faits et les lois du corps ne sont pas les lois et les faits de l'esprit : sur ce point, sa persuasion est impérieuse, irrésistible; et aucune science humaine ne peut renverser l'éternelle barrière que la nature elle-même a élevée entre les deux forces qui constituent l'homme tout entier.

L'homme n'est point *une intelligence servie par des*

organes, comme l'a dit un écrivain célèbre ; et il n'est pas davantage *une organisation servie par une intelligence*, comme le voudraient certains philosophes modernes. Il y a dans l'homme une intelligence et des organes; et, parmi ces organes, les uns, instruments de la perception et des mouvements, servent en effet l'intelligence; tandis que les autres, agents de pure sensation et de vie simple, non-seulement ne la servent pas, mais, placés par le Créateur hors de la sphère d'activité de la personne ou du *moi*, ils entraînent et subjuguent quelquefois la volonté, sans lui obéir jamais.

Les anciens n'étaient-ils pas plus près de la vérité, ou, du moins, ne s'étaient-ils pas placés dans une direction plus méthodique, lorsqu'après avoir embrassé le système général des facultés humaines, c'est-à-dire, des facultés diverses de l'être organisé *vivant*, *sentant* et *pensant*, ils voulurent déterminer avec quelque précision les trois rapports essentiellement distincts sous lesquels ils considéraient cette sorte de trinité d'existence, et employèrent à cet effet les noms d'*âme végétative*, d'*âme sensitive* et d'*âme raisonnable*, unies ensemble dans l'homme, et formant les trois principes de vie ou d'opération qu'ils reconnaissaient en lui?

Déjà les physiologistes modernes ont été amenés, par un examen plus approfondi des phénomènes de la vie, à distinguer dans l'homme deux ordres de faits, les uns propres à la *vie animale* ou vie de *relation*; les autres appartenant exclusivement à la *vie intérieure* ou vie *organique*. Les premiers sont tous placés dans le domaine de la *sensibilité animale* et de la *contractilité organique sensible* de Bichat; les seconds viennent se ranger sous les lois de la *sensibilité organique* et de la *contractilité or-*

ganique insensible du même auteur. Ce qui caractérise essentiellement ceux-ci, c'est qu'ils sont absolument étrangers au *moi*, lequel n'en a point la conscience, et n'exerce aucune action directe sur eux ; et ce qui fait au contraire le caractère propre de ceux-là, c'est qu'une partie d'entre eux est soumise aux vouloirs du *moi*, et qu'il a la conscience de tous. Que si on reconnaît, en outre, un troisième ordre de faits dont l'existence n'est pas moins incontestable que celle des deux premiers ; on sera forcé d'admettre les trois principes que les anciens avaient établis, et qu'ils désignaient par les expressions métaphysiques d'*âme végétative*, d'*âme sensitive*, et d'*âme raisonnable*.

C'est en soumettant la physiologie à un tel ordre d'idées, que Bossuet lui donna le caractère de grandeur que son génie imprimait à tous ses travaux. Dans le livre admirable dont nous avons cité quelques passages au commencement de cet ouvrage [1], et qui semble inconnu à la plupart des savants de notre époque, ce grand philosophe a contemplé avec émotion les rapports de l'âme et du corps, et étudié en toute sûreté de conscience les merveilleux secrets de l'organisation humaine, parce qu'il n'avait pas la témérité de vouloir expliquer par eux les mystères de l'intelligence.

Nous l'avons déjà fait remarquer, et nous sommes heureux de le proclamer de nouveau : de nos jours, les sciences, en changeant de face, n'ont rien perdu de ce qu'elles avaient de propre à nous élever à Dieu. Une fois soutenues par la pensée du Créateur, elles marchent avec hardiesse dans l'étude des phénomènes de l'univers ; et leurs progrès même sont d'autant plus sûrs, qu'elles n'ont point à crain-

[1] Pages 6 à 11.

dre de tomber dans des erreurs matérielles, et d'aller se perdre dans des profondeurs sans fin.

Aussi, nous n'hésitons pas à le dire, la physiologie est une science vaine, dès qu'elle ne commence pas par admettre un Dieu et une âme; elle peut, à force de travaux, parvenir à connaître la structure physique de l'homme; mais elle ne peut d'elle-même, et par la simple étude de la matière, s'élever jusqu'à son esprit : elle roule éternellement dans le cercle des causes secondes, la cause réelle lui échappe.

Il faut donc en venir à Dieu, qui est la raison primitive de tout ce qui est et de tout ce qui se comprend dans l'univers. C'est de ce point qu'il faut partir, c'est à ce point qu'on est ramené; et toute physiologie qui croirait se suffire à elle-même bâtirait des théories et creuserait des abîmes, sans pouvoir jamais toucher le terme des difficultés qui déconcerteraient ses recherches.

Saint Bernard comprenait tout ce qu'il y a de puissance et d'élévation dans les recherches scientifiques qui ont l'homme pour objet, lorsque, dans un mouvement d'indignation philosophique, il criait aux sceptiques de son temps : *Si te nescieris, eris similis ædificanti sine fundamento, ruinam, non structuram faciens.*

FIN.

EXPLICATION DES PLANCHES.

Planche I.

Conformation comparée des squelettes, dans divers ordres des quatre classes des animaux vertébrés.

Mammifères.

Fig. 1. — Squelette d'un *homme adulte*, vu de face. — *f*, os frontal. — *p*, os pariétaux. — *t*, os temporaux. — *m*, maxillaire supérieur. — *m'*, maxillaire inférieur. — *vc*, vertèbres cervicales. — *vd*, vertèbres dorsales. — *vl*, vertèbres lombaires. — *sa*, sacrum. — *s*, sternum. — *c*, côtes. — *cl*, clavicule. — *o*, omoplate. — *h*, humérus. — *cu*, cubitus. — *r*, radius. — *ca*, carpe. — *mc*, métacarpe. — *ph*, phalanges des doigts. — *i*, os iliaques. — *fe*, fémur. — *ro*, rotule. — *ti*, tibia. — *pé*, péroné. — *ta*, tarse. — *mt*, métatarse. — *ph*, phalanges des orteils.

Fig. 2. — Squelette d'un *quadrumane* (Gibbon noir). — *f*, os frontal. — *p*, os pariétal. — *m*, maxillaire supérieur. — *m'*, maxillaire inférieur. — *vc*, vertèbres cervicales. — *vd*, vertèbres dorsales. — *vl*, vertèbres lombaires. — *sa*, sacrum. — *cc*, coccyx. — *s*, sternum. — *c*, côtes. — *cl*, clavicule. — *o*, omoplate. — *h*, humérus. — *cu*, cubitus. — *r*, radius. — *ca*, carpe. — *mc*, métacarpe. — *ph*, phalanges. — *i*, os iliaques. — *f*, fémur. — *ro*, rotule. — *ti*, tibia. — *pé*, péroné. — *ta*, tarse. — *mt*, métatarse. — *ph*, phalanges.

Fig. 3. — Squelette d'un *carnassier* (Chauve-souris) ; animal chez lequel les membres antérieurs sont transformés en ailes. — *p*, pariétal. — *m*, maxillaire supérieur. — *m'*, maxillaire inférieur. — *vc*, vertèbres cervicales. — *vl*, vertèbres lombaires. — *cc*, coccyx. — *s*, sternum. — *co*, côtes. — *cl*, clavicules. — *o*, omoplate. — *h*, humérus. — *r*, radius. — *cu*, cubitus. — *ca*, carpe. — *po*, pouce. — *mc*, métacarpe. — *ph*, phalanges. — *i*, os iliaques. — *f*, fémur. — *ro*, rotule. — *ti*, tibia. — *pé*, péroné. — *ta*, tarse. — *mt*, métatarse. — *ph*, phalanges.

Fig. 4. — Squelette d'un *carnivore* (Renard); pieds disposés pour la marche digitigrade, c'est-à-dire n'appuyant que sur les phalanges ou les doigts. Le carpe et le métacarpe, le tarse et le métatarse sont relevés en l'air. — *p*, pariétal. — *m*, maxillaire supérieur. — *m'*, maxillaire inférieur. — *vc*, vertèbres cervicales. — *vd*, vertèbres dorsales. — *vl*, vertèbres lombaires. — *c*, coccyx et queue. — *s*, sternum. — *co*, côtes. — *o*, omoplate — *h*, humérus. — *r*, radius. — *cu*, cubitus. — *ca*, carpe. — *mc*, métacarpe. — *ph*, phalanges. — *i*, os iliaques. — *f*, fémur. — *ti*, tibia. — *ta*, tarse. — *mt*, métatarse. — *ph*, phalanges.

Fig. 5. — Squelette d'un *pachyderme* (Éléphan ,. — *p*, pariétal. — *m*, maxillaire supérieur, dont la partie antérieure est creusée pour recevoir la racine de la défense. — *m'*, maxillaire inférieur. — *vc*, vertèbres cervicales. — *vd*, vertèbres dorsales. — *vl*, vertèbres lombaires. — *c*, coccyx et queue. — *s*, sternum. — *co*, côtes. — *o*, omoplate. — *h*, humérus. — *r*, radius. — *cu*, cubitus. — *ca*, carpe. — *mc*, métacarpe. — *ph*, phalanges. — *i*, os iliaques. — *f*, fémur. — *ti*, tibia. — *pé*, péroné. — *ta*, tarse. — *mt*, métatarse. — *ph*, phalanges.

Fig. 6. Squelette d'un *cétacé* (Baleine). — *cr*, crâne. — *m*, maxillaire supérieur, sur lequel sont fixés les fanons. — *m'*, maxillaire inférieur. — *vd*, vertèbres dorsales. — *vl*, vertèbres lombaires se continuant par les vertèbres de la queue, sans autre différence que celle du volume. — *co*, côtes. — *o*, omoplate. — *h*, humérus. — *r*, radius. — *cu*, cubitus. — *ta*, tarse. — *mt*, métatarse. — *ph*, phalanges. Il n'y a pas de membre postérieur. Les rudiments du bassin étant suspendus dans les chairs, il n'est pas possible de distinguer les vertèbres sacrées d'avec les vertèbres lombaires.

Planche II.

Conformation comparée des squelettes, dans divers ordres des quatre classes des animaux vertébrés.

Oiseaux.

Fig. 1. Squelette d'un *rapace* (Vautour). — *c*, crâne. — *m*, maxillaire supérieur. — *m'*, maxillaire inférieur suspendu au crâne par un os intermédiaire, nommé *carré*. — *vc*, vertèbres cervicales. —

vd, vertèbres dorsales. — *c'*, vertèbres du coccyx et de la queue. Le caractère essentiel de la colonne vertébrale des oiseaux est une fixité presque absolue dans les régions dorsale et sacrée, et une extrême mobilité dans la région cervicale. Il est digne de remarque aussi que la consolidation des divers points des vertèbres est très-rapide, et existe déjà à la sortie de l'œuf. — *s*, sternum. — *c''*, clavicule bifurquée. — *co*, côtes. — *o*, omoplate. — *h*, humérus. — *r*, radius. — *cu*, cubitus. — *ca*, os du carpe. — *po*, os métacarpien du pouce. — *ind*, os métacarpien du doigt indicateur. — *d*, petit doigt. — *i*, os iliaques. — *f*, fémur. — *ro*, poulie pour les tendons extenseurs à l'extrémité du tibia *t*. — *p*, péroné. — *ta*, os du tarse et du métatarse. — *ph*, phalanges.

Fig. 2. — Squelette d'un *passereau* (Merle). Les mêmes os sont désignés par les mêmes lettres que dans la figure précédente.

Fig. 3. — Squelette d'un *gallinacé* (Pigeon). Le développement considérable que présentent le sternum et les ailes indique les habitudes de ces oiseaux, qui sont d'excellents voiliers. L'aile a été relevée, afin de montrer comment l'épaule et les côtes s'attachent au sternum. Voir, pour la description des os, les indications de la première figure.

Fig. 4. — Squelette d'un *échassier* (Ibis). La longueur du cou et des pattes explique les habitudes de ces oiseaux, qui vivent sur le bord des eaux et y marchent à gué, pour y surprendre des poissons ou des mollusques.

Les lettres explicatives de cette figure représentent les mêmes parties que celles de la fig. 1.

Fig. 5. — Squelette d'un *palmipède* (Cormoran). La longueur du cou se prête à la nécessité qu'éprouvent ces sortes d'oiseaux de plonger sous l'eau, et de chercher leurs aliments au fond de la vase des ruisseaux et des rivières. Quelques-uns d'entre eux sont d'excellents voiliers, et ont alors, comme le cormoran, un sternum très-développé. Sa forme approche de celle d'un bouclier, et sa face extérieure porte, sur la ligne moyenne, une crête élevée comparable à la quille d'un navire, et qui ne manque que chez les oiseaux qui ne volent pas du tout, tels que le casoar, l'autruche, le touyou. — *cr*, le crâne. — *ms*, mâchoire supérieure. — *mi*, mâchoire inférieure. — *c*, os carré auquel est suspendu la mâchoire inférieure. — *vc*, vertèbres du cou. — *vd*, vertèbres du dos. — *s*, sacrum. — *vq*, vertèbres de la queue. — *st*, sternum. — *cl*, clavicule. — *o*, omoplate. — *h*, humérus. — *cu*, cubitus et radius. — *p*, pouce. — *d*, doigt. — *f*, fémur. — *t*, tibia. — *ta*, tarse.

PLANCHE III.

Conformation comparée des squelettes, dans divers ordres des quatre classes des animaux vertébrés.

Reptiles. Poissons.

Fig. 1. — Squelette d'un *chélonien* (Tortue). On a enlevé le *plastron* sternal, pour mettre à découvert les os des membres et le bassin. — *t*, tête renversée. — *m'*, maxillaire inférieur. — *vc*, vertèbres cervicales. — *vd*, vertèbres dorsales soudées ensemble et avec les côtes, et constituant le bouclier dorsal désigné sous le nom de *carapace*. — *o*, l'omoplate, au lieu d'être placée sur les côtes et la colonne vertébrale, comme dans les autres animaux, est attachée en dessous, et se trouve en quelque sorte rentrée dans l'intérieur de la poitrine. L'extrémité inférieure de l'omoplate s'articule avec deux os : l'un, — *c'*, analogue à l'os coracoïdien des oiseaux, reste libre; l'autre, représentant la clavicule — *c''*, se réunit au plastron, de façon que les deux épaules forment un anneau dans lequel passent l'œsophage et la trachée-artère. Les os du bassin — *i*, sont également suspendus à la carapace entre le bouclier et le plastron. Les membres offrent à peu près les mêmes parties que dans le squelette des mammifères, et ces parties sont désignées par les mêmes lettres.

Fig. 2. — Squelette d'un *saurien* (Crocodile). Les côtes de ces reptiles sont mobiles, et s'élèvent et s'abaissent alternativement pour la respiration; le nombre de ces os est considérable, ils sont en partie attachés au sternum, en partie réunis entre eux par leur extrémité inférieure. Les membres, conformés pour la marche, sont si courts, que le ventre de l'animal traîne jusqu'à terre. La mâchoire inférieure est suspendue au crâne par un os tympanique. Les lettres explicatives de cette figure représentent les mêmes parties que dans la planche 1.

Fig. 3. — Squelette d'*ophidien* (Couleuvre). Les vertèbres forment à elles seules presque tout le squelette; le nombre des vertèbres et des côtes est, en général, très-considérable. Il n'existe presque jamais de sternum. La mâchoire inférieure — *m'*, est suspendue au crâne par un os intermédiaire.

Fig. 4. — Squelette de *batracien* (Grenouille). La colonne vertébrale se compose de neuf vertèbres, à corps concave en avant et convexe en arrière. Les os du bassin sont très-allongés en arrière, et parallèles à la colonne vertébrale. Les os du tarse sont très-allongés, et pourraient être pris, si l'on y regardait superficiellement, pour le tibia et le péroné.

Fig. 5. — Squelette de poisson osseux (Perche). — *a*, le crâne. — *b*, orbite. — *c*, narines. — *d*, os inter-maxillaire. — *e*, os maxillaires. — *f*, mâchoire inférieure. — *g*, os sous-orbitaires. — *h*, os tympanique, et les autres pièces osseuses qui séparent la bouche des joues et qui supportent la mâchoire inférieure. — *i*, opercule. — *j*, os préoperculaire. — *l*, os de l'épaule. — *m*, os du bras. — *n*, os coracoïdes. — *o*, nageoire pectorale. — *p*, bassin. — *q*, nageoire ventrale. — *r*, vertèbres. — *s*, côtes. — *t*, os inter-épineux. — *u*, épine osseuse de la première nageoire dorsale. — *v*, nageoire cartilagineuse de la deuxième nageoire dorsale. — *x*, nageoire anale. — *y*, nageoire caudale.

Fig. 6. — Squelette de poisson cartilagineux (Ange). Le squelette est vu, ici, supérieurement et un peu de trois quarts. Le crâne de ces poissons n'offrant pas de sutures, on ne peut qu'indiquer les régions analogues à celle du crâne des poissons osseux. — *a*, région frontale. — *a'*, apophyse anté-orbitaire. — *a''*, apophyse post-orbitaire. — *b*, région pariétale. — *c*, région occipitale. — *g*, région ethmoïdienne. — *i*, région mastoïdienne. — *h*, os hyoïde portant à son bord postérieur sept cartilages en forme de côtes. — *br*, arcs branchiaux composés chacun de quatre pièces. — *v*, colonne vertébrale. — *o*, côtes. — *p*, os inter-épineux supportant les nageoires verticales. — *q*, ceinture osseuse d'une seule pièce, qui porte les nageoires pectorales. — *q'*, extrémité de cette ceinture qui représente les scapulaires des poissons osseux. — *r*, os du métacarpe. — *s*, phalanges qui constituent les nageoires pectorales. — *t*, ceinture osseuse qui porte les nageoires ventrales, et qui représente le bassin des autres vertébrés. — *u*, os du métatarse. — *v*, phalanges qui constituent les nageoires ventrales.

Planche IV.

Conformation comparée de la tête, dans divers ordres de la classe des *Mammifères.*

Fig. 1. — *Bimanes* (homme adulte vu de profil). — *f*, os frontal. — *p*, os pariétal. — *t*, os temporal. — *o*, os occipital. — *n*, os propre du nez. — *z*, arcade zygomatique. — *s*, apophyse styloïde du temporal. — *m*, mâchoire supérieure, garnie de dents incisives canines et molaires. — *n'*, ouverture antérieure des fosses nasales. — *m'*, mâchoire inférieure garnie de dents incisives, canines et molaires. Les mêmes lettres désignent les mêmes os, dans les figures qui suivent.

Fig. 2. — *Quadrumanes* (orang, simia troglodytes).
Fig 3. — *Carnassiers* (vampire phyllostoma, spectrum).
Fig. 4. — *Marsupiaux* (wombat, didelphis ursina).
Fig. 5. — *Édentés* (oryctérope du Cap, myrmecophaga).
Fig. 6. — *Pachydermes* (cheval, equus).
Fig. 7. — *Ruminants* (muntjac, muntjacus).
Fig. 8. — *Cétacés* (dauphin, delphinus phocœna). — *a*, enfoncement au-dessous de la narine, qui reçoit les poches destinées à lancer l'eau.

Planche V.

Conformation comparée des membres dans divers ordres des animaux *Mammifères*.

Fig. 1. — Ordre des *Bimanes* (*homme*). Extrémité antérieure disposée pour la préhension; extrémité postérieure disposée pour la station verticale sur deux pieds; le tarse, le métatarse et les phalanges étant appuyés sur le sol dans toute leur étendue. — *a*, extrémité supérieure. — *r*, le radius. — *c*, le cubitus, ou les os de l'avant-bras. — *ca*, le carpe ou les os du poignet. — *mc*, le métacarpe ou les os de la main. — *ph*, les phalanges ou les os des doigts. La main figure un levier brisé en vingt-sept os qui s'agglomèrent en trois groupes : le carpe, le métacarpe et les doigts. — *b*, extrémité inférieure. — *t*, le tibia. — *p*, le péroné, ou les os de la jambe. — *ta*, le tarse ou les os du talon. — *mt*, le métatarse ou les os du pied. — *ph*, les phalanges ou les orteils. Le pied forme une base à double voûte allongée en avant, composé de vingt-six os, agglomérés en trois groupes : le tarse, le métatarse et les orteils.

Fig. 2. — Ordre des *Quadrumanes* (le *gibbon noir*, simia). Extrémités disposées pour la station sur les quatre pieds et pour la préhension. Dans la marche, les mains appuient en grande partie sur le sol, et les pieds seulement sur leur bord externe, afin de laisser au pouce la faculté de s'opposer aux autres doigts. Le talon étant un peu relevé n'appuie pas entièrement sur le sol. Animaux faits pour vivre sur les arbres plutôt que sur la terre. — *a*, extrémité antérieure. — *r*, radius. — *c*, cubitus. — *ca*, carpe. — *mc*, métacarpe. — *ph*, phalanges. — *b*, extrémité postérieure. — *t*, tibia. — *p*, péroné. — *ta*, tarse. — *mt*, métatarse. — *ph*, phalanges.

Fig. 3. — Ordre des *Carnassiers*, famille des *Insectivores* (le *hérisson*, erinaceus europoeus). Pieds courts, disposés pour fouir; marche plantigrade, c'est-à-dire sur toute la plante du pied. — *a*, extrémité antérieure. — *h*, humérus. — *r*, radius. — *cu*, cubitus. — *ca*, carpe. — *mc*, métacarpe. — *ph*, phalange. — *b*, extrémité postérieure. — *f*, fémur. — *ro*, rotule. — *t*, tibia. — *p*, péroné. — *ta*, tarse. — *mt*, métatarse. — *ph*, phalanges.

Fig. 4. — Ordre des *Carnassiers*, famille des *Amphibies* (le *phoque*, phoca vitulina). Membres transformés en rames natatoires; humérus très-court. — *a*, extrémité antérieure. — *h*, humérus. — *r*, radius. — *cu*, cubitus. — *ca*, carpe. — *mc*, métacarpe. — *ph*, phalange. — *b*, extrémité postérieure. — *f*, fémur. — *ro*, rotule. — *ti*, tibia. — *ta*, tarse. — *mt*, métatarse. — *ph*, phalanges.

Fig. 5. — Ordre des *Rongeurs* (le *lièvre*, lepus timidus). Pieds moins bien disposés pour la marche que pour le saut; le train de derrière surpassant celui de devant. Marche intermédiaire entre la marche plantigrade et la marche digitigrade. Extrémité postérieure. — *f*, fémur. — *ro*, rotule. — *ti*, tibia. — *ta*, tarse. — *mt*, métatarse. — *ph*, phalanges.

Fig. 6. — Ordre des *Pachydermes* (le *cochon*, sus scropha). Pieds disposés pour la marche sur la dernière phalange seulement, ou sur l'extrémité des doigts, enveloppés d'un sabot; les deux premières phalanges sont relevées ainsi que le carpe et le métacarpe, le tarse et le métatarse. Extrémité antérieure. — *r*, radius. — *c*, cubitus. — *ca*, carpe. — *mc*, métacarpe. — *ph*, phalanges.

Fig. 7. — Ordre des *Ruminants* (le *mouton*, ovis). Pieds également disposés pour la marche sur l'extrémité des doigts. Le métacarpe et le métatarse réduits à un seul os qu'on nomme vulgairement le canon; les doigts seulement au nombre de deux, enveloppés aussi d'un sabot à leur extrémité postérieure. — *t*, tibia. — *p*, péroné. — *ta*, tarse. — *mt*, métatarse. — *ph*, phalanges.

Fig. 8. — Ordre des *Cétacés* (le *dauphin*, delphinus delphis). Extrémité antérieure aplatie et disposée pour la natation; extrémité postérieure nulle. Extrémité antérieure. — *h*, humérus. — *r*, radius. — *cu*, cubitus. — *ca*, carpe. — *mc*, métacarpe. — *ph*, phalanges.

Planche VI.

Conformation comparée de la tête et des pattes, dans divers ordres de la classe des *Oiseaux*.

Fig. 1. — *a*, Tête de la grande harpie (*rapaces*). Les os dont se compose le crâne se soudent de très-bonne heure dans les oiseaux. — *a*, portion encéphalique du crâne, terminée latéralement par l'apophyse post-orbitaire *a'*. — *b*, lame osseuse du sphénoïde qui forme la cloison inter-orbitaire, percée dans son milieu. — *c*, ouvertures des narines. — *d*, cornets cartilagineux vus par la solution de continuité qui existe à la base du bec entre le maxillaire — *e'*, le jugal — *f*, et le lacrymal — *g*. Le lacrymal fournit dans les oiseaux de proie l'apophyse sourcilière *g'*. — *h*, cavité tympanique. — *i*, caisse ou os carré, avec lequel s'articule la mâchoire inférieure *m*.

Les lettres explicatives des autres têtes représentent les mêmes parties.

Fig. 1. — *b*, Patte du faucon biarmique.

Fig. 2. — *a*, Tête osseuse de bruant (*Passereaux*).
Fig. 2. — *b*, Patte du martin-pêcheur commun.

Fig. 3. — *a*, Tête osseuse du ara macao (*Grimpeurs*).
Fig. 3. — *b*, Pied du perroquet à trompe.

Fig. 4. — *a*, Tête osseuse du grand coq de bruyère (*Gallinacés*).
Fig. 4. — *b*, Patte du faisan commun.

Fig. 5. — *a*, Tête osseuse de héron commun (*Echassiers*).
Fig. 5. — *b*, Patte de héron.

Fig. 6. — *a*, Tête osseuse de canard (*Palmipèdes*).
Fig. 6. — *b*, Patte de canard.

Planche VII.

Disposition comparée des muscles, dans la série animale.

Vertébrés. Articulés.

Fig. 1. — Muscles de la couche superficielle du corps chez l'homme adulte, vus de face. — *aa*, muscles orbiculaires des paupières. — *b*, muscles orbiculaires des lèvres. — *c*, aponévrose du temporal. — *dd*, muscles frontaux. — *f*, muscle triangulaire de la lèvre inférieure. — *gg*, muscles peaussiers. — *hh*, muscles grands pectoraux. — *jj*, muscles deltoïdes. — *kk*, muscles grands obliques de l'abdomen. — *l*, ligne blanche. — *q*, les digitations du muscle grand dentelé. — *r*, le muscle biceps du bras. — *s*, triceps brachial. — *t*, brachial antérieur. — *u*, grand supinateur. — *v*, rond pronateur. — *x*, muscle grand palmaire. — *y*, muscle fléchisseur superficiel des doigts. — *z*, ligament annulaire antérieur du carpe. — 2, muscles long abducteur et court extenseur du pouce. — 6, muscles couturiers. — 7, muscles pectinés. — 8, muscle fascia-lata. — 9, portion externe du muscle triceps de la cuisse. — 10, portion des muscles moyens fessiers. — 11, muscle droit antérieur de la cuisse. — 12, muscle droit interne de la cuisse. — 13, muscle moyen adducteur. — 14, portion interne du muscle triceps de la cuisse. — 15, ligament rotulien. — 16, muscle jumeau interne. — 17, ligament antérieur du tarse. — 18, face interne du tibia. — 19, musde jumeau externe. — 20, malléole interne. Dans cette figure, on a remplacé les muscles du membre inférieur gauche par des cordes destinées à faire comprendre la direction des mouvements imprimés par les muscles. A cet effet, on a dessiné le squelette du bassin, de la cuisse et de la jambe, et l'on a supposé des cordes fixées aux points où les muscles eux-mêmes ont leur insertion.

Fig. 2. — Couche musculaire externe d'une jeune chèvre; — 1, sphincter des paupières; — 2, sphincter de la bouche; — 3, buccinateur; — 4, zigomatiques de la lèvre supérieure et du nez; — 5, muscles de la lèvre inférieure; — 6, temporal; — 7, masséter; — 8, muscles des oreilles; — 9, digastrique; — 10, muscle qui agit comme trapèze et élévateur du bras; — 11, trachélomastoïdien et scalène, muscle qui est analogue au sterno-cleïdo mastoïdien, et dont l'extrémité supérieure se divise en deux tendons, dont l'externe marche le long de la gaîne du masséter, mais dont l'interne se réunit avec le tendon du trachélo-mastoïdien; — 13, sterno-thyroïdien; — 14, trachée-artère; — 15, large du dos; — 16, long du dos; — 17, oblique descendant; — 18, droit du bas-ventre; — 19, grand dentelé; — 20, grand pectoral: (20 *a*, sa portion supérieure, qui se rend à la tête de l'humérus; — 20 *b*, sa portion inférieure, qui, croisant la précédente, gagne l'extrémité inférieure de l'humérus); — 21 *a*, sous-épineux; — 21 *b*, sur-épineux; — 22, anconés; — 23, biceps (il se compose réellement ici de deux muscles; — 23, est l'externe, ou la courte tête, et, — 23 *a*, l'interne, ou la longue tête); — 24, extenseur du métacarpe; — 25, extenseur du doigt externe; — 26, fléchisseur externe du carpe; — 27, adducteur des doigts; — 28, extenseur du doigt interne; — 29, fléchisseur interne du carpe; — 30, fléchisseur des doigts, dont les tendons surpassent de beaucoup les extenseurs en force; — 31, moyen fessier; — 32, muscle du fascia lata; — 33, droit de la cuisse; — 34, coccygiens; — 35, extenseur de la jambe; — 36, demi-membraneux et demi-tendineux; — 36 *a*, demi-membraneux; — 37, biceps fémoral; — 38, gastro-cnémiens; — 39, fléchisseur des doigts; — 40, extenseur du doigt interne; — 41, tibial antérieur, — 42, extenseur du doigt interne et adducteur des doigts; — 43, tendon, qui tient en quelque sorte lieu d'un fléchisseur sublime des doigts, et qui est perforé par le fléchisseur proprement dit; — 44, couturier; — 44, grand adducteur.

Fig. 3. — Muscles du faucon. — 1, grand complexus; — 2, petit complexus; — 3, fléchisseur latéral de la tête; — 4 long fléchisseur de la tête; — 5, grand extenseur du cou: — 6, 7, muscles demi-épineux du cou et du dos; — 8, fléchisseur supérieur de la tête; — 9, fléchisseur inférieur ou long de la tête; — 11, élévateur du coccyx; — 12, abaisseur du coccyx; — 17, oblique externe du bas-ventre; — 20, grand pectoral; — 22, deltoïde; — 23, sous-scapulaire; — 25, biceps brachial; — 26, supinateur; — 30, *a*, portion qui se porte au carpe; — 37, grand fessier; — 38, premier abducteur de la cuisse; — 39, couturier; — 40, large de la cuisse; — 41, grêle de la cuisse, dont le tendon, passant sur le genou, se joint au fléchisseur perforé des orteils; — 43, premier fléchisseur antérieur de la jambe; — 48, muscle pyramidal qui ouvre le bec; — 50, long ligament de la mâchoire inférieure; — 51, muscle cutané de la tête; — 52, masséter antérieur.

Fig. 4. — Muscles du crapaud commun. — *a*, grand dorsal. — *b*, biceps. — *c*, trapèze. — *d*, triceps. — *e*, long dorsal. — *f*, abducteur.

Fig. 5. — Muscles de la perche. — *a*, moitié inférieure de la grande masse musculaire latérale; — *a*, sa moitié supérieure; — *b* et *c*, points où ces masses se divisent pour la sortie des nageoires pectorales et ventrales; — *d*, muscles longitudinaux moyens inférieurs; — *f*, les moyens supérieurs; — *g*, muscles particuliers de la dorsale; — *i*, muscles particuliers de l'anale; — *k*, muscles particuliers de la caudale; — *ll*, grandes masses communes des muscles des mâchoires; — *m*, muscles de l'opercule et de la première intercôte du crâne; — β, attache des muscles latéraux supérieurs à l'occiput; — ψ, ligne latérale entre les masses musculaires; le nerf a été retiré, et la masse musculaire supérieure repoussée en haut.

Fig. 6. — Profil intérieur du tronc et de l'abdomen du hanneton; et, plus particulièrement, la première couche des muscles ou la plus interne; le cloaque, l'etui du pénis, sa pince, ainsi que les six premiers stigmates abdominaux.

Planche VIII.

Anatomie comparée du système nerveux dans la série animale.

Les fig. 1 et 2 représentent l'encéphale dans les *Mammifères;* c'est-à-dire le cerveau, le cervelet, la protubérance cérébrale, la moelle épinière et les nerfs, qui en partent. — La figure 2 est plus forte, et met en évidence l'origine des nerfs à la base du cerveau. Ces deux figures, ainsi que la figure 3, représentent l'encéphale de l'homme. — *c*, cerveau vu en dessous. — *s*, portion antérieure du sillon, qui sépare les deux hémisphères du cerveau. — *la*, lobe antérieur du cerveau. — *lm*, lobe moyen. — *lp*, lobe postérieur, en majeure partie caché par le cervelet. — *cv*, cervelet dont la partie moyenne est cachée par le commencement de la moelle épinière. — *pa*, protubérance annulaire ou pont de Varole, qui passe devant l'origine de la moelle épinière, et réunit en avant les deux moitiés du cervelet. — *me*, moelle épinière. — *pc*, pédoncules du cerveau formés par des faisceaux de fibres qui viennent de la moelle épinière et s'enfoncent dans les hémisphères cérébraux. — *n*, 1, nerfs de la première paire ou nerfs olfactifs, qui se rendent au nez. — *n*, 2, nerfs de la seconde paire ou nerfs optiques, qui, après s'être croisés, se rendent aux yeux. — *n*, 3, nerfs de la troisième paire, se rendant aux muscles moteurs de l'œil. — *n*, 4, nerfs de la quatrième paire, se rendant également aux muscles de l'œil. — *n*, 5, nerfs de la cinquième paire ou nerfs trifaciaux, qui se distribuent au sourcil, à la joue, aux dents, à la langue, etc. — *n*, 6, nerfs de la sixième paire, se rendant aux muscles de l'œil. — *n*, 7, nerfs de la septième paire ou nerfs faciaux, se rendant à la face et au cou. — *n*, 8, nerfs de la huitième paire ou nerfs acoustiques, se rendant à l'oreille. — *n*, 9, nerfs de la neuvième paire ou glosso-pharyngiens, qui se rendent de la langue au pharynx, etc. — *n*, 10, nerfs de la dixième paire ou pneumo-gastriques, qui descendent le long du cou et vont se distribuer aux poumons, à l'estomac, etc. — *n*, 11 nerfs de la onzième paire ou grands hypoglosses, qui se rendent à la langue, etc. — *n*, 12, nerfs de la douzième paire ou nerfs spinaux, qui naissent des côtés de la partie supérieure de la moelle épinière, remontent dans l'intérieur du crâne, et se distribuent à divers muscles du cou. — *n*, 13, nerfs de la treizième paire ou nerfs occipitaux. — *n*, 14, premiers nerfs cervicaux qui sortent de la colonne vertébrale entre les deux premières vertèbres. — *n*, 15 et suivants, nerfs de la moelle épinière se rendant aux diverses parties du corps. — *pb*, plexus brachial formé par les nerfs qui se rendent aux membres supérieurs. — *nb*, nerfs du bras. — *ps*, plexus lombaire et sciatique, d'où naissent les nerfs des membres inférieurs. — *ns*, nerf sciatique ou nerf principal de la cuisse. — *qc*, racines des derniers nerfs de la moelle épinière, formant un faisceau appelé la queue de cheval. — *ra*, racines antérieures des nerfs de la moelle épinière. — *rp*, racines postérieures. — *g*, ganglions situés sur le trajet de la racine postérieure de tous ces nerfs.

Fig. 3. — Représente le cerveau de profil, du côté droit, de manière à faire voir les rapports du cerveau, — *c*, du cervelet — *c'*, et de la protubérance cérébrale, — *p*. Cet hémisphère est creusé par de nombreuses circonvolutions.

Fig. 4. — Cerveau de chat, vu en dessous; — 1, renflements des nerfs olfactifs; l'un d'eux a été ouvert pour montrer la cavité qui y est creusée. — *a*, hémisphères. — *b*, lobe postérieur moyen. — *d*, cuisse du cerveau. — *e*, pont de Varole. — *i*, cervelet. — *k*, globules médullaires; — 2, nerfs optiques; — 3, nerf pathétique; — 5, ligament; — 8, nerf auditif.

Fig. 5. — Cerveau de lièvre, vu en dessus et ouvert; l'hémisphère droit a été enlevé; — 1, renflements des nerfs olfactifs. — *a*, hémisphère dont les circonvolutions sont à peine sensibles. — *a*, lobe postérieur. — *b*, tubercule quadri-jumeau antérieur droit. — *c*, le postérieur droit. — *d*, bord postérieur du corps calleux. — *f*, corps strié; — 9, corne d'Ammon. — *i*, racine droite du nerf optique sur le ganglion droit de l'hémisphère. — *m*, lobes latéraux. — *o*, lames médullaires à la surface du cervelet. — *p*, quatrième ventricule. — *q*, arbre de vie.

Fig. 6. — Cerveau d'*Oiseau*. Cet organe dans le dindon; vu en dessus. — *a*, hémisphères antérieurs. — *b*, masses optiques, refoulées vers la face inférieure. — *c*, cervelet et moelle allongée.

Fig. 7. — Cerveau de pigeon, vu en dessous; — *a*, cerveau; — *b*, masses optiques; — *c*, cervelet. — 1, 2, 3, 4, 5, 6, paires de nerfs.

Fig. 8. — Cerveau de *Reptile*. Cet organe dans la tortue bourbeuse; vu en dessous. — *b*, grands hémisphères. — *c*, nerfs olfactifs; — 1, nerfs optiques; — 2, nerfs auditifs. — *c'*, moelle allongée.

Fig. 9. Cerveau du même animal, vu en dessus et ouvert au côté gauche. — *a*, grands hémisphères du cerveau. — *b*, masses optiques. — *c*, cervelet. — *a*, grand ventricule latéral gauche du cerveau, avec le corps cannelé qu'on y aperçoit. — *b'*, masse optique gauche ouverte. — 5, 8, 9, 10, 11, paires de nerfs.

Fig. 10. — Cerveau et moelle épinière de *Poisson*. Cet organe dans un cyprin, vu par le haut et de grandeur naturelle. — *a*, rudiments d'hémisphère ou de ganglions olfactifs. — *b*, masses optiques. — *c*, cervelet.

Fig. 11. — Cerveau de la trigle, vu en dessus. — 1, nerfs olfactifs. — *a*, masse postérieure. — *b*, masses optiques. — *c*, cervelet. La masse optique gauche, qui est ouverte, laisse apercevoir ses ganglions intérieurs. — *d'*, paires de ganglions de la moelle allongée.

Fig. 12. — Système nerveux d'*Arachnide*. — *m*, masse médullaire de la poitrine, d'où partent coniquement les nerfs des pattes; — *a*, ganglion cérébral; — *e*, nerfs des organes manducatoires; — *r*, double cordon nerveux; — *b*, ganglion dans l'abdomen; — *pp*, *n*, nerf de l'intestin, des branchies, des organes génitaux, etc.

Fig. 13. — Système nerveux d'*Insecte*. — *a*, cerveau ou ganglion céphalique; — *b*, nerfs optiques; — *c*, nerfs de la tête; — *d*, cordons nerveux qui unissent le cerveau aux ganglions thoraciques, et qui forment un collier autour de l'œsophage. — *e*, *e*, *e*, ganglions thoraciques et abdominaux. — *f*, cordons nerveux qui les unissent entre eux. — *g*, nerfs des diverses parties du corps.

Planche IX.

Anatomie comparée des organes des sens.

Vision. Ouïe.

Fig. 1. — Section verticale de l'*œil* humain. — *a*, la cornée transparente, modification de la sclérotique ou de l'enveloppe extérieure de l'œil; — *g*, *g*, muscles qui servent à mouvoir l'œil, et qui s'attachent à cette enveloppe; — *i*, *i*, iris; — *d*, *d*, procès ciliaires; — *m*, *m*, la rétine, membrane nerveuse appliquée en dedans d'une membrane vasculaire nommée *choroïde*; — *c*, le cristallin; — *n*, le nerf optique.

Fig 2. — Coupe horizontale de l'œil du lynx.

Fig. 3. — Coupe de l'œil de l'aigle. — *k*, cristallin; — *d*, corps ciliaire; — *e*, prolongement en forme de peigne de la choroïde; — *g*, rétine.

Fig. 4. — Coupe de l'œil grossi de la tortue bourbeuse. — *a*, iris; — *b*, prolongements ciliaires; — *c*, rétine; — *d*, choroïde; — *e*, sclérotique; — *f*, cristallin.

Fig. 5. Coupe horizontale de l'œil du brochet. — *c*, le pli falciforme de la choroïde, qui fait saillie dans le corps vitré à travers la rétine.

Fig. 6. Système nerveux du hanneton. — 1, lobes du ganglion susœsophagien. — *a*, nerfs optiques. — *b*, yeux; celui de droite est représenté ouvert. — 2, ganglion sous-œsophagien. — 3, ganglion du prothorax; il fournit deux paires de nerfs, dont une seule, — 3', a été figurée, et se rend principalement aux parties antérieures. — 4, ganglion du mésothorax, fournissant deux paires de nerfs, l'une — 4', pour les ailes, l'autre — 4'', pour les pattes intermédiaires. — 5, ganglion du métathorax, donnant quatre paires de nerfs, dont l'antérieur — 5', se rend aux pattes postérieures et les autres. — 5'', aux premiers anneaux de l'abdomen. — 6, ganglion représentant les ganglions abdominaux ordinaires; outre les deux cordons médullaires — 6', 6', qui en sortent pour se rendre en droite ligne à l'extrémité postérieure du corps; il en envoie de chaque côté cinq paires — 6'' qui se distribuent aux quatrième, cinquième, sixième, septième et huitième segments abdominaux. — c, ganglion du système sus-intestinal, lequel, après être passé sous le ganglion susœsophagien, s'unit à deux paires de ganglions, qui sont les ganglions vitaux. — *d*, nerfs mandibulaires. — *e*, nerfs antennaires. Les deux filets qui les croisent obliquement, et qui ne sont pas indiqués par des lettres, sont les nerfs maxillaires.

Fig. 7. — Coupe horizontale de l'œil de la sèche, pour montrer le renflement du nerf optique et la manière dont le cristallin est embrassé par les corps ciliaires.

Fig. 8. — *b*. Coupe d'un œil d'insecte. — *a*, nerf optique, fibres du nerf optique entourées de pigment. — *v*, corps vitré pyramidal; — *d*, cornée.

Fig. 9. — Portion de la cornée transparente de l'œil composé d'une abeille, très-grossie. — *a*, *a*, *a*, sa face de forme hexagonale. — *b*, *b*, poils qui naissent dans les interstices de chaque cornéule.

Fig. 10. Organisation des yeux lisses dans la chenille du saule. — *a*, *a*, *a*, *a*, *a*, *a*, les six yeux dont la chenille est pourvue de chaque côté. — *b*, cercle rouge et épais dans lequel ils sont placés. — *c*, nerf optique partagé en six branches, — (*d*), qui vont chacune aboutir à l'extrémité postérieure d'un œil. — *e*, trachée qui se partage en six autres branches (*f*, *f*) se distribuant à chaque œil.

Fig. 11. — Nerf simple du scorpion de Tunis. — *a*, cristallin; — *b*, cornée; — *c*, pigment; — *d*, corps vitré; — *e*, expansion du nerf optique; — *f*, nerf optique.

Fig. 12. — Coupe longitudinale de l'œil de l'écrevisse; — *a*, nerf optique; — *b*, son rayonnement à travers le pigment accumulé en couches concentriques; — *c*, coupe de la cornée à facettes; — *e*, renflement des muscles, situés le long du nerf optique, qui meuvent l'œil.

Fig. 13. — Coupe longitudinale d'un œil d'écrevisse. — *a*, pigmentum qui sépare les cônes vitrés; — *b*, pigmentum d'abord plus foncé, puis plus clair en — *c*, et de nouveau plus foncé en — *d*, qui sépare ses filets nerveux.

Fig. 14. — Coupe verticale de l'appareil de l'ouïe. — *p*, pavillon de l'oreille. — *co*, conque. — *c*, *a*, conduit auriculaire. — *t*, tympan derrière lequel se voit la caisse (*cai.*). — *t*, *c*, trompe d'Eustache. — *f*, *o*, fenêtre ovale. — *v*, vestibule. — *l*, limaçon. — *c*, *s*, *c*, canaux semi-circulaires. — *n*, *a*, nerf acoustique. — *r*, rocher. — *c*, cellules creusées dans l'os temporal. — *f*, *g*, fosse glénoïdale servant à l'articulation de la mâchoire inférieure. — *a*, *m*, apophyse mastoïde.

Fig. 15. — Labyrinthe de l'oreille interne; — *a*, fenêtre ronde; — *b*, vestibule; — *c*, fenêtre ovale; — *d*, canal demi-circulaire horizontal; — *e*, canal vertical postérieur; — *f*, canal vertical supérieur; — *g*, limaçon.

Fig. 16. — Le tympan avec les osselets de l'ouïe. — *t*, tympan. — *ma*, le marteau. — *m*, manche du marteau qui s'appuie sur le tympan. — *m*, *m*, muscle du marteau. — *en*, enclume. — *et*, étrier. — *mc*, muscle de l'étrier.

Fig. 17. — Les osselets de l'ouïe séparés. — *m*, marteau. — *en*, enclume. — *l*, os lenticulaire. — *é*, étrier.

Fig. 18. — Organe auditif de l'écrevisse, vu en dedans; — *a*, le petit bouton osseux ouvert en long; — *b*, le petit sac auditif; — *d*, partie de la membrane de la fenêtre du vestibule; — *e*, nerf auditif; — *h*, substance ligamenteuse qui fixe le sac auditif à la surface interne du crâne.

Fig. 19. — Canaux demi-circulaires et osselets de l'ouïe de l'oreille droite; — *a*, *b*, *d*, canaux supérieurs, médian et inférieur; — 1, osselet de l'ouïe; — *c*, bord osseux de la capsule ouverte du limaçon, — *e*; — *p*, bouteille du limaçon; — *é*, nerf du limaçon, — *f*, ou des deux cartilages du limaçon.

Fig. 20. — Labyrinthe membraneux, et situé dans la cavité crânienne d'une baudroie. — *a*, *a*, *a*, les trois canaux demi-circulaires; — *b*, petit sac auditif postérieur; — *c*, sac auditif antérieur; — *d*, branche du nerf auditif allant au sac auditif, qui est l'analogue du vestibule; — *e*, nerf des canaux demi-circulaires; — *f*, branches maxillaires.

Fig. 21. — Situation du labyrinthe mou de la tortue bourbeuse, au côté de la cavité crânienne, dans l'enfoncement du rocher; — *a*, nerf vague, avec l'accessoire; — *b*, nerf acoustique.

Planche X.

Anatomie comparée des organes des sens.

Odorat. — Goût. — Toucher.

Fig. 1. — Nerf de la cinquième paire, et principales distributions de ses trois branches. — *a*, tronc du nerf trifacial; — *b*, nerf ophthalmique. — *c*, nerf maxillaire supérieur. — *d*, ganglion de Meckel. — *e*, rameaux dentaires s'introduisant dans les racines des dents molaires. — *f*, nerf maxillaire inférieur. — *g*, nerf lingual s'avançant vers la pointe de la langue entre les muscles de cet organe. — *h*, nerf dentaire inférieur se distribuant aux dents molaires, et sortant en rayonnant par le trou mentonnier, pour aller se perdre dans les muscles de la face.

Fig. 2. — Nerfs qui se distribuent à la membrane pituitaire de la cloison des fosses nasales du côté gauche. — *a*, rameau ethmoïdal de la branche nasale du nerf ophthalmique. — *b*, tronc du nerf maxillaire supérieur. — *c*, branche nerveuse qui se porte de ce ganglion au ganglion sphéno-palatin. — *d*, *e*, nerf vidien. — *f*, rameau du nerf naso-palatin. — *g*, rameau du nerf dentaire antérieur. — *h*, rameaux internes du nerf olfactif.

Fig. 3. — Coupe verticale et transversale qui divise les fosses nasales dans leur partie moyenne, pour montrer leur disposition intérieure. — *a*, lame verticale de l'ethmoïde. — *b*, cornets moyens des fosses nasales. — *c*, cellules ethmoïdales. — *d*, cornet inférieur. — *e*, vomer. — *f*, partie antérieure du sinus maxillaire. — *g*, apophyse palatine de l'os sus-maxillaire. — *h*, voûte palatine. — *i*, cornet moyen. — *j*, portion de la face interne du crâne qui surmonte la voûte des fosses nasales, et qui est en rapport avec ces cavités par les trous de la lame criblée de l'ethmoïde.

Fig. 4. — Les figures relatives au sens du toucher sont extraites d'un savant mémoire de M. le professeur Breschet, sur les *Appareils tégumentaires des animaux*. La figure 4 représente un fragment de peau de baleine, pièce composée et grossie dans des proportions idéales, pour indiquer le trajet et la disposition des papilles dans la matière cornée. — *a*, derme. — *b*, épiderme. — *c*, matière cornée coupée au niveau du derme qui est sillonné de lignes blanches et noires. Les lignes blanches donnent issue aux nerfs, les lignes noires à la matière cornée. — *d*, trois nerfs qui surgissent des lignes blanches. — *e*, matière cornée coupée un peu plus haut, pour montrer que les nerfs coupés sont cannelés vers leur base; on y aperçoit l'orifice d'un petit vaisseau. — *f*, nerfs coupés encore un peu plus haut, près la couche horizontale; on voit la forme circulaire de la gaîne blanche qui les entoure. — *g*, dernière couche épidermique détachée, sous laquelle paraît la tête inclinée des papilles nerveuses, dans leur position normale. — *h*, face externe de la matière cornée ou épidermique.

Fig. 5. — *a*, Papille de baleine dans sa gaîne propre. — *b*, celle-ci est entourée d'une espèce de gangue de matière cornée plus épaisse. — *c*, — *d*, épiderme recouvrant la tête blanche de la papille.

Fig. 6. — Organe sudorifère. — *a*, derme. — *b*, organe sécréteur glanduliforme, vu quelquefois en manière de sac oblong, entouré d'un chevelu très-fin ; — *c*, canal excréteur en spirale qui passe entre les papilles, traverse la matière cornée épidermique, et débouche dans les pores de la peau.

Fig. 7. — Un des aspects du derme humain, vu sous la loupe et coupé suivant la longueur des sillons ; — *a*, vaisseaux sanguins qui se couvrent de filaments capillaires, en pénétrant dans le derme ; — *b*, nerfs qui se capillarisent ; — *c*, glandes muqueuses placées à des hauteurs inégales et anastomosées entre elles. Leurs canaux excréteurs pénètrent jusqu'à la matière cornée ; — *d*, canaux sudorifères en spirale ; — *e*, fragments de vaisseaux couverts de radicales ; — *f*, une infinité de vaisseaux ou nerfs capillaires ; — *g*, organe chromatogène, surmonté de ses canaux excréteurs ; — *h*, papilles.

Fig. 8. — Appareil qui constitue le sens tactile chez l'homme ; — *a*, nerf entrant dans le derme où il devient capillaire ; — *b*, son entrée dans la papille ; — *c*, névrilème fourni par le derme ; — *d*, l'enveloppe propre du nerf ; — *e*, couche plus ou moins épaisse de matière cornée, organe de protection.

Fig. 9. — Composition d'une figure synthétique de la peau humaine ; — *a*, derme ; — *b*, matière cornée épidermique ; — *c*, vaisseaux et nerfs qui entrent dans le derme ou qui en sortent ; — *d*, intervalle rempli par les filaments capillaires ; — *e*, papilles nerveuses ; — *f*, organe sudorifère ; — *g*, son canal excréteur spiroïde, qui traverse le derme, passe derrière les papilles et se fait jour dans un des pores de l'épiderme ; — *h*, vaisseaux inhalants, naissant de la couche la plus extérieure de la matière cornée, se ramifiant et s'anastomosant avant de pénétrer dans le derme par les ouvertures qui donnent passage aux spires de l'organe sudorifère ; — *i*, organe chromatogène ou sécréteur des écailles. On n'en voit qu'une partie coupée, parce qu'il s'étend suivant la longueur des sillons. Ses canaux excréteurs s'ouvrent dans les sillons, entre deux rangées de papilles; — *j*, organe sécréteur du mucus; — *k*, son canal excréteur aboutit dans les sillons du derme entre les papilles. Là, ce mucus mêlé d'écailles, d'abord fluide, se solidifie par couches successives à droite et à gauche, comme on le voit sur la coupe de la peau faite en travers des sillons — *l*; mais dans la section longitudinale — *m*, ces couches présentent des séries de lignes droites, superposées comme les feuillets d'un gâteau. C'est aussi de cette manière que le tissu corné se décompose par la macération. La face supérieure de l'épiderme présente des sillons, — *n*, qui répondent à ceux du derme, et des lignes saillantes papillaires, — *o*, séparées par des fissures transversales, — *p*, au fond desquelles se trouvent les pores des canaux sudorifères.

Fig. 10. — *a*, Groupes de papilles humaines vues au microscope; — *b*, derme.

Fig. 11. — Fragment de la face inférieure de l'épiderme en contact avec le derme. Cette figure représente le canevas réticulaire de Malpighi; — *a*, cloisons saillantes reçues dans les sillons du derme, percées latéralement de petits trous pour le passage des vaisseaux lymphatiques; — *b*, cloisons interpapillaires perforées par les canaux sudorifères; — *c*, trous qui servent de gaîne aux papilles.

Fig. 12. — Peau de baleine. — *a*, derme. — *b*, une partie de la matière cornée a été séparée du derme de vive force, et reste comme entr'ouverte, pour faire voir la grande quantité de papilles nerveuses qui se dégagent de leur enveloppe comme d'un fourreau; le reste, — *c*, montre les papilles libres et flottantes.

Fig. 13. — Peau humaine; — *a*, derme; — *b*, papilles; — *c*, matière cornée soulevée en — *d*, pour faire voir son origine dans les sillons du derme, entre les papilles. Les prolongements déchirés correspondent aux canaux excréteurs de l'appareil chromatogène.

PLANCHE XI.

Disposition comparée des organes de la *Digestion*, de la *Respiration* et de la *Circulation* dans la série animale.

Vertébrés.

Fig. 1. — Disposition des viscères thoraciques et abdominaux dans l'*homme*. — *a, b,* les poumons; — *c,* le cœur renfermé dans son enveloppe, le péricarde; — *d,* la vésicule biliaire; — *e,* l'estomac; — *f,* le foie; — *g,* le cœcum, origine du gros intestin. — *h,* le colon transverse; — *i,* l'épiploon qui recouvre les intestins grêles; — *j,* la vessie; — *k,* lambeau de la peau du bas-ventre; — *l,* gros vaisseaux qui vont au cœur ou qui en partent; — *m,* diaphragme.

Fig. 2. — Disposition des viscères thoraciques et abdominaux dans le singe. — *a,* glande maxillaire; — *b,* glande parotide; — *c,* trachée-artère; — *d,* pharynx; — *e,* poumons; — *f,* œsophage; — *g,* thorax; — *h,* cœur; — *i,* artère aorte; — *j,* diaphragme; — *l,* estomac; — *m,* pancréas; — *n,* foie; — *o,* vésicule du fiel; — *p,* rate; — *q,* reins; — *r,* cœcum; — *s,* appendice du cœcum; — *t,* intestin grêle; — *u,* rectum; — *v,* vessie.

Fig. 3. — Disposition des viscères dans le pigeon. — *a,* gésier garni de ses muscles rayonnants. — *a',* — *b,* circonvolutions des petits intestins. — c, foie dont le lobe gauche est séparé en deux parties par une scissure, *c'*. — *d,* pancréas entouré de l'anse duodénale. — *e,* cœur muni de l'oreillette droite, — *e''*, et de la gauche, *e'''*. — *f,* artère pulmonaire gauche. — *f',* aorte donnant naissance, immédiatement après sa sortie du cœur, aux deux sous-clavières gauche et droite, *f''*. — *g,* cellules aériennes antérieures, qui reçoivent l'air des ouvertures supérieures et latérales du poumon, qui sont en grande partie situées hors de la poitrine, à la base du cou, et qui pénètrent dans les vertèbres du cou, les os de la tête, ceux du sternum et ceux des ailes. — *h,* cellules aériennes latérales divisées en plusieurs loges par des cloisons transversales, et qui pénètrent entre toutes les parties des viscères, dans les vertèbres dorsales, les côtes, le bassin et les extrémités postérieures. — *i,* trachée-artère. — *k,* œsophage.

PLANCHE XII.

Disposition comparée des organes de la *Digestion*, de la *Respiration* et de la *Circulation* dans la série animale.

Vertébrés. Mollusques.

Fig. 1. — *Couleuvre* à collier femelle ; — *a*, *a*, trachée-artère ; — *b*, veine cave supérieure gauche ; — *c*, veine cave supérieure droite ; — *d*, glande thyroïde ; — *e*, oreillette gauche du cœur ; — *f*, oreillette droite ; — *h*, cœur ; — *g*, estomac ; — *i*, veine cave inférieure ; — *j*, poumon gauche rudimentaire ; — *k*, poumon droit très-développé ; — *l*, foie ; — *m*, vésicule biliaire ; — *n*, glande pancréatique ; — *o*, duodénum, suivi de l'intestin ; — *p*, oviducte ; — *q*, reins ; — *r*, urétères ; — *s*, leurs orifices dans le cloaque ; — *t*, les œufs disposés comme les grains d'un chapelet, les uns à la suite des autres ; — *x*, les ouvertures des oviductes dans le cloaque.

Fig. 2. — Cavité abdominale ouverte d'un squale mâle ; — *a*, cœur ; — *b*, foie, dont le lobe gauche a été enlevé ; — *c*, œsophage ; — *d*, portion supérieure de l'estomac ; — *e*, portion pylorique de l'estomac ; — *f*, dilatation entre l'estomac et le duodénum ; — *g*, duodénum et pancréas ; — *h*, intestin à valvules ; — *i*, appendice creux de l'intestin ; — *k*, rate ; — *l*, cloaque ; — *q*, rein ; — *r*, *r*, fentes qui conduisent dans la cavité abdominale.

Fig. 3. — Anatomie de l'huître. — *a*, l'une des valves de la coquille ; — *b*, charnière ; — *c*, manteau du côté gauche ; — *d*, portion du lobe droit du manteau ; — *e*, muscle ; — *f*, la bouche ; — *g*, les tentacules labiaux ; — *h*, foie ; — *i*, intestin ; — *j*, anus ; — *k*, branchies ; — *l*, cœur.

PLANCHE XIII.

Disposition comparée des organes de la *Digestion*, de la *Respiration* et de la *Circulation* dans la série animale.

Vertébrés. Mollusques. Arachnides.

Fig. 1. Anatomie de *Reptile*. Tortue-coui (testudo radiata). La fig. 1 montre en — *a*, la plaque hyoïde ; en — *b*, *b*, les cornes moyennes ; en — *c*, *c*, les cornes postérieures ; en — *d*, *d*, le mylo-hyoïdien, portion antérieure; — *e*, *e*, portion moyenne; — *f*, *f*, portion postérieure. Cette dernière portion répond au peaussier du cou. Ce muscle étant le premier que l'on rencontre après avoir ouvert la peau, a été coupé dans la ligne médiane, et ses deux moitiés latérales ont été renversées, pour faire voir les organes qu'elles recouvrent. — *g*, est le génio-hyoïdien moyen, moitié droite, coupée vers la ligne moyenne.

Dans cette fig. 1 on a dû faire disparaître l'œsophage, l'estomac, tout le canal intestinal, sauf le rectum qu'on voit en — *i*, et les annexes du canal alimentaire, pour faire voir les organes de la circulation et de la respiration, ainsi que ceux de la génération et de la sécrétion urinaire. Le cœur — 1, est en position et vu par sa face inférieure; — 2, est l'oreillette gauche; — 3, l'oreillette droite; — 4, le tronc commun des artères pulmonaires; — 5, la branche droite de ce tronc; — 6, la branche gauche; — 7, le tronc commun de l'aorte droite postérieure et de l'aorte antérieure; — 8, branche droite et — 9, gauche de l'aorte antérieure; — 10, sous-clavière ou axillaire gauche; — 11, carotide commune gauche; — 12, sous-clavière; — 13, carotide commune droite; — 14, continuation de l'aorte droite postérieure; — 15, continuation de l'aorte gauche postérieure; — 16, tronc commun des artères des viscères digestifs, ou tronc cœliaque; — 17, réunion des deux aortes postérieures; — 17', est la trachée-artère; — 18, la branche droite; — 19, la branche gauche; — 20, le poumon gauche; — 21, le poumon droit; — *k*, *k*, la série des poches externes de chacun des poumons; elles y sont distinguées par des sillons transverses qui répondent aux cloisons qui les séparent; — *l*, *l*, les poches internes de ces mêmes poumons; — *m*, *m*, sillon longitudinal qui répond à la séparation de ces deux séries de poches. La ligne ponctuée — *q*, *q*, *q*, indique la forme et l'étendue de la vessie urinaire; — *r*, *r*, les deux reins.

Fig. 2. — Anatomie de *Mollusque*. Hélice (helix putris). Animal grossi. La paroi supérieure de la cavité pulmonaire a été détachée à droite, ainsi que le collier. Un de ses lambeaux est renversé à gauche. Les différents organes sont seulement déplacés. — *a*, glandes salivaires; — *b*, l'estomac; — *c*, l'intestin; — *d*, le rectum reversé à gauche; — *e*, l'ouverture anale; — *f*, le foie; — *g*, les vaisseaux biliaires; — *h*, une partie du collier; — *i*, partie de la paroi de la cavité pulmonaire.

Fig. 3. — Anatomie d'*Arachnide*. Vue anatomique de la face inférieure du corps de la mygale maçonne femelle ; le plastron largement perforé, et une partie de la peau de l'abdomen renversée en dehors. — *a*, mandibules. — *b*, maxille offrant un creux bordé de dents en arcade, au voisinage de la lèvre. — *c*, *c*, hanches. Entre elles se voit le ganglion nerveux principal, ses branches et son double cordon postérieur, terminé par un autre renflement ganglionaire. Un des nombreux filets donnés par celui-ci va jusqu'aux filières, en côtoyant l'ovaire qui le cache en partie. — *d*, *d'*, plaques operculaires des poumons avec leur stigmate. Sur la plaque antérieure, et au-devant d'elle, est de chaque côté un faux stigmate répondant à des attaches de muscles. — *e*, le poumon antérieur gauche renversé avec la peau à laquelle il adhère près du stigmate, par le moyen d'une lame cornée qui soutient les feuillets membraneux. Ceux-ci ont été figurés en petit nombre, pour éviter la confusion. — *e'*, le poumon postérieur gauche masqué par un grand muscle —*f*, et par le pannicule charnu de l'abdomen — *g*, sillon dans lequel est la vulve. A l'un des angles on voit s'insérer l'oviducte ; l'ovaire gauche lui fait suite ; ses ovules se détachent bien des granulations du foie qui remplit tout l'abdomen, et de l'organe sécréteur de la soie, visible au voisinage des filières. — *h*, filière et anus bilabié.

Planche XIV.

Disposition comparée des organes de la *Digestion*, de la *Respiration* et de la *Circulation*, dans la série animale.

Crustacés. Insectes. Zoophytes.

Fig. 1. — Système général des trachées dans la mante. M. Marcel de Serres divise les trachées des insectes en deux classes, les *trachées tubulaires* et les *trachées vésiculaires :* les trachées qu'on voit ici représentées appartiennent toutes à la classe des trachées *tubulaires ;* mais dans cette même classe M. Marcel de Serres a distingué deux ordres de trachées, celles qu'il nomme *artérielles*, et celles qu'il désigne sous le nom de *pulmonaires*. — *a*, *a*, *a*, *a*, *a*, *a*, *a*, *a*, naissance des trachées *artérielles* aux stigmates du thorax et à ceux de l'abdomen. — *b*, *b'*, trajet que suivent les trachées *artérielles*, les unes extérieurement, les autres plus profondément. — *c*, *c*, *c*, trachées *pulmonaires* s'anastomosant avec les trachées artérielles, mais ne prenant pas leur origine directement aux stigmates. — *d*, trachées se rendant aux diverses parties de la bouche. — *e*, *e*, trachées des antennes. — *f*, trachée circulaire de l'œil. — *g*, trachées artérielles qui se distribuent de la première paire de pattes. — *h*, trachée de la deuxième paire de pattes, et qui naissent des trachées pulmonaires. — *i*, trachées de la troisième paire de pattes. — *k*, trachées fournies par un tronc des trachées artérielles, et qui se portent aux organes de la génération.

Fig. 2. — Appareil digestif ou canal intestinal dans un insecte coléoptère carnassier, le carabe doré. — *a*, tête et parties de la bouche. — *b*, œsophage. — *c*, jabot. — *d*, gésier qui, dans son intérieur, renferme des pièces cornées *d'*, propres à la trituration. — *e*, ventricule chylifique, ou estomac proprement dit ; il est ici couvert de papilles, que l'on distingue mieux en *e'*, et dont une est représentée isolément et excessivement grossie en *e''*. — *f*, intestin grêle. — *g*, gros intestin ou cœcum. — *h*, dernier segment de l'abdomen qui cache l'ouverture anale. — *i*, vaisseaux hépatiques ou vaisseaux biliaires *cœcums*, *intestins grêles* ; ils forment chacun une anse, dont les deux bouts ont leur insertion distincte au ventricule chylifique *k*. — *n*, *appareil de sécrétion excrémentitielle*, situé dans le voisinage de l'anus, versant au dehors un liquide caustique. — *k*, organe sécréteur formé par la réunion de petits utricules arrondis, disposés en grappes. — *l*, canal efférent. — *m*, vessie ou réservoir. — *n*, canal excréteur.

Fig. 3. — Position des divers organes dans la chenille du sphinx. — *a*, *a*, *a*, vaisseau dorsal. — *Canal digestif* : — *b*, œsophage. — *b'*, jabot de succion, qui n'est qu'une modification du jabot ordinaire, lequel a été déjeté de la ligne médiane ; il n'existe que chez l'insecte parfait. — *c*, ventricule chylifique ; les vaisseaux biliaires rampent à sa surface, et leurs anses s'étendent jusque sur l'intestin. — *d*, intestin grêle. — *e*, cœcum. — *f*, rectum presque confondu avec le cœcum. — *Système nerveux* : — *g*, ganglion sus-œsophagien. — *h*, cordon latéral qui l'unit à — *i*, ganglion sous-œsophagien ; ces deux ganglions et leur cordon ne s'aperçoivent très-distinctement que dans la chenille ; la concentration du système nerveux les rend déjà moins distincts dans la chrysalide ; et, dans l'insecte parfait ; la figure ne montre plus qu'une masse en apparence unique, occupée en grande partie par le nerf optique. — *ll*, portion sous-intestinale du système nerveux.

Fig. 4. — Position des divers organes dans le crabe tourteau. — *p*, portion de la membrane cutanée qui tapisse la carapace. — *c*, cœur. — *ao*, artère ophthalmique. — *a*, *a*, artère abdominale. — *b*, branchies dans leur position naturelle. — *b'*, branchies renversées en dehors, pour montrer leurs vaisseaux efférents. — *f*, voûte des flancs. — *f'*, appendice flabelliforme (ou fouet) des pattes mâchoires. — *e*, estomac. — *m*, muscles de l'estomac. — *fo*, foie. — *g*, appareil de la reproduction.

Fig. 5. — Anatomie de l'holoturie — *a*, œsophage naissant de l'orifice oral. — *c*, prolongement de l'œsophage. — *d*, circonvolutions intestinales. — *e*, organes sexuels. — *p*, leur ouverture. — *c*, région de l'oviducte, où il est entouré de plusieurs organes semblables à des cœcums, qui appartiennent peut-être au sexe masculin. — *f*, mésentère. — *n*, les oviductes. — *i*, branche droite et adhérente de l'organe respiratoire. — *k*, branche gauche et libre du même organe. — *m*, branche accessoire de l'organe respiratoire gauche. — *g*, cloaque entouré de fibres musculaires. — *q*, vésicule centrale oblongue du système vasculaire externe. — *r*, tentacules disposés autour de la bouche, avec leurs vaisseaux.

Planche XV.

Anatomie comparée de l'estomac dans les *Mammifères*, les *Oiseaux*, les *Poissons*, les *Mollusques* et les *Insectes*.

Fig. 1. — Canal intestinal de l'homme. — *b*, intérieur de la bouche, vue de face pour montrer le voile du palais. — *œ*, œsophage. — *es*, estomac. — *d*, intestin duodénum. — *ig*, intestin grêle. — *c*, cœcum. — *ac*, appendice cœcal. — *co*, colon. — *r*, rectum. — *f*, foie. — *vf*, vésicule du fiel. — *pa*, glande pancréas. — *r*, rate.

Fig. 2. — Estomac d'un animal ruminant : — *œ*, œsophage. — *p*, panse. — *b*, bonnet. — *f*, feuillet. — *c*, caillette. — *d*, intestin.

Fig. 3. Estomac du héron ; on ne voit que la fin de l'œsophage, le jabot n'a pas été dessiné. — *b*, ventricule succenturié. — *c*, gésier dont on reconnaît très bien les fibres musculaires. — *d*, duodénum. — *f*, foie. — *r*, vésicule du fiel. — *g*, *h*, les deux canaux hépato-cystiques. — *i*, canal cystique. — *k*, canal hépatique. — *l*, *m*, *n*, les trois canaux pancréatiques. — *oo*, pancréas. — *p*, rate. — *q*, tronc cœliaque. — *rr*, veine porte.

Fig. 4. — Estomac et canal intestinal d'un squale; on voit le foie; *f—g* avec ses deux lobes droit et gauche, *l—d* et *l—g*; la vésicule du fiel *v*; le canal cholédoque *c*,—*h*, qui naît en *c*, de la réunion des canaux hépatiques et du canal cystique.

Le canal intestinal a été ouvert pour montrer la forme de la valvule qu'il renferme, laquelle a été déroulée et étendue. — *a*, *a*, est le bord droit de la coupe de l'intestin, et *b*, *b*, *b*, indiquent le bord gauche de cette même coupe, que l'on voit à travers la valvule *v—l*, ou plutôt qui la soulève un peu dans cette direction. — *b*, *v*, est le bord libre de la valvule. On voit qu'il est garni d'un bourrelet, dont le diamètre va en augmentant d'arrière en avant, à mesure qu'il reçoit des branches vasculaires. C'est le tronc musculeux mésentérique *l*, *m*, que nous regardons comme l'origine principale de la veine-porte *v*, *p*; on l'a dessiné ouvert en *o*, pour montrer l'épaisseur de ses parois et quelques embouchures des vaisseaux dont elles sont percées; la dernière et la plus grande de ces branches, — *r*, *r*, est proprement la veine de l'intestin. La veine-porte, continuation de ce tronc, se divise en deux branches *s* et *t*, en *q*, pour les deux lobes du foie.

La valvule a beaucoup de cryptes, de forme arrondie, avec un orifice central. On les voit en *c*, *c*, *c*.

Fig. 5. — Estomac ouvert de l'aplysie. — *a*, partie de la face interne du premier estomac. — *b*, partie de la face interne du second estomac, avec ses pyramides cartilagineuses. — *c*, partie de la face interne du troisième estomac, avec ses crochets. — *d*, les bords du pylore. — *e*, cœcum; on aperçoit aussi l'ouverture des conduits biliaires à l'entrée du cœcum. — *g*, intestin.

Fig. 6. — Position des divers organes de la larve de l'oryctе nasicorne. — *a*, le labre. — *b*, la lèvre. — *c*, l'œsophage. — *d*, le jabot. — *e*, l'estomac. — *e*, 1, la couronne glanduleuse. — *e*, 2, la série supérieure des cœcums. — *e*, 3, la série inférieure des cœcums. — *e*, 4, les deux cœcums dorsaux séparés. — *f*, l'intestin grêle. — *g*, le colon. — *h*, le rectum. — *i*, l'anus. — *j*, les vaisseaux hépatiques latéraux. — *k*, les vaisseaux hépatiques ventraux. — *m*, concrétions du rectum. — *n*, les tendons musculaires inférieurs, détachés de l'estomac. — *o*, les muscles latéraux du rectum et du colon. — *p*, le muscle transversal du colon.

Planche XVI.

Anatomie comparée des organes respiratoires dans les *Mammifères*, les *Reptiles*, les *Poissons* et les *Insectes.*

Fig. 1. — Les poumons de l'homme, avec le cœur et les gros vaisseaux qui en partent. — *m*, mâchoire inférieure. — *l*, larynx. — *t*, trachée artère. — *p*, *p*. poumons. — *t*, trachée-artère qui conduit l'air aux poumons. — *c*, cœur. — *o*, *d*, oreillette droite du cœur. — *v*, *d*, ventricule droit du cœur. — *o*, *g*, oreillette gauche du cœur. — *v*, *g*, ventricule gauche du cœur. — *v*, *c*, *s*, et *v*, *c*, *i*, veines caves supérieure et inférieure, allant s'ouvrir dans l'oreillette droite du cœur. — *a*, *p*, artère pulmonaire se rendant du ventricule droit du cœur aux poumons. — *v*, *p*, veines pulmonaires se rendant des poumons à l'oreillette gauche du cœur. — *a*, *a*, artère aorte. — *a*, *c*, artères carotides venant de l'artère aorte, et portant le sang à la tête. — *a*, *s*, *c*, artères sous-clavières se rendant aux bras. — *v*, *s*, *c*, veines sous-clavières venant des bras, et se rendant à la veine cave supérieure.

Fig. 2. — Poumons et cœur d'un fœtus de manati. — *a*, le cœur, fendu à la pointe. — *b*, thymus. — *c*, hyoïde. — *d*, os styloïde. — *e*, aorte. — *f*, poumons.

Fig. 3. — Organes respiratoires de la grenouille, région gutturale, avec les poumons ouverts. — *a*, hyoïde. — *b*, poumon droit. — *c*, poumon gauche. — *d*, larynx avec les ligaments vocaux.

Fig. 4. — Principaux vaisseaux sanguins du têtard de la salamandre. — *a*, artère qui part du ventricule unique du cœur, et se divise en six branches; *ab*, qui se rendent aux trois paires de branchies et s'y ramifient : on les appelle *artères branchiales*. — *br*, les branchies dans lesquelles on voit se distribuer les artères branchiales et naître les veines branchiales *vb*, qui reçoivent le sang après son passage à travers les lamelles des branchies. Celles des deux dernières paires de branchies se réunissent pour fournir de chaque côté un vaisseau *c*, qui, en se réunissant à son tour avec celui du côté opposé, forme l'artère aorte ventrale ou artère dorsale *av*, laquelle se dirige en arrière et distribue le sang à la plus grande partie du corps. La veine branchiale de la première paire de branchies se recourbe en avant, et porte le sang vers la tête *tt*. — 1, petite branche anastomotique extrêmement fine, qui unit l'artère et la veine branchiale entre elles à la base de la première branchie, et qui, en s'élargissant plus tard, permettra au sang de passer du premier de ces vaisseaux dans le second, sans traverser la branchie. — 3, vaisseau qui, en se réunissant avec un filet situé plus en dedans, joint également l'artère et la veine des branchies postérieures. — *o*, artère orbitaire. — *ap*, artères pulmonaires rudimentaires.

Fig. 5. — Portion du thorax et abdomen d'un *carabe*, vu en dessus, pour mettre en évidence les stigmates : — *a*, stigmate thoracique qui est rendu visible par l'enlèvement de la moitié du corselet. — *b*, *c*, *d*, *e*, *f*, *g*, *h*, les sept paires de stigmates abdominaux.

Fig. 6. — Tronc trachéen se divisant en deux branches. On voit que le fil élastique est interrompu à l'endroit de la bifurcation, et qu'il ne forme plus que des portions de cercle. — *a*, cercle corné ou *péritrème*, au pourtour duquel la trachée adhère. — *b*, *b*, *b*, *b*, *b*, *b*, nombreux rameaux qui en naissent dès son origine.

Fig. 7. — Un des stigmates de la chenille du saule. — *a*, membrane du corps de la chenille qui entoure le stigmate. — *b*, *c*, *d*, muscles intérieurs qui ouvrent et ferment le stigmate. — *c*, le rebord du stigmate qui présente à l'intérieur une fente longitudinale, dont les bords sont formés par une forêt de tiges barbues.

Fig. 8. — Un faux stigmate, vu par sa face interne et fort considérablement grossi.

Planche XVII.

Anatomie comparée des organes de la circulation dans les *Mammifères*, les *Reptiles* et les *Poissons*.

Fig. 1. — Cœur et vaisseaux principaux dans l'homme adulte. — *c*, cœur. — *o*, *d*, oreillette droite. — *a*, *p*, artère pulmonaire. — *o*, *g*, oreillette gauche. — *v*, *d*, ventricule droit. — *v*, *g*, ventricule gauche. — *v, c, i*, veine cave inférieure. — *v, c, s*, veine cave supérieure. — *v, p*, veine porte. — *a, o*, aorte. — *b, c*, tronc brachio-céphalique. — *c'*, carotide primitive gauche. — *s, c*, artère sous-clavière gauche. — *i, i*, artères iliaques primitives.

Fig. 2. — Cœur ouvert, pour montrer les cavités contenues dans l'intérieur de cet organe. — *o*, ouverture auriculo-ventriculaire gauche. — *o'*, ouverture auriculo-ventriculaire droite ; cette figure montre la disposition de la valvule *v*, qui ferme l'ouverture auriculo-ventriculaire pendant la contraction du ventricule *v*, et empêche le sang de pénétrer dans l'oreillette *o*; on voit partir des bords de cette valvule des freins qui se fixent par leur extrémité inférieure aux parois du ventricule *c*; ils sont charnus comme le reste du cœur, et servent à empêcher la valvule de se renverser dans l'oreillette lorsque le sang, pressé par le ventricule, la soulève. — L'artère est également ouverte pour montrer les valvules *v*, qui en garnissent l'entrée, et qui sont conformées autrement que celles du ventricule.

Fig. 3. — Oreillette et ventricule droits du cœur : — *v, c, i*, veine cave inférieure. — *v, c, s*, veine cave supérieure. — *o, d*, oreillette droite. — *v, d*, ventricule droit. — *a, p*, artère pulmonaire. — *a, o*, artère aorte.

Fig. 4. — Oreillette et ventricule gauche du cœur ; — *v, p*, veines pulmonaires. — *o, g*, oreillette gauche. — *v, g*, ventricule gauche. — *a, o*, artère aorte. — *v, c, s*, veine cave supérieure. — *v, c, i*, veine cave inférieure.

Fig. 5. — Cœur et principaux vaisseaux d'une tortue : — *v*, ventricule. — *od*, oreillette droite, qui reçoit le sang par le gros tronc veineux *vc*, et le verse dans le ventricule *v*. — *og*, oreillette gauche, qui reçoit le sang artériel venant des poumons par les veines pulmonaires *vp*, et le verse également dans le ventricule ; — *ag* et *ad*, les deux artères aortes qui naissent du ventricule unique, et qui, après s'être portées en arrière, s'unissent pour former l'artère aorte verticale *av*. — *ac*, branche de l'aorte droite, qui fournit les artères carotides, brachiales, etc. — *ap, ap*, les deux artères pulmonaires, dont le tronc commun naît du ventricule à côté des artères aortes.

Fig. 6. — Cœur et vaisseaux du crocodile. Cette figure fait voir la cavité de l'oreillette droite *o, d;* l'on y remarque une ouverture oblongue, formée par l'écartement de deux valvules *v, m*, disposées de manière à permettre l'afflux du sang dans la cavité auriculaire, et à s'opposer à son reflux dans les trois veines caves et les coronaires, qui débouchent dans le confluent ou sinus commun n° 2. Cette figure représente la cavité du ventricule droit *v, d;* on y voit l'orifice auriculo-ventriculaire garni de deux valvules *v,—m;* celui du tronc pulmonaire n° 11 ayant aussi deux valcules semi-lunaires *s, s;* enfin, celui de la branche aortique n° 2, ou l'analogue du canal artériel.

Le cœur du crocodile, en apparence très-compliqué, se compose de deux oreillettes distinctes *od*, *og*, et de deux ventricules *vd*, *vg*, parfaitement cloisonnés, comme chez les mammifères. Il existe cependant une particularité très-remarquable qui le différencie, et le ramène aux conditions de sa classe; cette particularité consiste dans la présence d'une grosse branche *a*, qui naît du ventricule droit, à côté du tronc pulmonaire, et se joint, au moyen d'une anastomose très-courte, avec une branche provenant du ventricule gauche, ce qui établit le mélange du sang. Le principal vaisseau qui en résulte prend le nom d'aorte descendante, et fournit à tous les organes inférieurs. Quant aux organes supérieurs, le sang arrive à la tête par les deux carotides communes *c*, *c'*, qui naissent du même tronc que la crosse, c'est-à-dire du ventricule gauche *vg*. De là il résulte évidemment que le sang arrive artériel à la tête, tandis que celui qui va à tous les autres organes est plus ou moins mélangé. Après cette singulière distribution, tout le sang revient au cœur par deux veines caves supérieures, par la veine cave inférieure et par le tronc des veines coronaires. Il est reçu par l'oreillette droite au moyen d'une ouverture oblongue garnie de deux valvules *vm*, et passe dans le ventricule droit *vd* par l'ouverture auriculo-ventriculaire, garnie de deux valvules *vm*, semblables aux précédentes. Dans ce ventricule se trouve l'orifice du tronc pulmonaire et celui de la branche *a*; le premier est garni de deux valvules sigmoïdes *cv* , le second, d'une petite valvule mitrale. Le sang qui passe par cette dernière ouverture va dans le tronc *a*, et se comporte comme nous l'avons déjà dit. Celui qui arrive dans le tronc pulmonaire va aux poumons par les artères, et revient, au moyen des veines pulmonai-

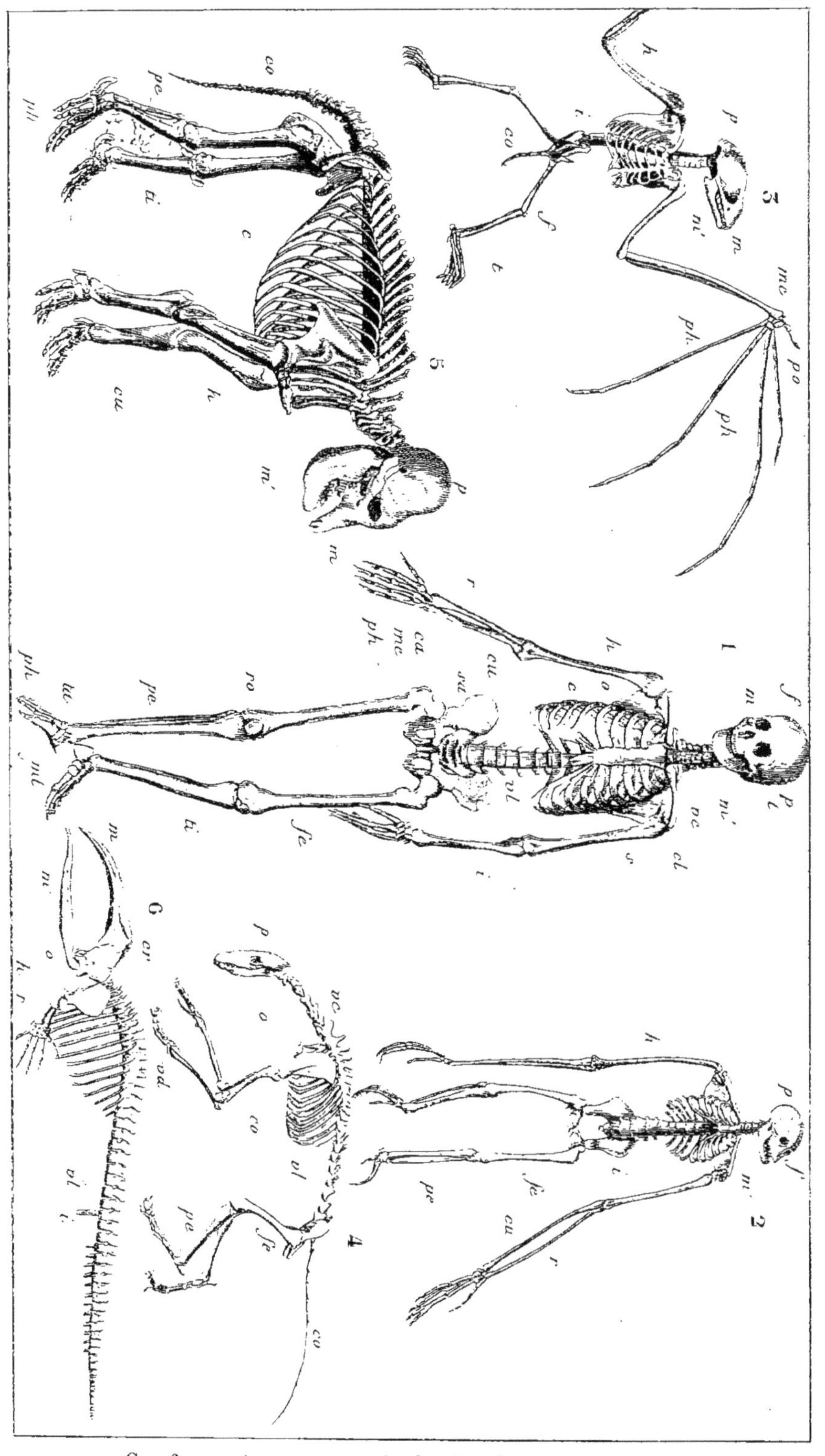

Conformation comparée du Squelette.—*Mammifères.*

Conformation comparée du Squelette — *Oiseaux*

res, dans l'oreillette gauche *og*; celle-ci le chasse dans le ventricule correspondant, qui le fait passer dans le tronc, d'où il est conduit dans la crosse de l'aorte et dans les carotides communes.

Fig. 7. — Figure du cœur et circulation dans les sauriens. — Le cœur des chéloniens, fig. 5, comme celui des sauriens, fig. 7, est formé de deux oreillettes bien distinctes *od*, *og*, et d'un ventricule unique, dans lequel se trouve une large membrane *mm*, tendue par des colonnes charnues; celle-ci est disposée de manière à pouvoir servir de valvule aux deux orifices auriculo-ventriculaires, et à empêcher le sang de refluer dans les oreillettes. Du ventricule commun du cœur des tortues naissent les troncs *a*, *b*, *c*, fig. 5. Le premier se bifurque en donnant la branche *a*, qui fournit les carotides communes, les brachiales, etc.; et la branche *b*, qui constitue la crosse aortique droite. Le deuxième, *p*, *p*, donne la crosse aortique gauche. Le troisième, *c*, donne les artères pulmonaires *p*, *p*.

Chez les lézards, les trois artères dont nous venons de parler se comportent de la manière suivante : la première donne les artères pulmonaires nos 2, 3; la deuxième constitue la crosse aortique gauche; la troisième donne trois branches nos 5, 6, 7, qui concourent à former les deux crosses.

La circulation générale est la même dans le cœur de ces deux vertébrés. Chez la tortue, le sang veineux arrive par un gros tronc dans l'oreillette droite *od*, fig. 5, passe dans le ventricule unique, où il rencontre le sang artériel envoyé par l'oreillette gauche *og*, et va ensuite, par la contraction du ventricule, dans toutes les branches que nous avons indiquées. Chez le lézard, le sang veineux arrive par un tronc commun *v*, *c*, dans l'oreillette droite, et l'artériel parvient dans l'oreillette gauche par les artères pulmonaires réunies en un tronc commun *v*, *p*. La contraction simultanée des oreillettes le pousse dans le ventricule, où le mélange a lieu. Après cela, le sang se distribue dans tous les organes, par les trois principaux troncs qui partent du ventricule commun.

Fig. 8. — Principaux vaisseaux sanguins du têtard de la salamandre; c'est un état de développement plus avancé que celui qui est représenté dans la figure 4 de la planche XVI. Ici l'animal est parfait; les mêmes parties sont indiquées par les mêmes lettres. Les vaisseaux des branchies sont devenus rudimentaires, et les artères pulmonaires beaucoup développées; les vaisseaux qui portaient le sang aux branchies moyennes se continuent sans interruption avec ceux *c*, qui recevaient ce liquide après son passage à travers ces organes, et forment ainsi, de chaque côté du cœur, une crosse aortique; tandis que les vaisseaux de la branchie antérieure se sont modifiés pour constituer les artères carotides.

Fig. 9. — Circulation du sang dans les poissons. Le cœur des poissons, composé d'un ventricule unique et d'une seule oreillette, rend la circulation de cette dernière classe de vertébrés on ne peut plus simple : tout le sang veineux arrive dans l'oreillette, passe dans le ventricule, traverse les vaisseaux branchiaux, et se rend dans le tronc dorsal, qui constitue l'aorte descendante.

Nous avons cru devoir figurer l'ensemble de la circulation branchiale d'une raie, pour en donner une idée exacte et générale. La figure 10 représente le cœur de la raie: *a*, est l'oreillette qui reçoit les veines caves *vc*; — *v*, est le ventricule à colonnes charnues très-prononcées; — *vl*, sont les deux lames d'une valvule mitrale placée à l'orifice auriculo-ventriculaire. De la partie supérieure du ventricule s'élève le tronc commun *t*, garni d'un grand nombre de petites valvules sigmoïdes incomplètes. Ce tronc n° 1, fig. 9, donne deux grosses branches *a*, *b*, se continue en droite ligne, et finit par se bifurquer. Toutes les branches qui dérivent de ce tronc produisent des rameaux qui fournissent à leur tour vingt à trente ramuscules se subdivisant en une multitude de filets, dont les dernières radicules constituent le réseau vasculaire destiné à préparer l'oxygénation du sang.

Des vaisseaux semblables *c*, *d*, à ceux que nous venons de décrire se réunissent pour aller former les branches *e*, *f*, *g*, qui constituent le vaisseau dorsal *h*.

Les branches *i*, envoient le sang à la tête; les ramuscules *j*, constituent les artères cardiaques; et enfin les petites branches *k*, sont destinées aux muscles qui font agir les branchies. Comme on le voit, tout le sang veineux passe par les branchies avant de se distribuer aux organes.

Fig. 10. — Cœur de la raie.

Planche XVIII.

Circulation du sang dans le fœtus humain.

Fig. 1. — Cette figure ne représente pas la disposition naturelle du cœur et des vaisseaux; elle est idéale, et n'est destinée qu'à donner une idée de la manière dont le sang, en parcourant le cercle circulatoire, traverse deux fois le cœur, et traverse aussi deux systèmes de vaisseaux capillaires, savoir : ceux des poumons, en se rendant de l'artère pulmonaire dans les veines du même nom, et ceux de tous les organes, en se rendant des branches de l'artère aorte dans les racines des veines qui se terminent par les veines caves. Les deux moitiés du cœur, qui, dans la nature, ne sont séparées que par une cloison, sont ici complétement isolées. — *g*, moitié gauche du cœur. — *a*, artère aorte. — *c, a, p*, vaisseaux capillaires qui terminent les branches de l'artère aorte. — *v*, système veineux général. — *d*, moitié droite du cœur. — *a, p*, artère pulmonaire. — *v, p*, veine pulmonaire.

Fig. 2. — Disposition des vaisseaux dans un fœtus à terme. — 1, placenta. — 2, portion de l'amnios. — 3, portion du chorion. — 4, veines du placenta se réunissant en un seul tronc. — 5, veine ombilicale. — 6, rameaux de cette veine entrant dans le foie. — 7, veine porte. — 8, rameaux hépatiques de la veine porte. — 9, conduit veineux. — 10, veine cave inférieure. — 11, veines rénales. — 12, veine hépatique. — 13, veine cave supérieure. — 14, cœur tourné sur le côté droit. — 15, ventricule droit. — 16, artère pulmonaire. — 17, conduit artériel. — 18, artère pulmonaire gauche coupée. — 19, veines pulmonaires gauches. — 20, oreillette gauche. — 21, ventricule gauche. — 22, aorte. — 23, aorte descendante. — 24, artère cœliaque coupée. — 25, artère rénale gauche. — 26, artères iliaques. — 27, artères hypogastriques. — 28, artères ombilicales se portant vers l'anneau ombilical. — 29, les mêmes artères se rendant au placenta en serpentant. — 30, foie renversé. — 31, vésicule biliaire. — 32, reins. — 33, capsules surrénales.

Fig. 3. — Organes circulatoires du fœtus, de grandeur naturelle, parcourus par un courant idéal représentant la marche du sang. Le cœur est vu de profil et en situation naturelle; il est censé ouvert du côté droit; le jet du sang dans les cavités gauches est représenté par un simple trait pointillé, comme étant caché par la cloison des ventricules et des oreillettes.

En partant du point *vo*, terminaison du cordon ombilical, on suit le courant dans la veine ombilicale, puis dans le canal veineux *cv*. Il se réunit à celui de la veine cave inférieure *ci*, soit directement, soit indirectement, à travers les anastomoses de la veine porte avec les veines hépatiques *ph*; le jet commun pénètre ensuite dans la fosse *f*, et le trou *b*, de Botal; il traverse les cavités gauches du cœur, marche dans l'aorte ascendante *aa*, et se distribue, par les quatre artères céphaliques et brachiales, à la tête et aux membres supérieurs, d'où il revient, par la veine cave supérieure *cs*, dans l'oreillette droite *o* et le ventricule droit du cœur *c*. De là, il monte dans l'artère pulmonaire *ap*, qui croise l'aorte ascendante, et se jette, par le canal artériel *ca*, dans l'aorte descendante *ad*. Celle-ci en donne une partie aux viscères abdominaux et aux membres inférieurs, d'où il revient par la veine cave inférieure; le reste passe par les artères ombilicales *ao*, pour aller se vivifier dans le placenta, et reprendre, avec de nouveau sang, le chemin de la veine ombilicale.

Fig. 4. — Circulation du sang dans un fœtus de quatre mois passés. — *ov*, trou ovale. — *to*, trou de Botal. — *v*, *e*, valvule d'Eustache; — *v*, *c*, *v'*, *c'*, veines caves supérieure et inférieure. — *p*, veine porte. — *cœ*, cœur.

Fig. 5. — Circulation du sang dans un fœtus de cinq mois. — *o*, *d*, oreillette droite. — *o*, *g*, oreillette gauche. — *c*, *œ* cœur. — *v*, *c*, *v'*, *c'*, veines caves supérieure et inférieure. — *p*, veine porte.

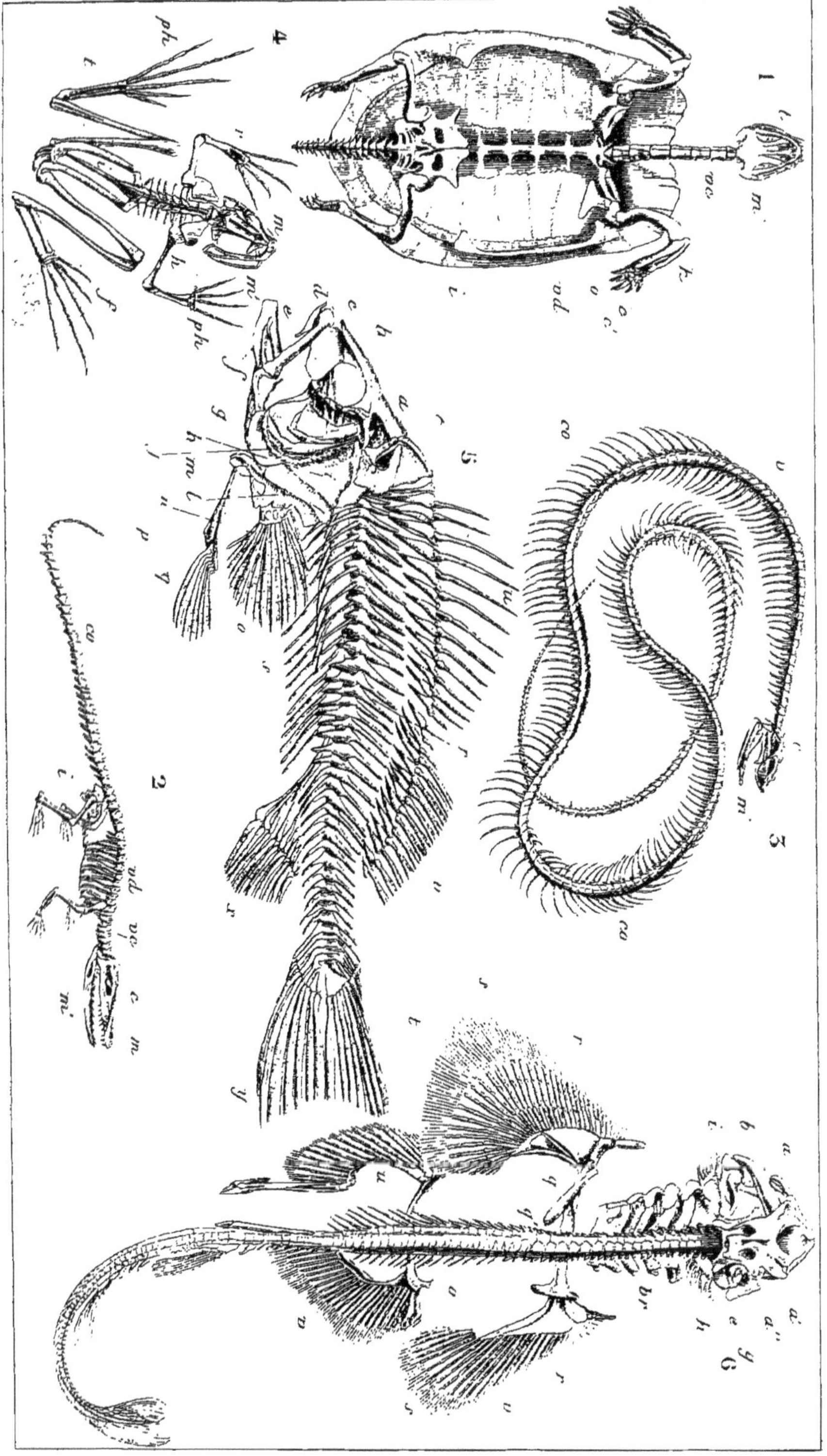

Conformation comparée du Squelette.–*Reptiles Poissons*

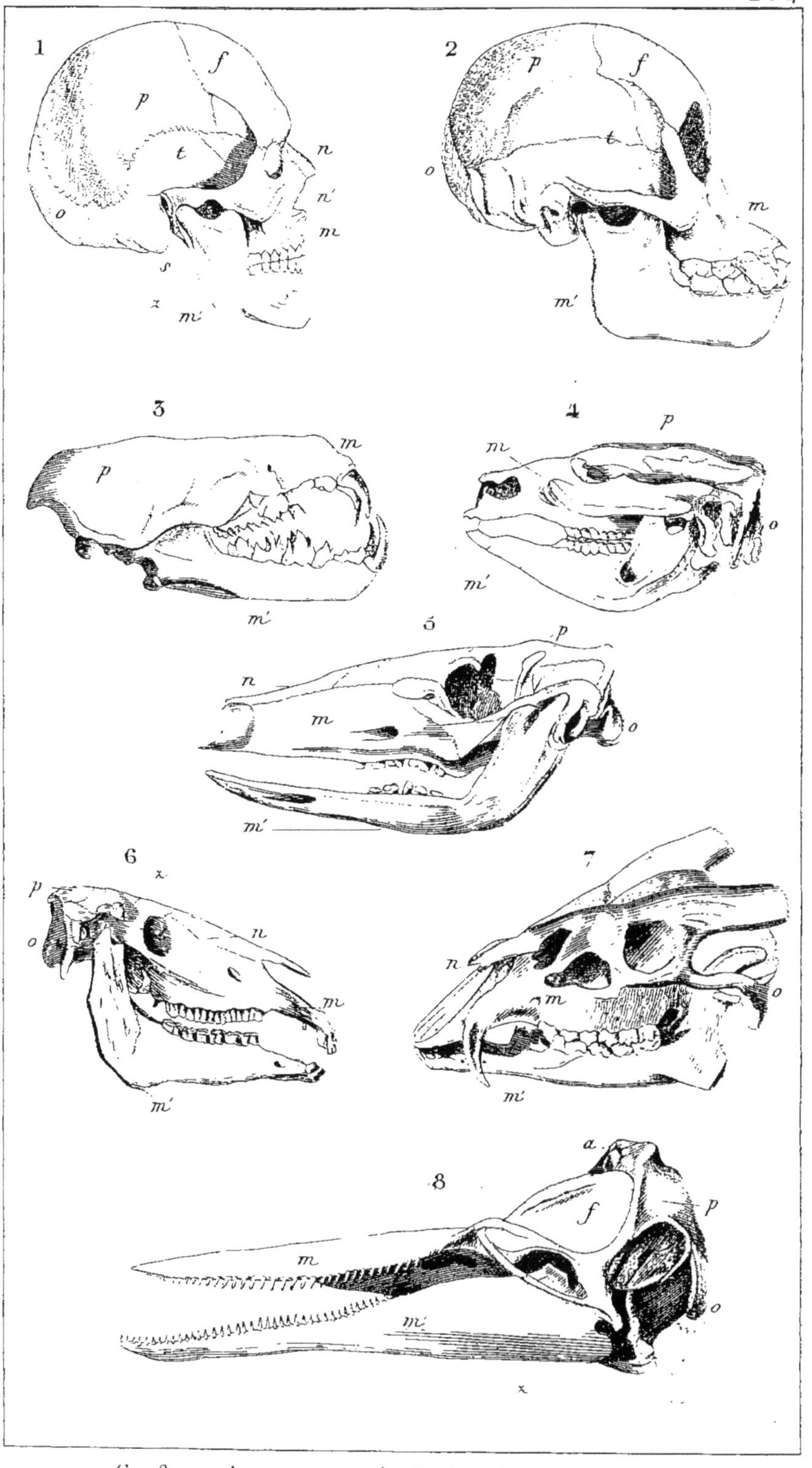

Conformation comparée de la Tête — *Mammifères*

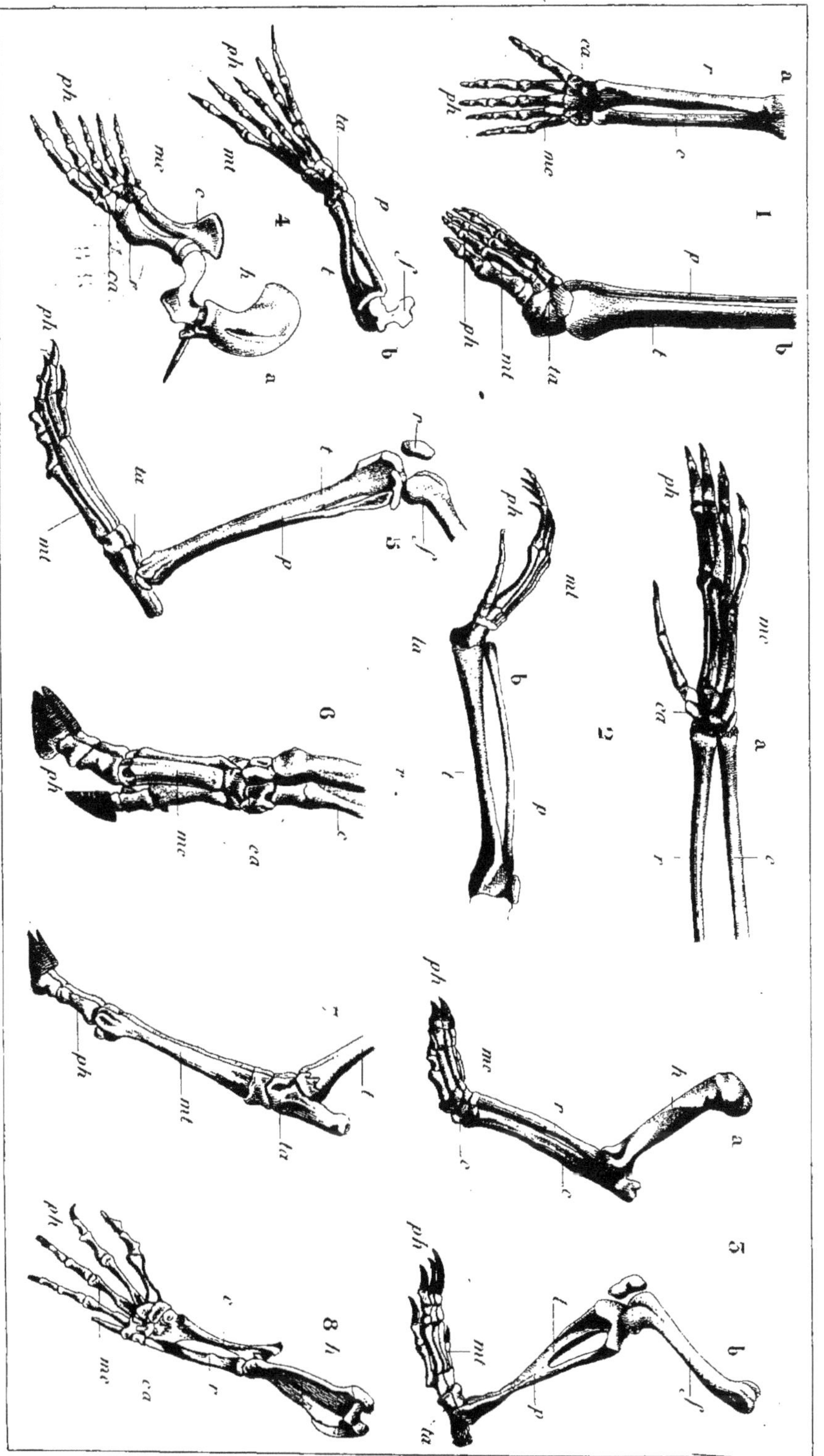

Conformation comparée des Membres *Mammifères*

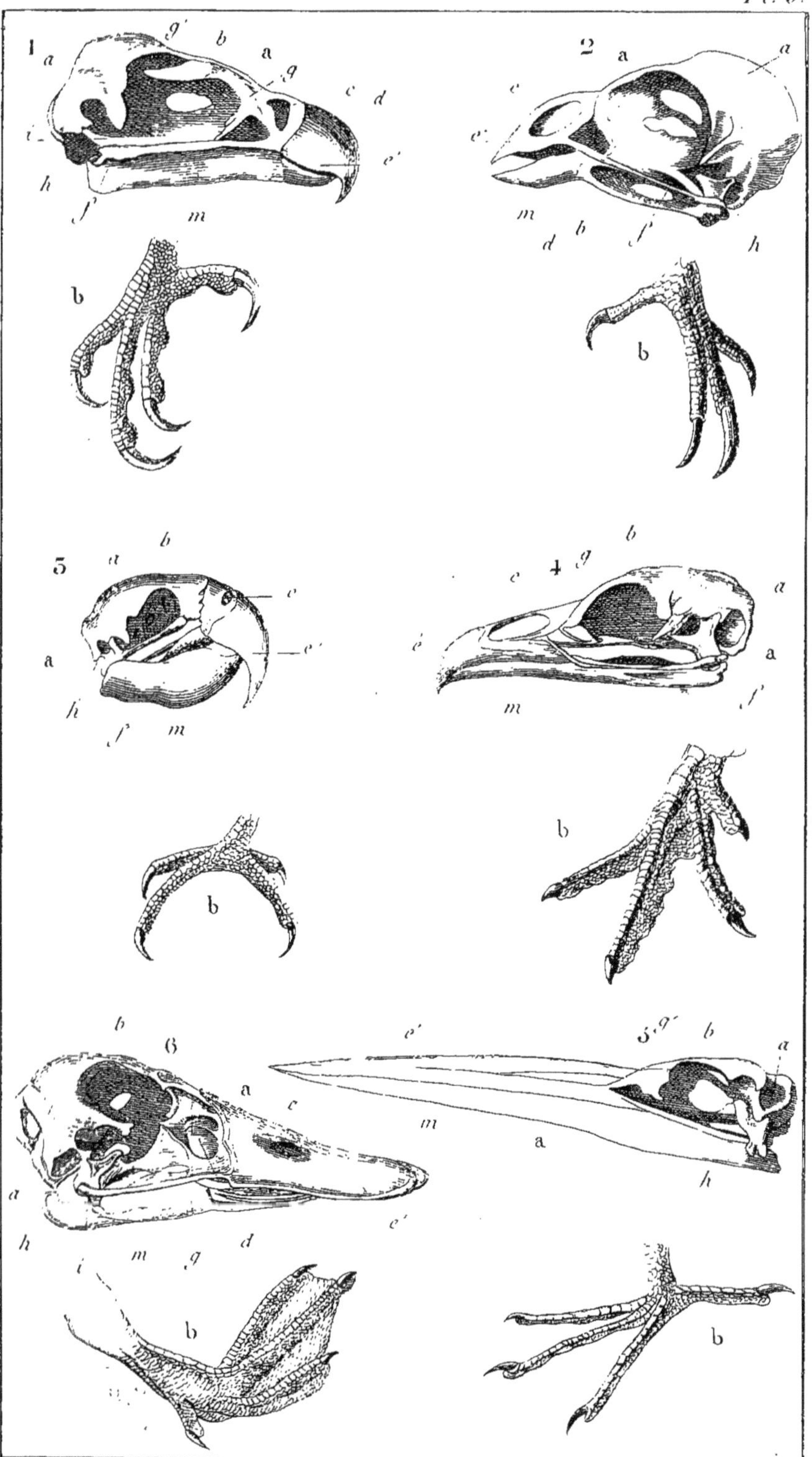

Comparaison de la Tête et des Pattes dans les Oiseaux

Muscles dans la série animale

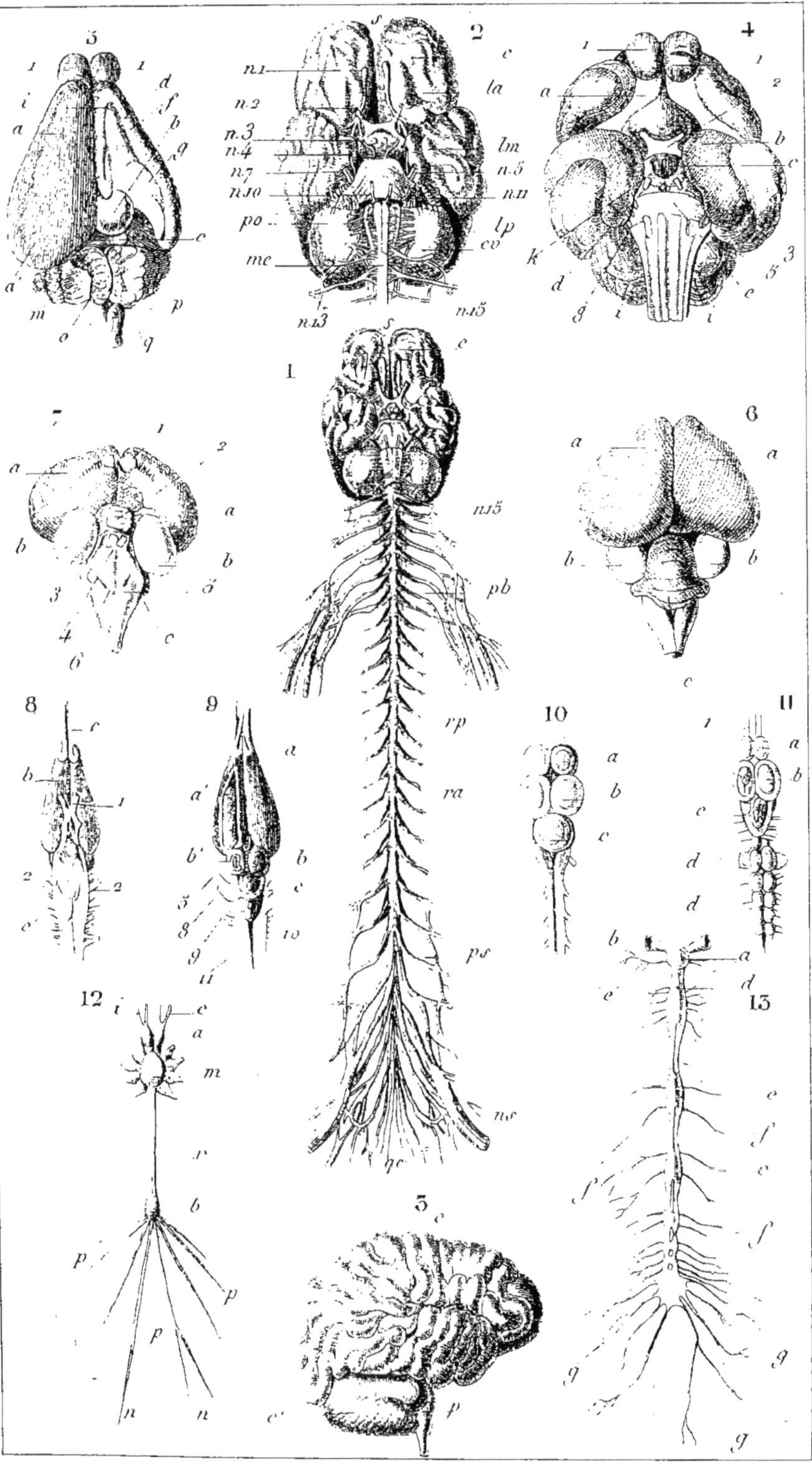

Système nerveux dans la série animale.

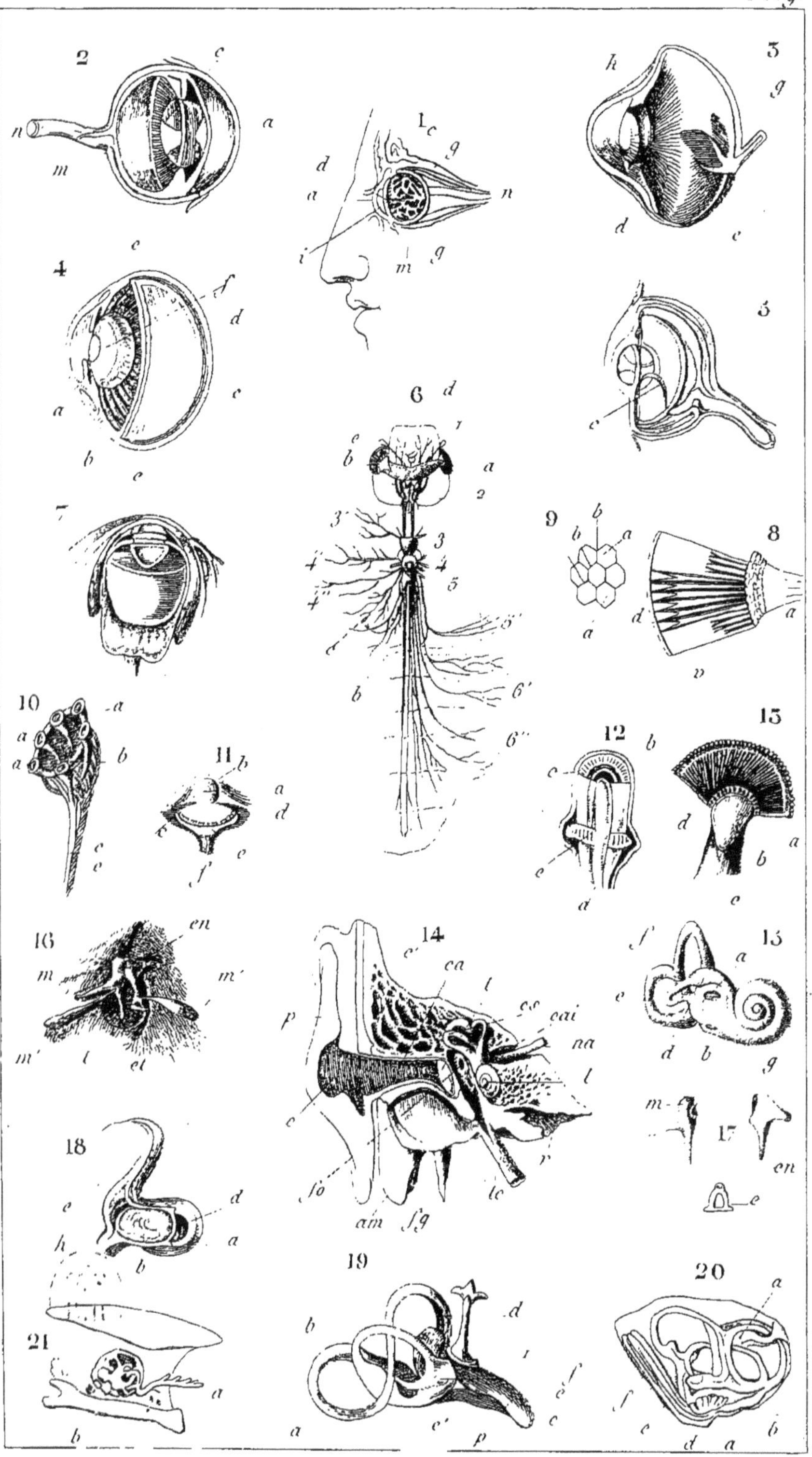

Organisation comparée des Sens. *Vue. Ouie*

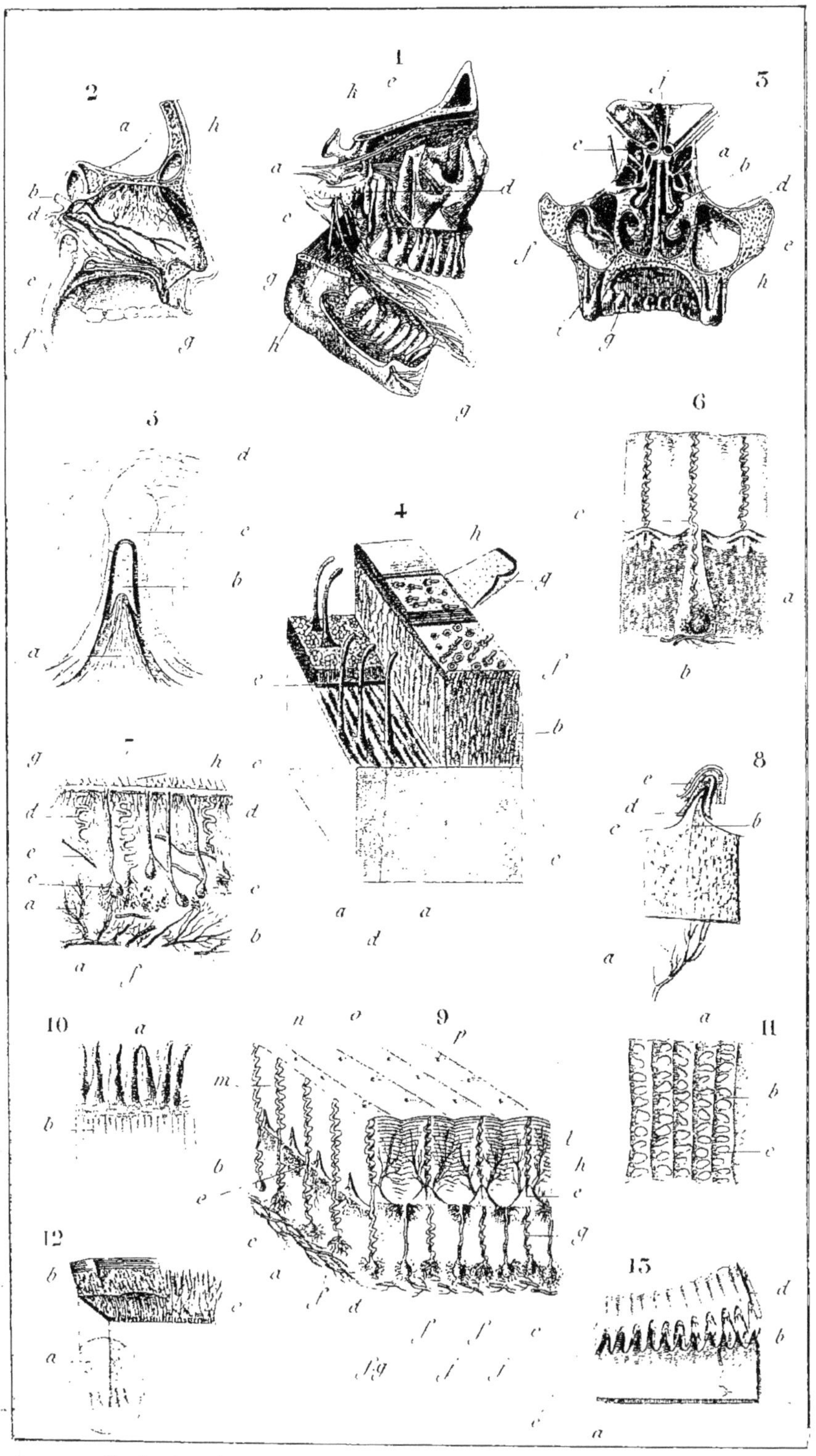

Organisation comparée des Sens. — *Odorat. Goût. Toucher.*

Pl. 11.

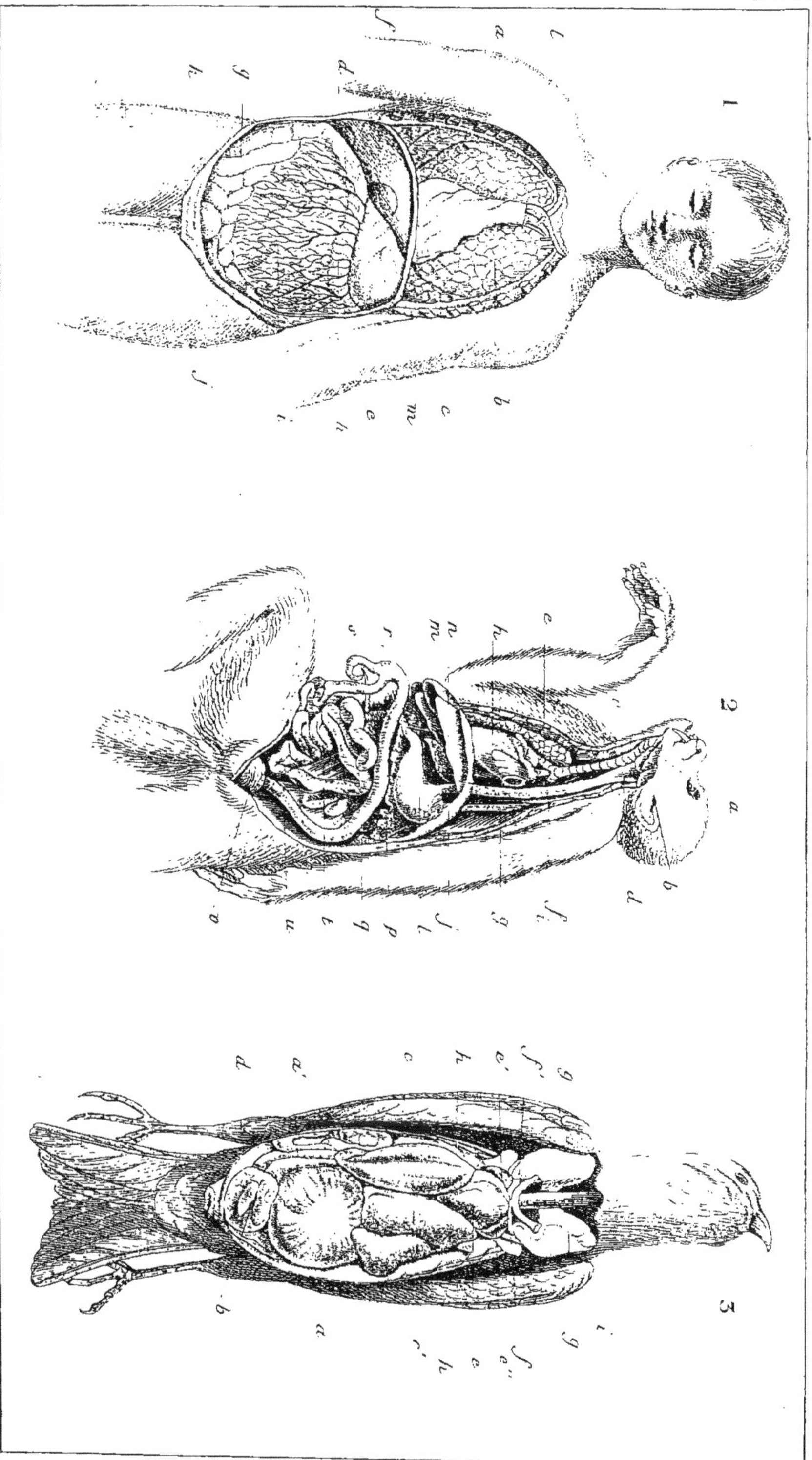

Comparaison des Organes Nutritifs.

Pl. 12.

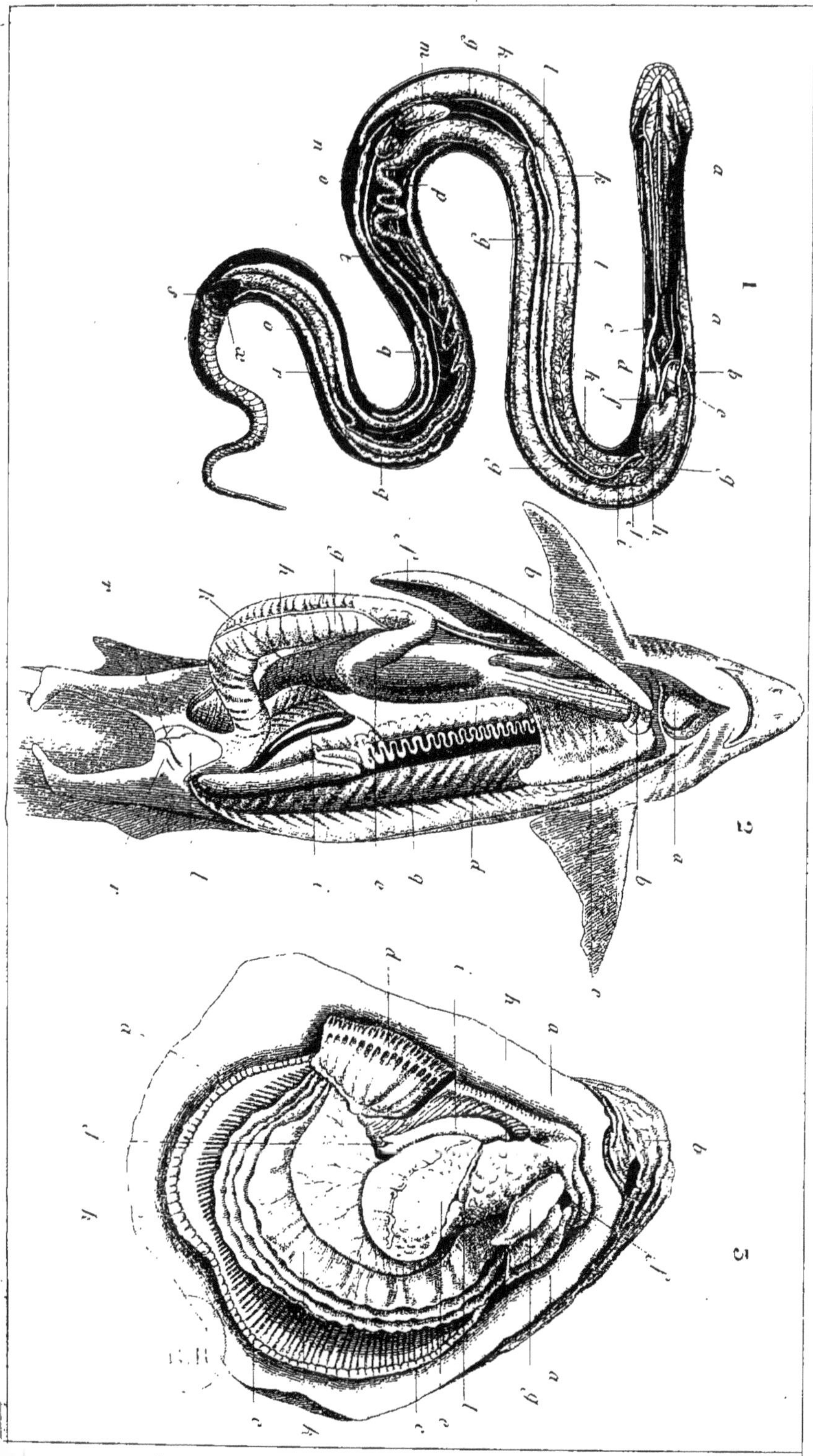

Disposition comparée des Organes Nutritifs.

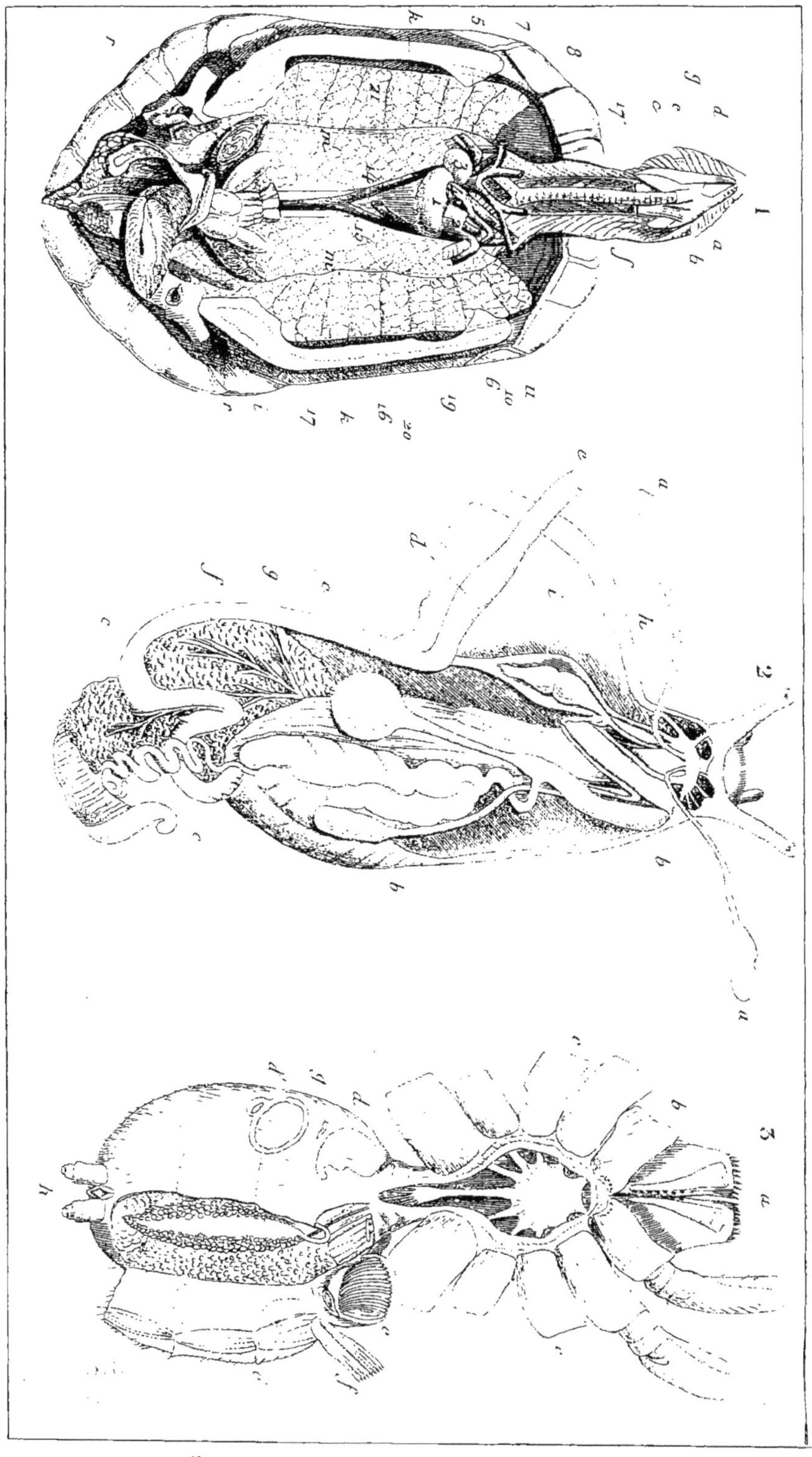

Comparaison des Organes Nutritifs

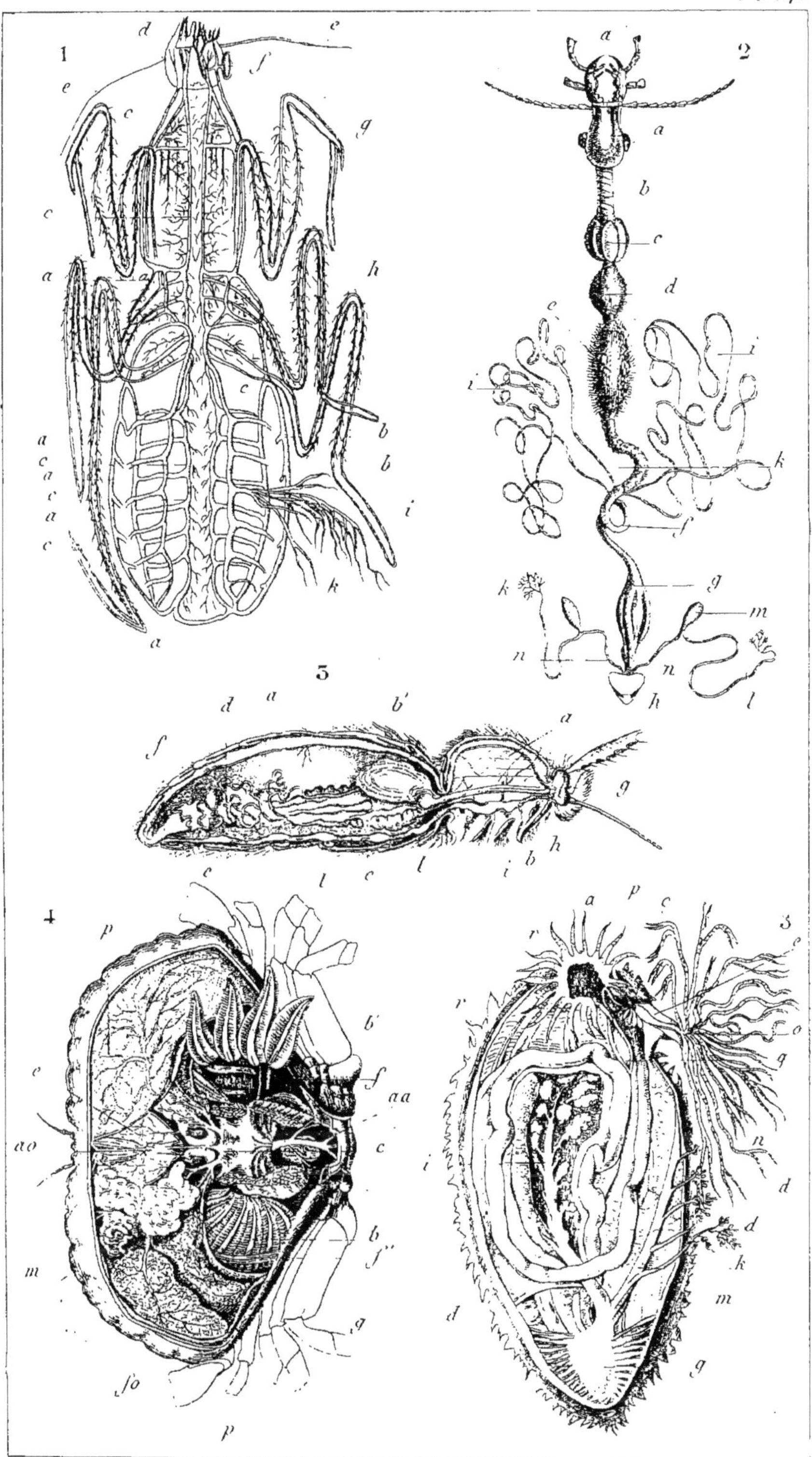

Disposition comparée des Organes Nutritifs

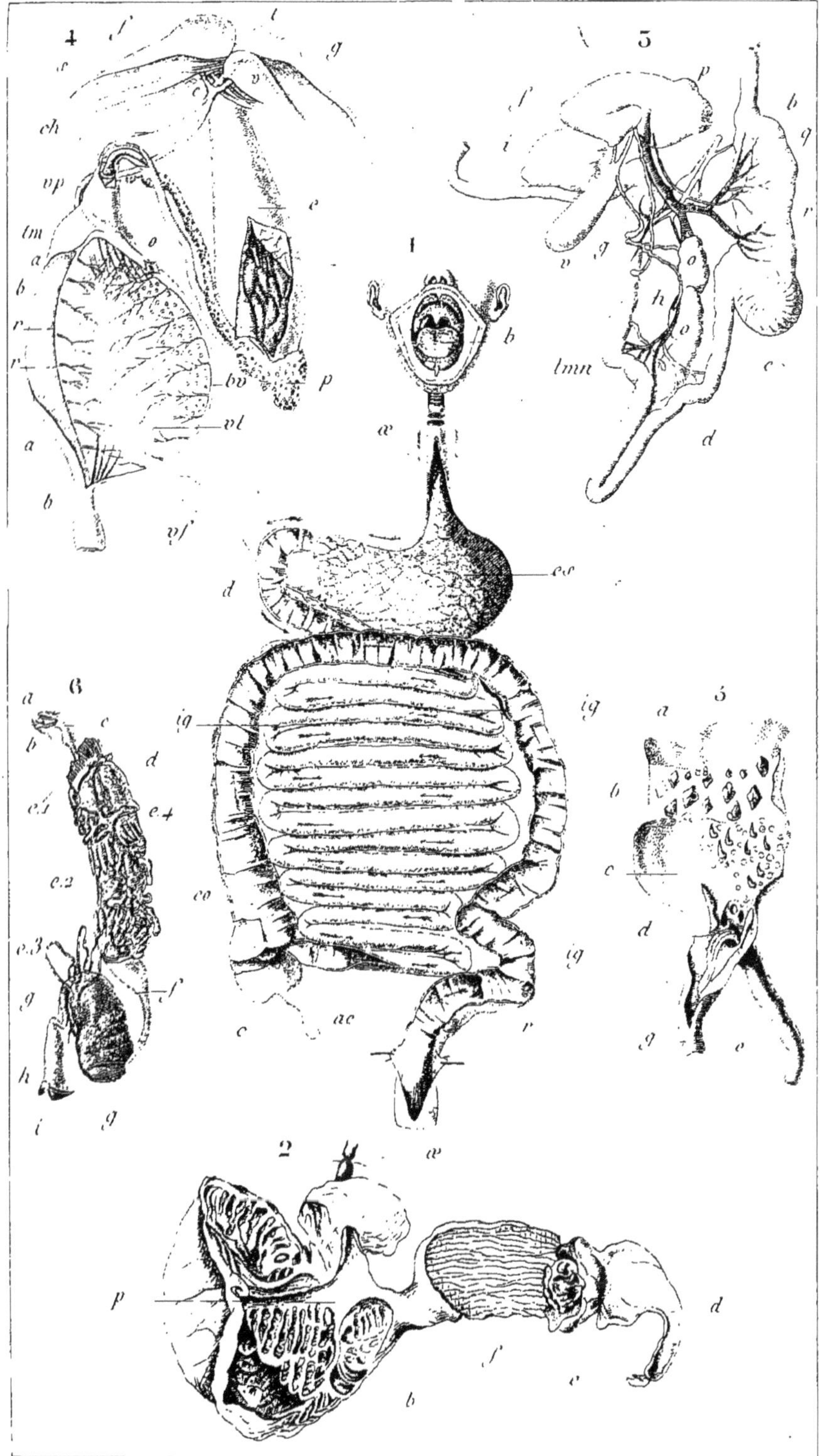

Disposition comparée de la Digestion

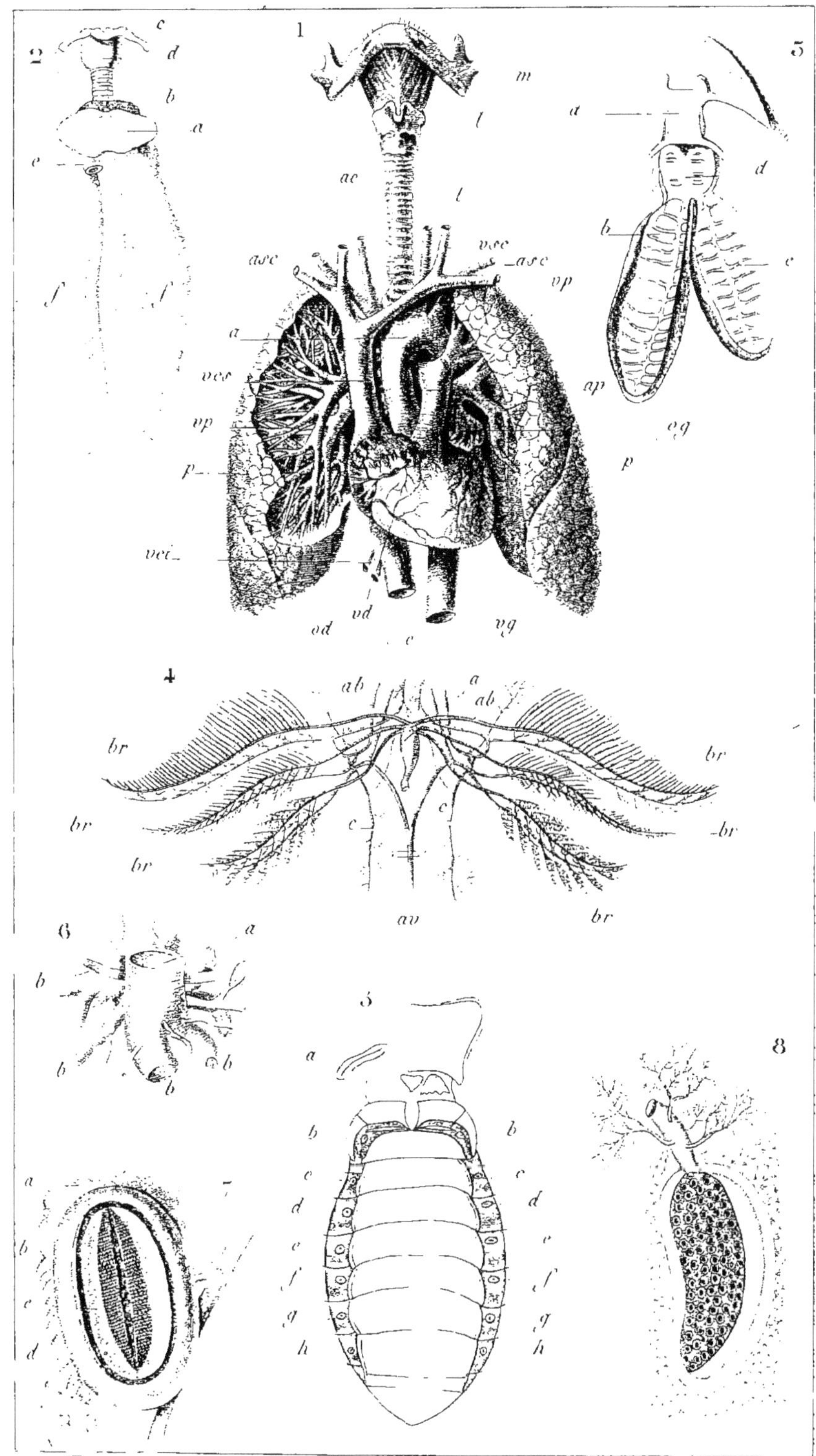

Disposition comparée de la Respiration

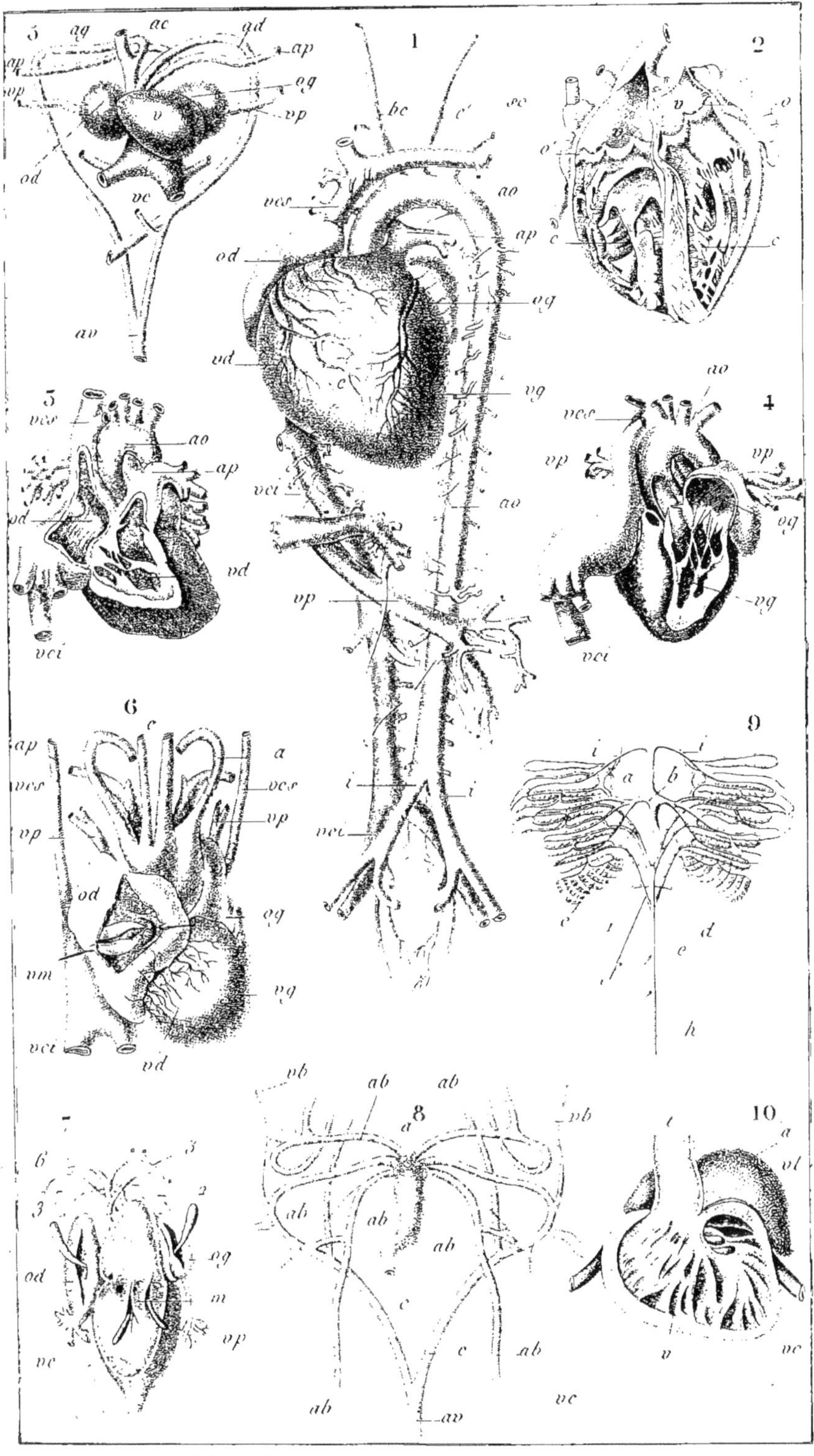

Disposition comparée de la Circulation.

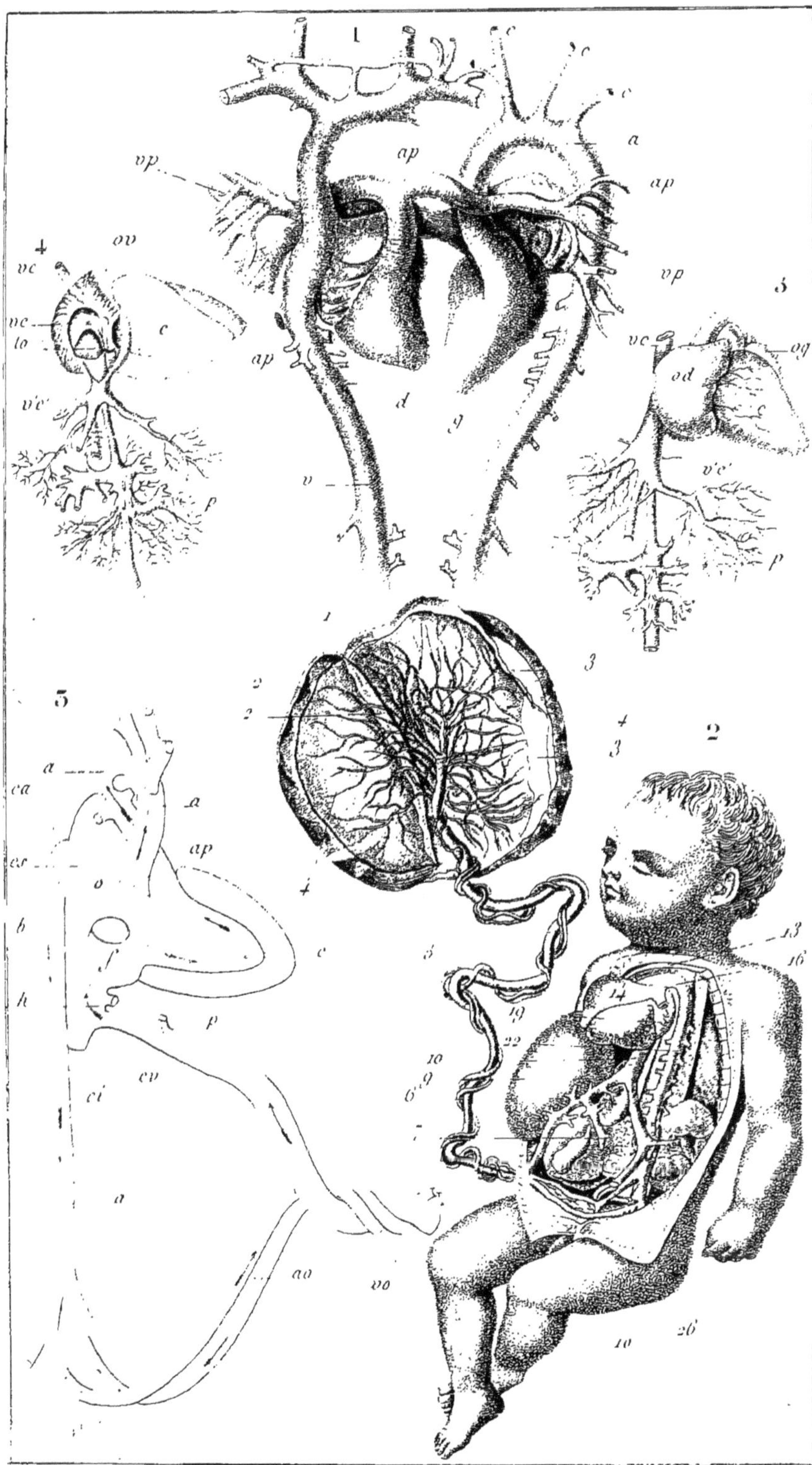

Circulation du Sang dans le Fœtus.

TABLE DES MATIÈRES.

CONSIDÉRATIONS GÉNÉRALES.

ORGANISATION ET PHYSIOLOGIE DES ANIMAUX.

APPAREILS LOCOMOTEURS.

INSTRUMENTS PASSIFS.

ORGANES ACTIFS.

Pages.

APPAREILS DE LA VIE DE NUTRITION.

DIGESTION.

RESPIRATION.

CIRCULATION.

FONCTIONS D'ASSIMILATION.

FIN DU TOME SECOND.

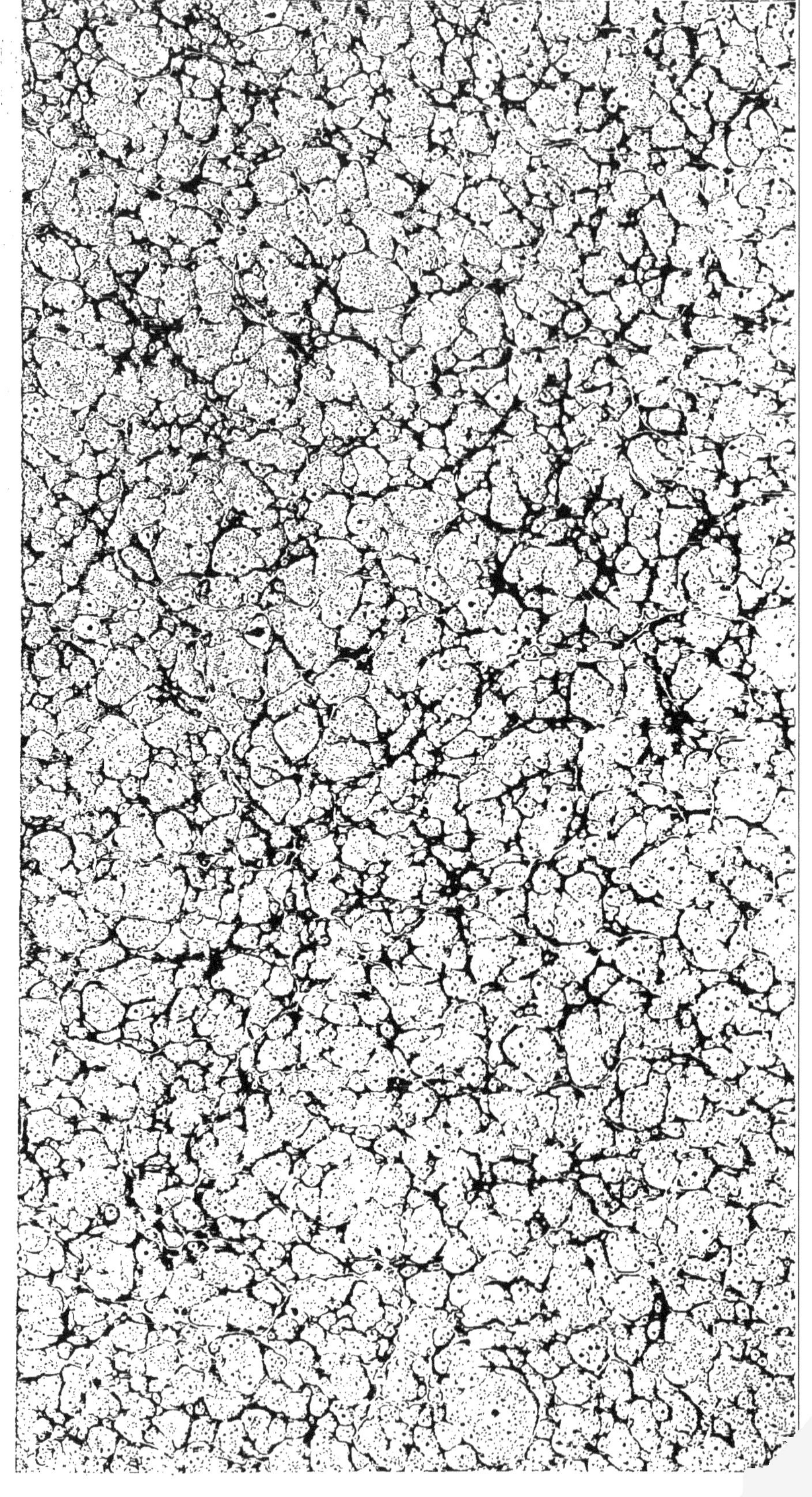

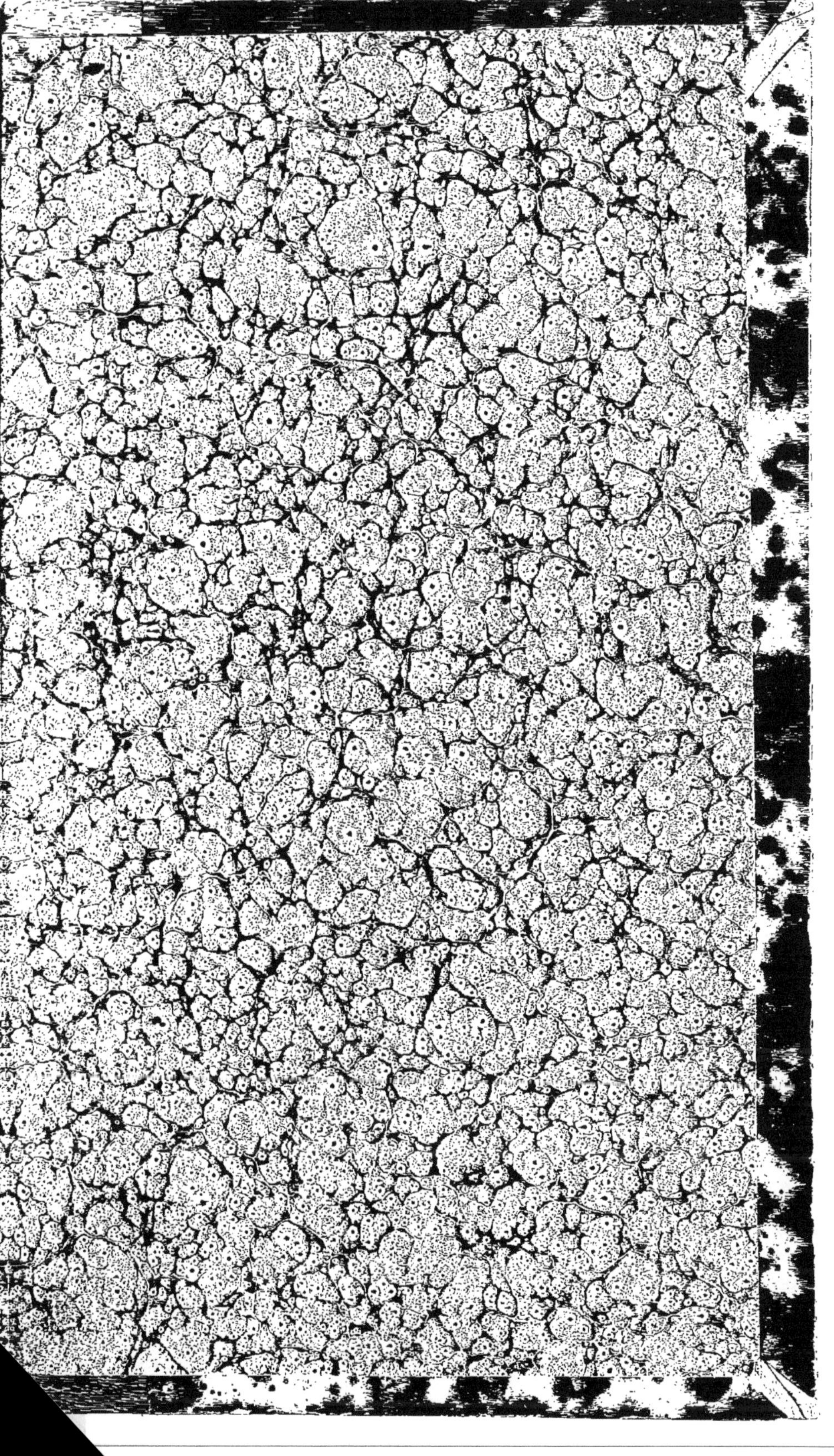

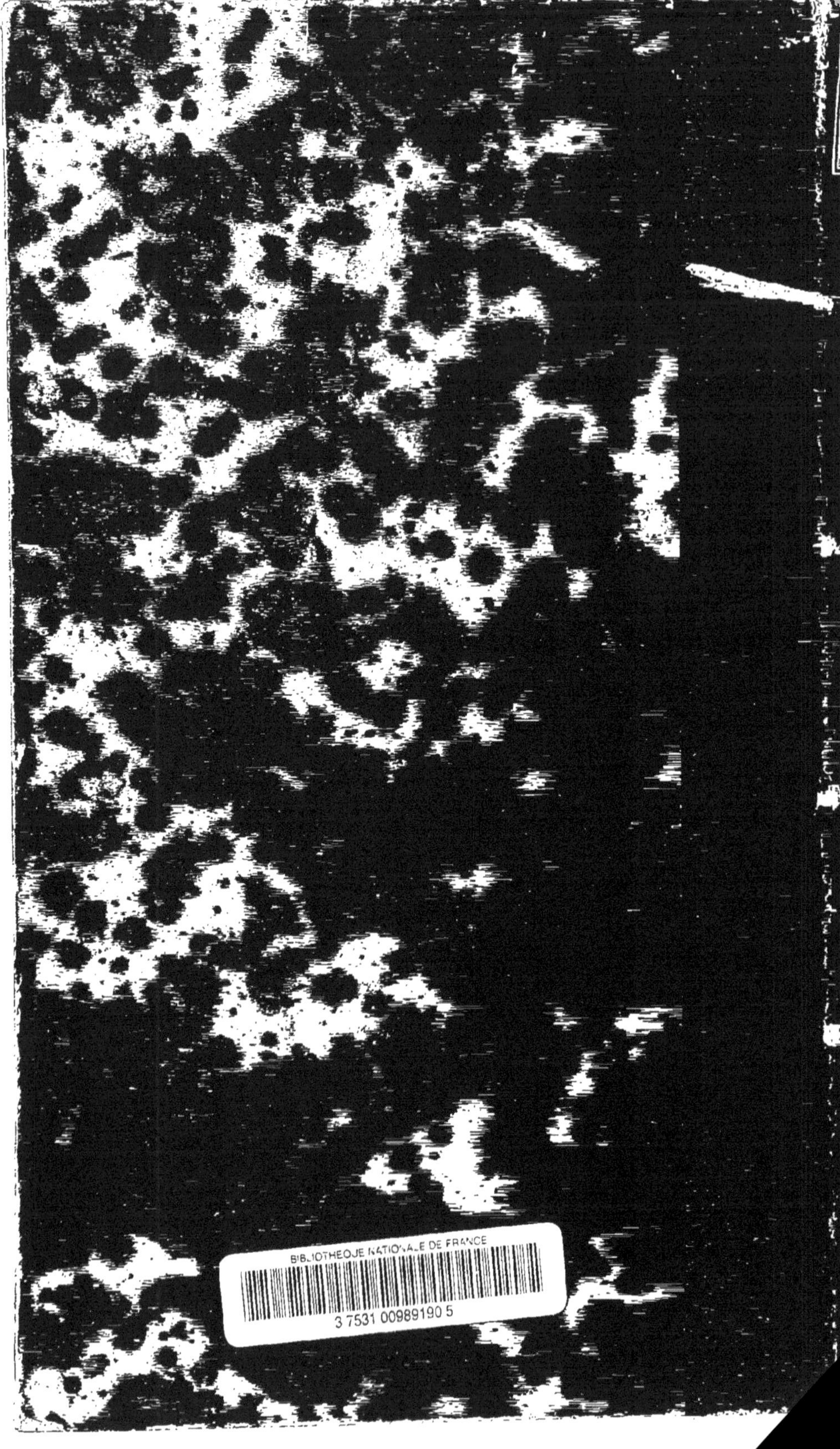

www.ingramcontent.com/pod-product-compliance
Ingram Content Group UK Ltd.
Pitfield, Milton Keynes, MK11 3LW, UK
UKHW022323190726
13856UKWH00001B/167